除了野蛮国家，整个世界都被书统治着。

走廊简史

CORRIDORS

THE PASSAGE TO MODERNITY

从古埃及圣殿到《闪灵》

[英] 罗杰·卢克赫斯特（Roger Luckhurst）著　韩阳 译

人民东方出版传媒

东方出版社

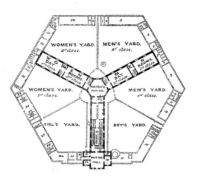

目 录

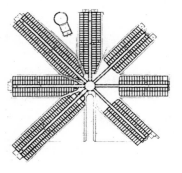

无名走廊工程

或许与你印象中的不同，但
我只看到一条长长的走廊
连接着神经系统
我感受到面部的压力变化

公司的走廊
吸尘器甩着大尾巴
船上的走廊
从舷窗投进的光
像地板上的一排按钮

酒店的走廊
恐惧像是真实存在
音乐声从天花板透出来

再到机场的走廊
医院的明亮走廊
尽头是众神打来的电话

我察觉景象在我身后变化
我走入一个无止境的怪圈
那是无效空间的衰退

我注意到地毯上的识别线
以印刷的方式，反复在墙上出现

以防万一
我带着一瓶毒药走进大厅

克里斯·格林哈尔格
（Chris Greenhalgh）

不必是闹鬼的房间，
不必是华丽的大屋；
大脑的走廊超越了
客观存在的地方。

埃米莉·狄金森（Emily Dickinson）

前 言

　　每个工作日的早上，我都会从战后那栋饱经风霜的双层公寓出发，穿过大厦里 60 米长的混凝土走廊，走到楼梯的位置。接着，我会搭乘伦敦地铁，从法灵顿站到国王十字站。这段地铁 1863 年就已经通车，在整个地铁网络中的历史最为悠久。2010 年，环线（现在已经不是环线了）升级为连廊车厢，所以，客流较少时，你能从曲折行进的地铁一头看到另一头。我从尤思顿路的出口离开国王十字站：自总站欧洲之星站建成以来，较低的楼层已经被改造成购物广场。我的办公室位于破败的布鲁姆斯伯里市的戈登广场（Gordon Square），在一排乔治王朝风格的宅邸中间。这些宅邸最开始属于弗吉尼亚·伍尔夫（Virginia Woolf）和她姐姐瓦内萨·贝尔（Vanessa Bell），后来易主梅纳德·凯恩斯（Maynard Keynes）。这些由伦敦大学租用的宅邸曾遍布错综复杂的楼梯和通道。有时，从一栋去往另一栋，你首先得下楼梯到地下室，或上楼梯到顶层阁楼，绕过承重墙才行。现在，经过整修，建筑物侧面新建了几条横向走廊，尽管曲折迂回，但至少能让人摸清头脑，也能标记每座独立宅邸的边界。不过，迷路的人依然不在少数，他们徘徊在走廊中，困惑于难以捉摸的房间编号系统。

　　我每天上班经过的地方主要是走廊，是典型的现代空间。短暂的旅程能让人领略复杂的历史——起点是现代主义集体住房，是共

黄金巷（Golden Lane）居民区的通道，伦敦，建于 1957—1962 年

用走廊和公共生活的暗淡梦想；接着，我踏入维多利亚时代的运输车厢，那是于 19 世纪 90 年代大张旗鼓首次引入的通廊列车；之后，我走进 19 世纪 10 年代作为全新商业空间出现的购物商场，最后到达 20 世纪处于理想主义、扩张主义阶段的大学——这里的走廊变成了孕育和传播知识之地，是各学科汇聚交流的场所。

　　然而，说实话，这些空间仅仅是通道而已，是连通其他地方的通路。从家到办公室的路上，走廊的部分是最不用担心的，下意识地往前走就可以，几分钟和几小时累积起来，逐渐变成习惯。毫无生气的时间和波澜不起的空间。

　　建筑历史大抵可以印证。"走廊"于 18 世纪初出现在英语语言中，然而，直到 1978 年，罗宾·埃文斯（Robin Evans）才提到"走廊的历史……尚未书就"。在详尽无遗的《风土建筑百科全书》

(*Encyclopedia of Vernacular Architecture*）中，保罗·奥利维尔（Paul Olivier）在一个小短篇中提到"在风土建筑图书中，'走廊'是出现频率最低的词语之一，反映出人们对走廊及其通路功能的忽视"。法国实验派作家乔治·佩雷克（Georges Perec）[1] 决定描写我们不甚关注甚至不曾记得的现代日常空间时，开篇第一例就是"城镇……或巴黎地铁中的走廊以及公园"。此外，走廊在其《空间物种及其他》（*Species of Spaces and Other Pieces*）的前言中反复出现，但可能是因为出现频率太高，佩雷克后来在这本书中未有关于走廊的只字片语，仿佛这位挖掘被遗忘、被忽视内容的专家也对走廊视而不见。[2]

人们为什么会无视走廊？现在，大部分办公室的工作都是在开放式的办公室中完成。这种办公室于 20 世纪 50 年代出现，是体现战后现代、高效的典型空间。目前，很多办公人员的工作环境，与维多利亚时代颇受欢迎的家装环境一样：内墙已经拆除，室内空间宽敞明亮。自 20 世纪 80 年代，对旧城区工业空间进行重组的浪潮过去之后，中产阶级接触到的生活杂志就一直在宣传没有内墙、没有走廊的公寓。时尚先锋和绅士并非这种开放式设计的唯一受众。在新建成的医院中，我们可以坐在宽敞的开放式玻璃房中，不必如之前一样在走廊中候诊。每年冬天，英国医疗机构都要承受巨大的压力，受困于过渡空间无疑是人们最可怕的就医噩梦："中风患者要

---

[1] 乔治·佩雷克（1936—1982 年），法国当代著名先锋小说家，他的小说以任意交叉错结的情节和独特的叙事风格见长。1978 年出版的《人生拼图版》是法国现代文学史上的杰作之一，被意大利作家卡尔维诺誉为"超越性小说"的代表作。——译者注

[2] 罗宾·埃文斯，《人物、门和通道》（Figures, Doors and Passages），《从绘画到建筑及其他散文的翻译》（*Translations from Drawing to Building and Other Essays*），伦敦，1997 年，第 55 页；保罗·奥利维尔，《走廊》（Corridor），《风土建筑百科全书》，3 卷本，剑桥，1997 年，第 1 卷，第 414 页；乔治·佩雷克，《空间物种及其他》（*Species of Spaces and Other Pieces*），斯托罗克（J. Sturrock）译，伦敦，2008 年，第 5 页。

在走廊里待上 54 小时。"[1] 这是**反走廊**的时代。

如今，走廊已被视为基础设施，即世界各处的基础服务元素。这些元素有的太过巨大，有的埋藏太深，有的甚为无趣，所以不值得费心评论。基础设施"很少能引起人们注意，只露出毫无特征的底材，只为日常生活的基本方面服务"。[2] 排水沟、电缆、通风口、辅路、变电站——还有走廊，都在此列。20 世纪 60 年代，室内走廊逐渐消失之际，其在比喻意义上的延伸逐渐出现，这就是生态走廊。其实，会深入研究大型贸易及运输走廊或设计生态廊道的不是建筑师，而是工程师。确保建筑遵守健康和安全规则的，例如确保现代建筑后台空间消防通道符合《国际建筑规范》，也不是建筑师，而是工程师。各种规范中，疏散走廊是连续、畅通的外出道路，将建筑物的某一部分与公共道路相连。它们必须满足的最小宽度要求是约两个肩宽，一半用于疏散人群，一半用于接引消防人员。当然，这些技术细节也并非建筑师的工作范围，应由工程师负责，所以斯蒂芬·特鲁比（Stephan Trüby）才敢说，走廊是"非建筑部分"。

如果你买过流行建筑指南，比如《读懂房屋》或《读懂建筑》，就会发现其中根本没有关于走廊的内容。加斯顿·巴切拉德（Gaston Bachelard）的《空间诗学》（*The Poetics of Space*）精彩地论述了家庭中"所有亲密空间的吸引力"，但说到"角落和走廊"时，却只是

---

[1] 史蒂文·莫里斯（Steven Morris）、马修·韦弗（Matthew Weaver）及哈隆·西迪克（Haroon Siddique），《三名患者于英国国家医疗服务体系的冬季危机中在伍斯特郡医院离世》（Three Patients Die at Worcestershire Hospital amid nhs Winter Crisis），《卫报》，2017 年 1 月 6 日。

[2] 马克·安格里尔（Marc Angélil）及卡里·西雷斯（Cary Siress），《基础设施的掌控：从背景中脱颖而出》（Infrastructure Takes Command: Coming out of the Background），《基础设施空间》（*Infrastructure Space*），伊尔卡·鲁比（Ilka Ruby）及安德里亚斯·鲁比（Andreas Ruby）编，柏林，2017 年，第 14 页。

一笔带过。[1] 我们想了解的是房间带来的共鸣，而非各个房间之间的通道。大量文献和历史作品都描述过门廊和门槛重要的象征性共鸣：丹尼尔·尤特（Daniel Jütte）通过对作为象征的门进行调查研究，在精彩的《窄门》（*The Strait Gate*）[2] 一书中提出，从最初的文化印记看，"通道和过渡空间这一想法，是发现和汲取新知识的重要范式"。

然而，走廊逐渐从室内空间退出的同时，我发现，其在电影院、电视节目和电脑游戏中反而无处不在。每次我跟别人说自己正在写一本关于走廊文化历史的书，几乎每个人都会不约而同地提到斯坦利·库布里克（Stanley Kubrick）的电影《闪灵》（*The Shining*，1980 年）。电影中，小男孩丹尼骑着儿童三轮车穿梭在眺望旅馆的迷宫。他一边在让人眼花缭乱的空间中绕圈，一边画下让人看不懂的字符。这一短暂出现的画面之所以会让人牢记在心，是因为此前观众并没有见过相似的场景。库布里克使用了当时相对较新的发明摄影机稳固器（Steadicam），将之倒转，放在贴近地面的地方。从这个角度看，走廊就变成了令人畏惧的阴森空间。此外，顺畅的滑动过程营造出一种氛围：仿佛有谁的目光跟在这个小男孩身后——并非人的目光，且充满恶意。

《闪灵》揭示了我们对走廊在情感上的后知后觉：这是空间在社会构建方面的简单一课。《闪灵》上映之前，我们仅仅是通过对垂直楼梯、阁楼和地下室等空间的刻画表现恐怖之屋，房屋本身的作用是修饰有意识或无意识思想的分层（比如在《惊魂记》中，侦探走上阁楼终不复返，诺曼的母亲陈尸地下室，被其所害的人则倒在汽车旅馆远处的沼泽中）。然而，《闪灵》之后，恐惧感便史无前例地

[1] 加斯顿·巴切拉德，《空间诗学》，乔拉斯（M. Jolas）译，伦敦，2014 年，第 34、30 页。

[2] 丹尼尔·尤特，《窄门：西方历史中的门槛与权力》（*The Strait Gate: Thresholds and Power in Western History*），纽黑文，康涅狄格州，2015 年，第 75—76 页。

丹尼骑着三轮车穿过瞭望旅馆，斯坦利·库布里克的电影《闪灵》（1980 年）剧照

潜藏在了横向走廊中，或许是某座无名现代酒店的远景，或许是在公共建筑平淡无奇的通道里。

走廊已经出现在数千部恐怖电影和电脑游戏中：走廊变成了一个从不间断、无限铺展的空间，不仅限制了角色的动作，且随着镜头的向前移动，来自画面外空间的威胁也成倍增加。20 世纪 70 年代最早的电子游戏就是以迷宫为基础，且 20 世纪 90 年代如《毁灭战士》（*Doom*）及首版《生化危机》（*Resident Evil*）等极有创新性的著名电子游戏，主要设计的都是在走廊中奔跑的场景。一瞥当代电影或电视剧，我们就会发现相机对走廊空间的利用：比如固定在《超自然活动》（*Paranormal Activity*，2007 年）中卧室门外楼梯平台无人之地的闭路电视，比如系列电视剧《美国恐怖故事》（*American Horror Story*）中鬼屋、精神病院或酒店走廊中的突然袭击，比如《生化危机》、《怪物奇语》（*Stranger Things*）和《西部世界》（*Westworld*）中军工基地里的主要空间——空无一人的实验室迷宫等。这些作品均可归入"走廊挑战"这一子类别：主人公必须从走廊一端打斗到另一端，与无数强大的反派对手交手，从《硬汉》（*Hardboiled*）到《老男孩》（*Oldboy*），从《僵尸世界大战》（*World War Z*）到《突袭》（*The Raid*），再到网飞（Netflix）的《夜魔侠》（*Daredevil*），情节都是如此。马克·达涅雷夫斯基（Mark Z. Danielewski）的《落叶之屋》（*The House of Leaves*，2000 年）或许是近期最具影响力的恐怖小说。这本小说主要描写的就是纳维森家族小房子里某条看似不可能存在的走廊：那里确实空无一物，却着实让人战栗。

讲到这里，一个有趣的问题不禁浮现在脑海：走廊为何会与恐惧相联？这种联系又是自何时出现的？或者说，如果说这种情绪不是恐惧（毕竟并非每条走廊都会出现幽灵般的双胞胎、结队而来袭击的忍者或僵尸），那是焦虑、慌张或畏惧等不安情绪的基调吗？1968 年，一群社区设计师和建筑师宣称，"一侧有多个房间的长走廊其实毫无作用。人们不喜欢这种设计，因为它代表了官僚主义，且单调无味"。他们这一想法的前提是"长长的走廊是现代建筑所有弊端的来源"[1]。这是一个转折点吗？人们会觉得公共建筑或社会住房中的大型走廊设计具有破坏性吗？是制式走廊纵深的单点视角下，自我进行的卡夫卡式的毁灭吗？大约在同一时间，现代官僚主义带有压迫性的工具合理性借由让-卢克·戈达尔（Jean-Luc Godard）的未来科幻作品《阿尔法城》（*Alphaville*）得以体现。

建筑师约书亚·卡梅洛夫（Joshua Cameroff）和王格诚（Ker-Shing Ong）以稍微不同的方式提出了现代建筑中结构与基础设施、开放式

---

[1] 克里斯托弗·亚历山大（Christopher Alexander）、莎拉·石川佳纯（Sara Ichikawa）及墨瑞·西尔弗斯坦（Murray Silverstein），《引入多服务中心的建筑模式语言》（*A Pattern Language Which Generates Multi-service Centers*），伯克利，加利福尼亚州，1968 年，第 179—180 页。

可见设计与封闭式不可见功能之间的辩证关系：

> 现代建筑，如现代物体一样，包含了数不清的孔洞。
> 管道风、移动废物和迷人的灯光——一切都嵌在家庭和办
> 公室的墙壁中。设计人员和建筑人员对这些隐蔽的空间了
> 如指掌，知道它们如何否定了固有的资产阶级外观。简而
> 言之，这种设计建筑一团糟。为了使这种逐渐消失的行为
> 继续，现代隔断被认为是复杂的膜组件，围绕空地组织。
> 重申一下，这是最近才出现的。前现代建筑的墙壁中根本
> 没有不合时宜的内部装饰。[1]

他们暗示的答案可能是，表面上看，走廊似乎是在现代设计中
消失了，但它作为一种被压迫的事物卷土重来，不可避免地与恐惧
相联系。无论如何，即使是通体白到耀眼的建筑物，排污管道、建
筑背后的服务通道和消防通道也必不可少。

人们对走廊不同寻常的情感，这背后隐藏着更悠久、更复杂的
世系表谱。本书旨在追溯这段历史，从走廊在西方建筑中的首次出
现到其特别的"来世"——既是被人忽视的基础设施，也是被过度
引申的隐喻。其实，这并非严格意义上的建筑历史，而是文化历史，
毕竟为了捕捉走廊不断变换的呼应关系，我们的资料来源跨越了建
筑环境、空间理论、公共政策、小说、绘画及各类电影等各个方面。

走廊随着启蒙运动而出现，作为合理的新提议，用于区分私人
空间和公共空间。我想表达的是，走廊的发展和变化本身就是对现
代发展轨迹非同一般的记述。少数可用的史料通常将走廊作为阶级

---

[1] 约书亚·卡梅洛夫及王格诚，《建筑恐怖》，诺瓦托，加利福尼亚州，2013年，
第129—130页。

区分和社会分化的工具：在地域上，这一点在北欧新教徒资产阶级居住地体现比较突出；在时间上，这一点在 19 世纪时表现得尤为明显。1824 年，杰弗里·怀亚维尔（Jeffry Wyatville）为乔治四世重建了温莎堡，这是上述观点的典型案例：新的分区以 168 米长的大走廊为主线，区分了各大礼堂、客房及私人家庭区域。此外，《英国绅士之家》（*The English Gentleman's House*）一书堪当 19 世纪 60 年代维多利亚庄园建筑的试金石，其作者罗伯特·克尔（Robert Kerr）对走廊非常着迷。他将走廊看作一种工具，其将主仆的空间分隔开来，保证了中产阶级生活的私密性。他忍不住要回归走廊，因为那是狭窄逼仄的通道空间，等级分化由此得以确定，但也随时可能坍塌。

然而，还有一点也值得铭记：新式走廊这一概念刚刚出现时，充满了理性改革和社会进步的思想。实际上，由于人们认为走廊是极具变革性的空间，所以一个多世纪以来，在很多关于公共空间乌托邦式的设想中，走廊都不可或缺：最初是查尔斯·傅立叶（Charles Fourier）的空想共产村庄，人们可以沿长廊居住，享受无尽的美满幸福，还在 1807 年使恣意的男欢女爱成为可能；接着是 1945 年之后英国的社会主义城镇规划者沿着公共走廊建造的建筑物——这些人相信监狱改革者、疗养院建造者和苏维埃集体主义者曾经的信仰，认为这种结构能够重新定义自我。20 世纪 60 年代之后，虽然空想主义前景的消沉使走廊黯淡失色，但仍旧确保了走廊存在于文化想象之中：这种空间不是带有官僚主义单调的统一性，就是带有哥特式的不安与恐惧。

简明扼要地讲，这就是我想呈现的故事。对这段历史的回顾让我第一次真正看到日常生活中平淡无奇、为人忽视的种种——我们花费大部分时间从中通过的基础设施。我希望本书能将自己重新观察的一切呈献给读者，让读者能对这些看似已然消亡的过渡空间有新的思考。如此，就让我们从最重要的方面开始：走廊的出现。

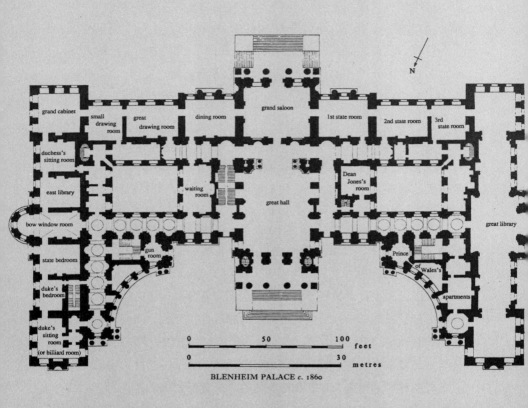

grand cabinet

small drawing room

great drawing room

dining room

grand saloon

1st state room

2nd state room

3rd state room

duchess's sitting room

east library

waiting room

Dean Jones's room

great hall

great library

bow window room

gun room

state bedroom

duke's bedroom

Prince of Wales's apartments

duke's sitting room (or billiard room)

N

0   50   100
                              feet
0   30
                              metres

BLENHEIM PALACE c. 1860

布莱尼姆宫平面图，约 1860 年

1 起源

1716 年，建筑师约翰·范布鲁格爵士（Sir John Vanbrugh）给马尔伯勒公爵夫人（Duchess of Marlborough）写了一封信，阐述其布伦海姆宫（Blenheim Palace）设计方案的各个方面。其中，"夫人，'走廊'是外来词，用简单的语言表示，不过就是'通道'而已"等内容让公爵夫人心生忧虑。之后，公爵夫人对这一细节仍持怀疑态度，但范布鲁格曾对另一个朋友吹嘘说，自己第一栋成功的巴洛克式建筑——霍华德堡（始建于 1699 年），无疑已经证明了这种创新设计的价值和意义。

> 对于长长的通道、高挑的房间等，卡莱尔伯爵（Lord Carlisle）与她有几乎同样的疑虑。但伯爵认为，我所讲的是真的。这些通道并非像他想象的那样会聚风或引风。本来他还以为蜡烛无法在通道中燃烧，不过，最近一件事证明了我是对的：一个狂风暴雨的夜晚，灯笼里的蜡烛都亮着，连大厅里的都没有熄灭。[1]

在卡莱尔伯爵和马尔伯勒公爵夫人的房子里，范布鲁格都设计

---

[1] 范布鲁格，信件引自杰里米·马森（Jeremy Musson），《约翰·范布鲁格爵士的乡间别墅，来自〈乡村生活〉档案》（*The Country Houses of Sir John Vanbrugh, from the Archives of Country Life*），伦敦，2008 年，第 56、65 页。

了极为吸引人的入口和宽敞的楼梯，不过，他巧妙地将通往侧翼的通道藏在了入口和楼梯后面，通过长长的横向走廊将沙龙和主要的公共房间隔开。这明显产生了一种效果：巨大的建筑物更显宏伟，且从内部也营造出一种退行效果。"范布鲁格将走廊的功用发挥到了极致，"查尔斯·索马雷斯·史密斯（Charles Saumarez Smith）如此评论，"走廊成了独立的通道，可以通往拱廊两端的房间……此外，它们还扩展了空间，表现出从建筑角度看让人印象深刻的远景。"[1]

科伦·坎贝尔（Coren Campbell）在《不列颠的维特鲁威》（*Vitruvius Britannicus*）的调查中称，"corridors"一词首次出现是在1715年的某份建筑平面图上。不过，在接下来的一个世纪中，这一技术术语甚少出现。直到19世纪20年代，这个词才成为常用词（拜伦1814年的诗作《海盗船》是第一篇使用该词的文学作品——"他穿过门厅，穿过走廊／到达了房间"）。

范布鲁格曾是与东印度公司做生意的商人和剧作家，至于他受命承接建造房屋这一任务的过程，我们不得而知。他是伦敦贵族猫俱乐部的会员，俱乐部里的另外两名会员也是他的客户：第三任卡莱尔伯爵查尔斯·霍华德（Charles Howard）和战争英雄马尔伯勒公爵约翰·丘吉尔（John Churchill）[2]——布伦海姆宫就是为他而建。尽管范布鲁格根本没有建筑经验，但贵族们都很欣赏他说话时的睿智。范布鲁格与专业建筑师尼古拉斯·霍克斯莫尔（Nicholas Hawksmoor）合作完成了这两个宏伟的项目。不过，后者才是完成两大设计的关键（范布鲁格被解雇后，霍克斯莫尔继续完成了布伦

---

[1] 查尔斯·索马雷斯·史密斯，《霍华德堡的建造》（*The Building of Castle Howard*），伦敦，1990年，第54页。
[2] 约翰·丘吉尔（1650年5月26日—1722年6月16日），第一代马尔伯勒公爵，英国军事家、政治家。——译者注

海姆宫项目）。

或许正是范布鲁格对英国建筑规范不够尊重，才使得他能更开放地接受新理念。他曾去印度旅行，曾在巴黎拒绝英国旅行者时被法国关押，还曾在 17 世纪 90 年代为德鲁里巷剧院（Drury Lane theatre）创作喜剧时了解过壮观的舞台空间。后来，正是因为对舞台的兴趣，他才设计了位于干草市场的皇后剧院（Queen's Theatre）。此外，出资请他设计霍华德堡的人也曾在意大利旅居 3 年，同样深受海外环境的影响。

不过，放眼 17 世纪时的整个欧洲，现代贵族的宅邸为了凸显其宏伟，使用的元素并非走廊，而是对齐的门厅，因为它们朝彼此打开，形成后退的远景。在凡尔赛宫（1682 年）皇家公寓中，这种设计被称为"连排"（enfilade）。有些公寓的隐蔽处可能建有狭窄的通道，但这种平行结构实际上只为仆人所用。在房屋设计方面，范布鲁格将通道从隐秘的边缘移动到了中心的位置。

"corridor"一词源自意大利语中表示"跑步"的动词"currere"，与"courier"的词根相同。在意大利语中，健步如飞的信使即为"corridore"。"corridoio"首次作为建筑术语出现是在 14 世纪，用于描述紧挨防御工事后方建造的畅通道路。这种道路的作用是保证信息能迅速传达给国防指挥官。历经几个世纪的发展，这种结构成为军事建筑的一部分，按照 1830 年的某一定义，它就像有遮蔽的通路，保证"各方的安全沟通，有利于进入和撤退，以及军备的接收……此外，通路的女儿墙也为后方的防御工事提供了保护"。[1] "corridoio"也可以用来表示进出宫殿的秘密通道：1565 年，美第奇家族就在佛罗伦萨的阿尔诺河处建造了这样的通道，用于连接皮蒂宫（Palazzo

---

[1]　《美国百科全书》（Encyclopedia Americana），费城，宾夕法尼亚州，1830 年，第三卷，第 604 页，"带顶道路"条目。

Pitti）[1] 和韦基奥宫（Palazzo Vecchio）[2]。

后来，走廊摇身一变，成为意大利公爵宫殿的内部建筑工具。1653 年，弗朗切斯科·博罗米尼（Francesco Borromini）重新设计罗马斯帕达广场时就建造了一条走廊：著名的"远近法之屋"（Galleria Prospettica）就利用了强迫透视，将较短的柱廊延伸到庭院中，造成错视，使之成为看似更为延长深入的拱廊。第一份用"coritore"表示笔直贯穿建筑物的通路的平面图可以追溯至 1644 年。[3]

这条直接穿过整个宫殿的新路线旨在为统治者提供到达内室的最短通路，避免经过多个连续房间时的混乱。其实，这也是绕开大厅的一种方式，毕竟那个空间中各种礼节性的八卦消息和冗长枯燥的讲话都正发愁没有听众。尽管"权力走廊"这种说法直到 20 世纪 60 年代才出现，但自一开始，走廊就宣告了居住者的某种重要性，也表现了信息网络相互联通的需要。在整个欧洲，建筑是文艺复兴时期国王和贵族表达自己政治权力的方式和工具。"如果政治规则也是一种空间实体"，那么走廊就是沟通与调解这一隐喻的具体体现，能让人们迅速到达各个机构，传递消息。[4]

霍华德堡和布伦海姆宫都旨在表现所有者的政治权力，因此走

[1] 皮蒂宫是佛罗伦萨最宏伟的建筑之一，原为美第奇家族的住宅。建于 1487 年，可能是布鲁内莱斯基设计的。16 世纪由阿马纳蒂扩建。——译者注
[2] 韦基奥宫，多称"旧宫"，是一座建于 13 世纪的碉堡式宫殿，现在是佛罗伦萨的市政厅。——译者注
[3] 请参见马克·扎伯克（Mark Jarzombek），《走廊空间》（Corridor Spaces），《关键问题》（Critical Inquiry），第 36/4 卷，2010 年，第 728－770 页。在编写本书的过程中，这篇文章对我始终有试金石般的作用。
[4] 克里斯蒂·安德森（Christy Anderson），《文艺复兴时期的建筑》（Renaissance Architecture），牛津，2013 年，第 89 页。另请参见凯特·马歇尔（Kate Marshall），《走廊：美国小说中的中介建筑》（Corridor: Media Architectures in American Fiction），明尼阿波利斯，明尼苏达州，2013 年。

廊的出现似乎确有实际意义。查尔斯·霍华德承袭了爵位，并曾两次在重要的关键政府中担任财政部大臣，为巩固大英帝国的地位做出贡献。布伦海姆宫建在安妮女王（Queen Anne）[1] 作为奖励赠予约翰·丘吉尔的土地上。1704 年，丘吉尔率领英军在布伦海姆战役（Battle of Blenheim）[2] 中战胜法军，有效确保了英国皇室在欧洲的统治地位。为新晋贵族马尔伯勒公爵建造的宫殿由政府出资，不过，英国财政部不久后就开始拖欠布伦海姆宫的建造费用。工程开工后几年，政治大气候逐渐转而对辉格党不利，资金问题便更显突出。

实际上，范布鲁格的大宅迅速变成了英国巴洛克式建筑的象征。不过，其由于过度繁复的风格，很快就退出了流行的舞台。罗伯特·亚当斯（Robert Adams）谴责称巴洛克式建筑"充满了野蛮和荒谬"，这标志着新古典主义作为民用建筑和政治建筑的规范长期占据主导地位的开端。[3] 后来，直到 19 世纪 90 年代，范布鲁格的建筑才重新受人青睐。

切向走廊（tangential corridor）是房间布局的新方式，所有房间沿着中轴对开。在英国建筑史上，范布鲁格是这种方式得以引入的关键人物之一。同样，我要让时光倒流，描述这一空间出现的历史背景。有的建筑历史学家在追根溯源的过程中，即使在建筑平面图上没有走廊的时代，也会使用"走廊"这个词，这一点着实令人不解。尽管谈到不同类型通道的区分确实有卖弄学问之嫌——大抵最令人烦闷也不过如此，但大略勾勒这一空间的发展历程实有必要。因为

---

[1]　安妮女王（1665 年 2 月 6 日—1714 年 8 月 1 日），苏格兰、英格兰及爱尔兰斯图亚特王朝最后一位国王（1702—1707 年在位，于爱尔兰执政到 1714 年），大不列颠斯图亚特王朝唯一的女王。——译者注

[2]　西班牙王位继承战争中，奥地利、英国、荷兰联军与法国军队于 1704 年 8 月 13 日发生在巴伐利亚布伦海姆村的一次决定性会战。——译者注

[3]　马森，《约翰·范布鲁格爵士的乡间别墅》，第 19 页。

这样才能让读者领会某些相似或重叠的术语间的区别，同时传递一种观念，即普遍意义上被称为走廊的空间其实更有象征意义。

走廊出现之前：古代世界

古代先例最好按照宗教、民用和家用等形式分类。可以说，很多古代庙宇建筑都是按照**横向**走廊平面图施工完成的。斯蒂芬·特鲁比的描述对我们颇有助益：

> 在大多数寺庙和宫殿建筑中，主塔或主建筑都位于空地中间，周围环绕着庭院走廊式的建筑。作为复式建筑而非单独内部空间的单体建筑，由不同的走廊相连，如庭院走廊、屋顶步道、天桥及外围走廊等——这些走廊或包裹或穿过空地。这就是横向走廊，即能够垂直连通一系列通道（或空间）的线路。[1]

对天体的崇拜出现在很多文化中，太阳或月亮的轨迹往往映射了生与死，因此，横向通道的角度和对齐方式多数具有天文学意义。古埃及和古希腊的庙宇都有简单的矩形围墙，它们围成护佑神祇庄严雕像的圣殿。然而，进入圣殿的方式非常复杂，包括一系列从平凡到神圣的象征性过渡，即一系列越来越严格受限的通路。上埃及的伊德夫神庙（Edfu）建筑群中，祈愿人要穿过斯芬克斯大道，接着进入列柱廊前院——向天空敞开，但侧向受限，之后是带顶的圆柱门廊，跟着跨过门槛进入前厅，最后才到达内部圣所的门槛前。据马坦森（R. D. Martienssen）称，内殿或圣所"又黑暗，又狭窄，

---

[1] 斯蒂芬·特鲁比等，《走廊》（*Corridor*），威尼斯，2014年，第14页。

又低矮，与外界完全隔绝，只能通过一系列越来越有限的空间才能进入：这些空间只能容纳一个人通过，反映出与外部世界光明和自由的完全对立"。[1] 至此，这些建筑就成了米尔恰·伊利亚德（Mircea Eliade）所说的天地之间、圣凡之间的"通道"或"路途"。[2]

在古希腊和古罗马最终揭开神祇的面纱前，总会先利用这些接连不断的限制性空间，创造一条让人迷失、期待、恐惧和惊讶的通道。显然，仪式是秘密的，消息只在同修的人之间传递。普鲁塔克（Plutarch）在一篇关于伊西斯崇拜（Isis，古埃及神祇）的文章中模糊地提道："绕圈而行，黑暗中有些让人害怕的通道其实根本没有终点……有些莫名其妙的光会出现……还会有各种声响、舞步和庄严神圣的话语。"一队人从黑暗走向光明，就是这种仪式让人看到了显现的神。

这种仪式空间的另一版本就是迷宫。古代有两个著名的例子。第一个是法老阿门内姆哈特三世（Amenemhet III，公元前 1839—前 1791 年）统治期间在法尤姆（Medinet el-Fayum）修建的埃及建筑。这一建筑的遗迹直到 19 世纪末才重见天日。公元前 440 年，古希腊旅行者希罗多德（Herodotus）描述了这座建筑，他的字句引人深思：巨大的建筑有 3000 多个房间，从精巧程度和建筑面积方面看，连金字塔都难以望其项背。希罗多德惊叹道："房间与房间之间、庭院与庭院之间的通路错综复杂，令人眼花缭乱。我们从庭院走进房间，从房间走进长廊，从长廊走进其他房间，再从其他房间走进

---

[1]　马坦森，《希腊建筑中的空间观念，特别提及多立克式圣殿及其周围环境》（*The Idea of Space in Greek Architecture, with Special Reference to the Doric Temple and Its Setting*），约翰内斯堡，1964 年，第 146 页。

[2]　米尔恰·伊利亚德，《神圣与亵渎：宗教的本质》（*The Sacred and the Profane: The Nature of Religion*），特拉斯克（W. Trask）译，纽约，1959 年，第 25—26 页。

其他庭院。一个个奇迹让我应接不暇。"[1] 希罗多德未被允许参观底层部分，所以未能看到地下的建筑，他推测说那是该地区统治者的神圣墓地。四个世纪后，希腊地理学家斯特拉波（Strabo）也曾到那里旅行，称地下部分有"数不尽的带顶长通道，蜿蜒曲折，相互连通，所以，对此地并不熟悉的人也能在没有向导的情况下出入各个庭院"。[2]

克里特岛上的克诺索斯迷宫（Knossos）更具影响力。这一克里特文明时的建筑（于公元前 1380 年被大火烧毁）现在只存在于希腊神话和传说之中：有仇必报的米诺斯国王命令工程师代达罗斯（Daedalus）建造一座迷宫，将人身牛头的米诺陶（Minotaur）困在其中。因为这个怪物每九年就要吞噬献祭牺牲的少年少女。后来，忒修斯（Theseus）杀死了怪物，并在米诺斯女儿阿里阿德涅（Ariadne）的带领下走出了迷宫。奥维德（Ovid）在《变形记》中重述了这一故事，其中一个翻译版本如下：

> 该建筑由代达罗斯设计，
> 那个著名的建筑师。外观
> 让人深感迷惑；他让眼睛迷失
> 运用扑朔迷离、蜿蜒曲折的通路……
> 如此令人迷乱，恐怕他自己
> 都无法走出，这样复杂的迷宫。[3]

---

[1] 希罗多德，《历史》（Histories），引自罗德尼·卡斯登（Rodney Castleden），《克诺索斯迷宫：关于克诺索斯"米诺斯宫殿"的新观点》（The Knossos Labyrinth: A New View of the 'Palace of Minos' at Knossos），伦敦，1990 年，第 64 页。

[2] 斯特拉波，引自卡斯登，《克诺索斯迷宫》，第 63 页。

[3] 奥维德，《变形记》，梅尔维尔（A. D. Melville）译，牛津，1986 年，第 8 卷，第 160—163、169—171 页。

这个版本引入了现代走廊，代表拉丁语所说的"innumeras errore vias"（无数假路歧途），不过，有了这层关系，我们现在想到大型走廊的建筑群时，总会联想到古老的迷宫。或许这源于亚瑟·埃文斯爵士（Sir Arthur Evans），他自 1900 年就开始对克诺索斯遗址进行挖掘，并坚信自己发现的是国王的宫殿。此外，他还用钢筋混凝土重建了建筑群的某些部分，并将之命名为"走廊大集合"，以此表示对自己发现的这一建筑空间功能的推测。现在，我们参观的克诺索斯其实是过去古建筑的"劣质"仿品，出自现在"混凝土时代的寺庙建造者"[1]之手。19 世纪 90 年代，埃文斯在牛津郡尤尔伯里（Youlbury）建造布局凌乱的房屋时，所有走廊中都已经使用了迷宫的图案。

很多早期的人类文化中都出现过迷宫的图案，有的作为进入逝者之地的地图，有的则代表入会的曲折之路："错综复杂的迷宫象征着世俗人生，胸怀大志之人沿着曲折的道路前行。"[2] 有时，迷宫的符号会出现在门廊或门槛处，这代表陷阱，目的是让恶灵或魔鬼迷失方向。为祭祀之舞所用的草坪迷园一直到 19 世纪的英国还有出现。此外，人们设计暗含威胁意味的树篱迷园时，总会在其中混杂无数死胡同和多条曲折的树篱小路。在斯蒂芬·金的小说《闪灵》中，树篱迷园与瞭望旅馆中的走廊相互呼应，再次勾起了人们的恐惧感。迷宫已经成为一种隐喻，代表精神错乱的心理状态，不过，数千年来二者之间的强大关联就是这一隐喻的基础。走廊之下隐藏的是迷宫的神秘回响。

---

[1] 凯茜·基尔（Cathy Gere），《克诺索斯和现代主义先知》（*Knossos and the Prophets of Modernism*），芝加哥，伊利诺伊州，2009 年，第 5 页。

[2] 这是杰克逊·奈特（W. F. Jackson Knight）在其 1936 年出版的《库玛诸门》（*Cumaean Gates*）中的推测，引自珍妮特·鲍德（Janet Bord）的《世界上的迷宫》（*Mazes and Labyrinths of the World*），提普奇出版社，1976 年，第 11 页。

因此，古代的入会仪式实际就是走过通道、跨越门槛等一系列动作的执行。通常，门廊最具有象征性。在很多古老的文化中，塔架标志着圣地的入口，即古希腊人称为"temenos"的神圣区域。具有象征性的门槛也出现在基督教传统中。《新约》中，耶稣讲道时曾说："我就是门。"[1] 之后，奥古斯丁（Augustine）对这句话进行了扩展："我们通过教堂的门进入天堂。"[2] 早期中世纪教堂就已经开始对入口部分进行扩建，且入口也愈发繁复，目的就是扩展尘世与圣地之间的过渡区域。为此，人们增建了台阶、门廊、拱门和入口大厅（或教堂前厅），还增加了很多在教堂门廊门槛处举行的仪式。

在古典希腊时期，无论前厅、门廊和走廊结构变得如何精致，寺庙圣所本身仍是简单的房屋。寺庙建造时，总会以台阶为基础，但多立克式寺庙则变成了围柱式结构，寺庙的四面都被廊柱保卫。真正重要的是外部，而非内部。祭坛在外面，祭祀仪式则在里面的寺庙中进行。沿着仪式通道走过，跨越一系列带有记号的门槛，就如沿着泛雅典娜节日大道走向雅典卫城一样，这是信仰得以确立的过程。

从最宽泛的意义上来讲，通往圣所的象征性通道都可以被称为"corridic"。它们指向某处，从这一角度看，这些通道是横向的，旨在将同修之人或观察者的目光引导至唯一的地方：神圣内殿的门槛。我想，尽管现代走廊本应是切向的，通往四面八方而非仅仅一处，但那些希望在人类心智中重现建筑原型的人，可能会将现代走廊与象征着生死的古老通路联系在一起。即便如此，我们之后会发现，有濒死体验的人经常会说自己沿着走廊朝远处的强光走去，正如古希腊或古罗马的同修之人朝着神祇慢慢前行。

---

[1] 引自《圣经·新约》中《约翰福音》第 10 章第 9 段。——译者注

[2] 丹尼尔·尤特，《窄门：西方历史中的门槛与权力》，纽黑文，康涅狄格州，2015年，第 36 页。

确定古希腊神圣道路或勾勒古希腊神圣之地的方法之一是建造名为"stoa"的狭长结构。这是独立的柱廊。柱子通常为圆柱，一侧面向开放的空间，另一侧则是封闭的。柱廊既可以为观看队列行进的观众提供阴凉，也可以作为寺庙圣殿的外围框架，奥林匹亚（Olympia）或德洛斯（Delos）的圣殿就是如此。公元前4世纪时，柱廊的长度简直令人难以置信——菲利普二世（Philip II）位于梅加洛波利斯（Megalopolis）的柱廊有150米长——有的时候还需要另加一排内柱扩展柱廊的宽度，结果，柱廊就变成了主要的独立建筑。贝尼尼（Bernini）于17世纪建造的罗马圣彼得大教堂的巴西利卡式[1]建筑前的椭圆形柱廊，使用了大型巴洛克式圆柱。作为神圣之地的框架，人们不妨通过这一建筑深入了解柱廊的作用。

在古典时期的希腊，狭窄的柱廊逐渐出现在世俗城市的建设中。在雅典卫城的神圣巨石下，是一座混乱的城市。后来，历经几个世纪，一系列大型柱廊框定出一个城市广场，山脚下的这座城市慢慢演变成了具有意义的公共集会场所——阿哥拉（Agora）。柱廊将混乱的临时空间变成了界定清晰、更有纪念意义的空间。现在，阿哥拉废墟上的主要是后来重建的阿塔洛斯柱廊——佩尔加蒙的阿塔洛斯二世（Attalos II，约公元前159—前138年）赠予雅典的礼物。20世纪50年代，这里被改建成了博物馆。阿塔洛斯柱廊差不多有120米长，20米宽，高两层，设有双层廊柱，每层楼的后侧都有21家商店。柱廊既是一条长廊，也是一个集市。后来，在叙利亚的影响下，这里变成了封闭式东方集市的前身。此外，这条柱廊也是非正式公共辩论的场地：斯多葛派之所以得名"Stoic"，就是因为该学派哲学家们首次讲学的地点是在"Stoa"（柱廊）。由此可见，这也是与古典民主

---

[1] 巴西利卡是古罗马的一种公共建筑形式，其特点是平面呈长方形，外侧有一圈柱廊，主入口在长边，短边有耳室，采用条形拱券做屋顶。——译者注

阿塔洛斯柱廊，位于雅典的古阿哥拉城，初建于约公元前 150 年

表达存在内在联系的关键空间形式之一。

其他民用建筑，特别是总督府（如雅典阿哥拉的议事厅），在设计上与神圣建筑之间的界限更为清晰。古希腊人在四四方方的建筑中建造了分层设座的辩论室。要保证视线清晰，就需要减少内部廊柱的数量。不过，古希腊的建筑师们并没有找到某种方法，能在没有廊柱的情况下支撑大跨度的屋顶。内部支撑墙体可以稳定分层设座安排，也可以在建筑物内部创造出狭窄的前厅空间。有些历史学家将这种空间称为"走廊"。其实，这一空间是"一小部分人在不干涉整个议会审议的情况下召开会议的场所"——换言之，这里就是议会"大厅"的前身。[1] 最精致的议会大楼位于米利托斯（Miletos），可以容纳 1200 人。作为古希腊最大的无支撑顶板房间之一，这里还增建了前厅，三面增建了柱廊，另设有科林斯式入口。后来，世俗建筑通常会借用庙宇建筑中类似走廊的宏伟结构。

相比之下，古罗马建筑师逐渐开始运用屋顶桁架和其他工具。在古罗马帝国建筑中，穹顶和巴西利卡是宗教力量和公民力量的标志。古罗马人还建造带有桶形拱顶的狭长结构，支撑上层大型民用建筑地板的重量。这种地窖或储藏空间被称为"cryptoporticus"，是另一种走廊式建筑形式。近代早期的欧洲借用了古罗马的模型，通过各个公共大厅中毫无支撑的巨大空间和复杂的屋顶装饰，建筑物的宏伟壮观便会使来访者显得相对渺小，由此，宫殿里暗含的权力得以表达。所有走廊式的内部分隔结构都会削弱这种昭然著闻的力量。

再看民用建筑，尽管一些建筑历史学家对"走廊"一词的使用令人迷惑，但严格而准确地讲，古希腊房屋中并未包含任何走廊。

[1]　弗雷德里克·温特（Frederick E. Winter），《希腊建筑学研究》（*Studies in Hellenistic Architecture*），多伦多，2006 年，第 143 页。

在古典时期的希腊，人们会使用简单的私人房屋公开表达公民身份。这种房屋外观朴实无华，在人口密集的城市更是如此。后来出现的大型房屋，或是位于城市边缘的贵族居所，或是休闲处所，都是围绕列柱廊建造的。这种建筑由公共宴会厅演变而来，通常在柱廊里侧有供食客使用的房间。按照维特鲁威（Vitruvius）的描述，古希腊房屋的入口都很小（被称为"thyroron"）。这一空间通常只够容纳一间为"ianitor"（门卫）准备的房间。之后，从这里可以直接通向长方形的列柱廊，即四边形庭院：三面或四面建有圆柱，向中间的空地敞开，方便进入与中央庭院相连的各个独立房间。大型房屋有时会采用第二种列柱廊风格，可以区分主仆区域，对男女区域也有更清晰的划分。即便是在更宏伟的宫殿中，封闭式列柱廊的形式也更为流行，会在更大的范围内重复出现。在马其顿早期的首都埃加伊（Aigai，即现在的韦尔吉纳州），巨大的矩形空间中，列柱廊的面积达将近 9300 平方米。

理想的古罗马别墅进一步扩展了上述设计，但实际的建造方案多种多样。古罗马的维特鲁威显然对以"宽敞通路"为标志的古希腊建筑入口有些失望。在古罗马文化中，拱门的作用是纪念战斗的胜利，并作为对门神杰纳斯神（Janus）的崇拜，因此，古罗马建筑的入口非常重要。从门廊和主门走进去，会看到门厅。这是从公共场所到私人区域的正式通道，可以通往被称为"fauces"的更小空间的入口——有时，它们会被称为"前廊"。在后来的探讨中，甚至有人将之称为"走廊"。[1] 一系列门槛过后是过渡式的矩形中庭，没有顶部建筑，地上部分配有相应的池塘，周围排列着小房间或小隔间。

---

[1] 格林诺（J. B. Greenough），《古罗马房屋中的前廊》（The Fauces of the Roman House），《哈佛大学古典文献学研究》（Harvard Studies in Classical Philology），第一卷，1890 年，第 1—12 页。

中庭通向房屋中心的列柱廊式庭院。穿过庭院可以到达其他房间：餐厅、"andron"（男子专用房间）以及供奉神灵圣坛和家族先人灵位的"lararium"。列柱廊作为公共空间和私人空间，和之后出现的走廊一样，作用非常复杂，且各种功能之间有所重叠。伊冯·泰伯特（Yvon Thébert）提到，在之后的古罗马帝国建筑中，出现了一些半封闭的内部柱廊，且门槛处保证私密性的内门数量也有所增加。[1]

克莱夫·奈茨（Clive Knights）兴致勃勃地将这种古罗马建筑形式称为"穿孔船"，一种"门槛星云，即神灵和人类居住的有多个楼层和间隙区域的集合"。[2] 庞贝古城就有这样的建筑案例。从帝国中心向其他地方过渡，会出现很多地方性变化，比如到达房屋主要部分的通道更为延长等，这通常是空间不足或当地地形限制所造成的。于是，轴向走廊逐渐出现，房间分布在走廊两侧。不过，专家认为这些变化非常少见，是"特例"。[3] 即便如此，我们还是可以肯定地说，古希腊和古罗马的民用建筑并非围绕分布式切线走廊而建。

回廊与廊道：前走廊时代的中世纪主义

从古典时代晚期到基督教欧洲早期，演变成通道的最重要的宗

---

[1] 伊冯·泰伯特，埃塞克斯（Essex），《罗马化非洲人的私人生活和家庭建筑》（Private Life and Domestic Architecture in Roman Africa），《私人生活史》，第 1 卷：《从异教古罗马到拜占庭》（From Pagan Rome to Byzantium），韦恩（P. Veyne）编，坎布里奇，马萨诸塞州，1987 年，第 313—409 页。

[2] 克莱夫·奈茨，《罗马家庭环境的空间：象征性内容的诠释》（The Spatiality of the Roman Domestic Setting: An Interpretation of Symbolic Content），《建筑与秩序：社会空间建造的方法》（Architecture and Order: Approaches to Social Space），皮尔森（M. Pearson）及理查德（C. Richards）编，伦敦，1994 年，第 133 页。

[3] 史密斯（J. T. Smith），《古罗马别墅：社会结构研究》（Roman Villas: A Study in Social Structure），伦敦，1997 年，第 115 页。

教建筑就是回廊或廊道这种形式。回廊，即"围场"，是周围环绕着廊道的大型方形场院，绝大多数都与教堂的南部相接。如此，人们就创造了神圣的围场，方便与俗世隔绝的修道士完成自己大部分的人生追求。

　　至于修道院的起源，现在尚无定论。早期基督教社区会聚集在一起，为信徒提供支持，毕竟隐士的独居生活很难独自维持。第一个修道社区是由帕科缪（Pachomius，292—346 年）在埃及组织的。个别零散的小屋被排列成多条"相邻小屋带"，这或许是参照了古埃及工人住房的安排。[1] 社区被围起来，表示隐士与俗世隔离，专心苦修生活。帕科缪在塔本奈斯（Tabennesi）伊西斯古疗养院的废墟上建立了一个重要的社区，后来，经过扩建，这一疗养院足以容纳 2000 多名成员，且需要一系列正式规则管理那里的宗教和社区生活——这就是修道院主义的开端。随着这种模式的传播，有证据表明，修道院以古罗马别墅的空间为基础建立：因为其列柱廊可以被改造成封闭社区的中心。比如，洛尔希（Lorsch）一座建于 8 世纪 60 年代的修道院就是以罗马别墅为基础的。

　　欧洲标准修道院模式的整条社区链的创始人是努尔西亚的圣本尼迪克特（St Benedict of Nursia，480—543 年）。他将本笃会规（Benedictine Rule）正式编纂成册，其中第六十六条坚持保留围场，"以免发生修道士不得不徘徊在外的情况，毕竟这样对他们的灵魂无益"。[2] 本尼迪克特使用"claustrum"这一术语表示整个场地，但这个词所表示的含义范围逐渐缩小，最后只代表修道院生活中心有带顶走道的广场。

---

[1]　沃尔特·霍恩（Walter Horn），《论中世纪修道院的起源》（On the Origins of the Medieval Cloister），《格斯塔》（Gesta），第 12/1—2 卷，1973 年，第 15 页。
[2]　霍恩，《论中世纪修道院的起源》，第 19 页。

　　这座修道院的设计蓝图即著名的"圣加尔平面图"（Plan of St Gall）。这份建筑平面图画在小牛皮上，可能作为修道院理想图最终成稿于 817 年，也可能作为圣加尔修道院建筑图最终成稿于之后的 830 年。[1] 这份平面图上的空间布局确实成为整个欧洲修道院的规范布局。在圣加尔修道院之后，双层回廊几乎总是紧挨教堂中殿的南侧，即修道士走进神圣空间的入口。广场对面最远处是修道士的厨房和公共食堂（同饮共食是本笃会规的重要规定）。与教堂在东侧成直角的是公共宿舍，宿舍下方是取暖房。夜间步道通常是从宿舍直达教堂，这条捷径方便修道士在午夜时分和黎明前去办公室。根据圣加尔平面图，建筑物西侧是食物和饮品的储存地。此外，封闭的修道院之外有用于耕种的土地，那里出产的农作物也会储藏在建筑物西侧。随着时间的流逝，几个世纪中，广场的第四条边在不同的修道院中发挥着不同的作用。

　　回廊是过渡空间，是社区的内部场院，但始终混合着宗教和世俗功能。四条拱形步道按照一定计划与不同分区相连：北边是礼堂，直接与教堂本身直接相连；南边是住所；西边是劳动场所；东边是惩戒室。社区中除了有宿舍还有牧师会礼堂，是决定社区行政和律法事务的地方，也是讨论决定惩罚问题的地方。[2]

　　回廊的建筑形式在中世纪发生了变化，特别是在不同教会都摒弃相关形制，本笃会规受到挑战之后。在 11 世纪的法国，加尔都西会形制（Carthusian order）得以建立。此形制放弃了公共生活的元素，

---

[1]　关于"圣加尔平面图"更多内容的摘要，请参见查尔斯·麦克伦登（Charles B. McClendon），《中世纪建筑的起源：公元 600—900 年的欧洲建筑》（*The Origins of Medieval Architecture: Building in Europe，AD 600–900*），纽黑文，康涅狄格州，2005 年。

[2]　请参见梅根·卡西迪 - 韦尔奇（Megan Cassidy-Welch），《修道院空间及其意义》（*Monastic Spaces and Their Meanings*），蒂伦豪特，2001 年。

14 世纪伦敦查特豪斯修道院中留存至今的回廊，之后变成了学校走廊。
这里也是足球越位规则的诞生地

强调个人归隐的隐士生活。因此，回廊便成了服务通道，两侧是修道士的独立房间。房间门道上有开口，作为不用直接接触就可以传递食物和废弃物的窗口。加尔都西会还会把逝者埋葬在回廊的中央区域，认为此举有助于修道士冥想生死大义。

伦敦的查特豪斯（Charterhouse）修道院修建于 14 世纪，最初建立的目的是为无数因黑死病而离世的人祈祷。现在，在保留着回廊的一侧，我们还能看到当初隔间的痕迹。这是非常好的例证，让我们能看到回廊不断变化的作用。修道院解散后，回廊的部分得以保留，成为通往诺福克公爵（Duke of Norfolk）室内网球场的拱形走道，这显然是回廊功能的世俗化转变。后来，查特豪斯被改建为学校，诺福克回廊被迫成为走廊和球类运动场所。有关查特豪斯修道院的传说表明，狭窄的走道是足球运动中越位规则的来源。[1]

与加尔都西会严格的隐居相比，西多会通过与其他工人一起耕种的日常劳动突出表现了教会的谦卑。由于这种开放性，大批人加入了西多会。因此，带有回廊的修道院愈发复杂，数量也越来越多，宗教人士和教会世俗教徒之间的流动也因此更为开放。西多会的回廊由清晰的门槛界定，相对不太封闭，且不同的功能区之间有更多循环通路。如约克郡的里沃兹修道院（Rievaulx Abbey），回廊沿着东西两侧延伸扩展。一位历史学家称，公共宿舍一定打造出了"壮丽的景观"。[2]

---

[1] 凯茜·罗斯（Cathy Ross），《查特豪斯：指南》（*The Charterhouse: The Guidebook*），伦敦，2016 年，第 50 页。

[2] 迈克·汤普森（Michael Thompson），《回廊、男修道院院长和管辖区》（*Cloister, Abbot and Precinct*），斯特劳德，2001 年，第 55 页。另请参见马克西米利安·斯特恩伯格（Maximilian Sternberg），《西多会建筑与中世纪社会》（*Cistercian Architecture and Medieval Society*），莱顿，2013 年。

　　我花了些时间研究回廊，因为长期以来，它们与天主教和场院的关系限制着宗教改革后清教徒的想象力。修道院遗址是 18 世纪哥特式文学和艺术品的核心内容。我们会发现，被改建成现代走廊的古老回廊和通道仍是鬼魂出没的"场所"之一，过去顽固的痕迹拒绝接受时光的流逝，它们会回到这些适当的过渡空间。无依无靠的修道士们从小巷和廊道中悄无声息地走过，反映出他们不同寻常的修道隐居方式。然而，他们幽灵般的回归让修道院生活有幸留存的建筑空间充满了生气。此外，修道士的家园被新教徒篡夺者破坏，新教徒篡夺者"鸠占鹊巢"之后，修道士对此大行诅咒的民间故事，都带有对暴力侵占行为的愧悔色彩，这也为上述建筑空间带来了波澜。在霍勒斯·沃波尔（Horace Walpole）[1] 著名的哥特式浪漫小说《奥特兰托堡》（*The Castle of Otranto*，1764 年）中，地下室、地牢和密道使得城堡中神秘离奇的空间比比皆是。令人难忘的是，因看到城堡的合法地位被篡夺，廊道里肖像画中的一位祖先深感道德义愤，竟跳出画框，在高高的幽暗地下室中直跺脚。

　　廊道（gallery）这一更具世俗感的空间是带顶空间的另一表现形式。这种现代早期风格的通道通常位于建筑物房间的外侧，且（如列柱廊或回廊一样）一侧部分开放，配有支柱和护栏。廊道通常位于较高的楼层，既是进入房间的通路，也兼具其他多种功能，例如为下层大厅提供娱乐活动的舞台（比如室内小眺台）等。范布鲁格在霍华德堡和布伦海姆宫的中庭空间也使用了廊道，以此营造出剧院的效果。16 世纪末，廊道成了独特的艺术品展示空间（因此主要被翻译成"画廊"，编者注）。这一结构的起源尚未可知，但应该

---

[1]　第四任奥福德伯爵（1717—1797 年），英国作家。他的《奥特兰托堡》（1764 年）首创了集神秘、恐怖和超自然元素于一体的哥特式小说风尚，形成英国浪漫主义诗歌运动的重要阶段。——译者注

与日耳曼传统的大礼堂和意大利凉亭（loggia）有关。《牛津英语词典》中称，"廊道"一词于 16 世纪进入英语之中，但在"走廊"还未于 18 世纪和 19 世纪固定含义之前，它与"走廊"完全可以互换使用。然而，廊道的功能与首次出现在 17 世纪的宫殿中的现代走廊截然不同。

私人视角：《走廊景观》，1662 年

在 1692 年至 1704 年在迪拉姆公园（Dyrham Park）为威廉·布拉斯威特（William Blathwayt）所建造的意大利风格庄园中，整齐排列的门道尽头是一个让人惊叹的"风景"。由于挂上了著名荷兰艺术家塞缪尔·范·霍格斯特伦（Samuel van Hoogstraten，1627—1678 年）颇有欺骗效果的画作《走廊景观》（*View of a Corridor*），连续出现的房间看上去比实际中的更多。1662 年，刚到伦敦一年的范·霍格斯特伦四处寻找新的工作机会，所以才有了这幅作品。在林肯旅馆（Lincoln's Inn），霍格斯特伦为作战部长托马斯·波维（Thomas Povey）的大宅绘制了这幅画。波维将之挂在客厅，作为恶作剧以娱宾客——哪怕只是一瞬间的效果也好。1664 年 5 月，塞缪尔·佩皮斯（Samuel Pepys）在一篇日记中写道，波维"打开壁橱门，我看见里面只挂着一幅普通的画作"。[1] 佩皮斯认为，波维大宅中的内装最为精致。后来，迪拉姆公园内部以时下流行的荷兰风格进行装修时，佩皮斯的侄子威廉·布拉斯威特买下了这幅画。

---

[1] 塞缪尔·佩皮斯，《塞缪尔·佩皮斯日记》（*The Diary of Samuel Pepys*），第 5 卷，1664 年 5 月 29 日条目，莱瑟姆（R. Latham）及马修（W. Matthews）编，伦敦，1971 年，第 161 页。

画作的标题被翻译成《走廊景观》，这实际并不准确，与画作表现的空间很难对应。或许《门槛处的视角》这一翻译更为恰当。这是一幅典型的荷兰风格画作，为 17 世纪中期内室研究带来了重大转折。尽管人们认为这种画作不及历史画或风景画高贵，但优秀的荷兰内室画在 17 世纪 50 年代时大量出现，反映了商人阶层的家居情况——毕竟商人都热衷于购买这种相对廉价的艺术品。长久以来，这种风格的大师都被视为现实主义者，格里特·杜（Gerrit Dou）、尼古拉斯·梅斯（Nicolaes Maes）、彼得·德·霍奇（Pieter de Hooch）和塞缪尔·范·霍格斯特伦均属此列。他们用极具洞察力的双眼记录了原汁原味的家庭空间。很久之后，室内空间具有寓言性的神秘色彩才得以恢复，展现了开放与封闭之间神秘的相互作用。通常来看，人们的视角由门道框定，展示着远处的房间，或者只暗示画面还有其他未出现的事物，造成悬念。这类画作中通常有景中景、框中框、画中画，综合远景和小插图，与前景和背景形成互动，暗示危险出现的可能性。例如，范·霍格斯特伦的作品《从门口望去的室内风景》(Interior Viewed through a Doorway) 之所以有"拖鞋"(The Slippers) 这一更让人熟知的名字，就是因为画中有一双挂在闺房门外的女士鞋履，或许是暗示未为人所见的地方有欢好之事。

之所以在这段历史中提到《走廊景观》，原因有二。首先是技术原因。这幅画作的荷兰语标题暗示，范·霍格斯特伦用连续房间和通道上的石板图案制造了一种退后的视错觉，即垂直于地面的纵深感。佩皮斯认为，这幅画应主要被当作"透视图"，而非画作。此外，范·霍格斯特伦还尝试运用了透视框，创造出多个观察孔窗，以对建筑空间描绘入微的细密画营造出对纵深的错视效果。范·霍格斯特伦的《荷兰室内透视图》(Perspective Box of a Dutch Interior，1657—1661 年)是此类幸存画作中的一幅。在作者生活的时代，对光传播方面的光

塞缪尔·范·霍格斯特伦，《走廊景观》，1662年，油画作品

学科学研究逐渐被应用于艺术作品中。因此，现代统一的绘画空间的惯例得以确立，这在早期艺术品中前所未有。实际上，在表现后退效果时，早期技术效果图通常会运用棋盘格，《走廊景观》几乎可以说是构建这一空间的代表画作。在荷兰艺术中，后退效果到 17 世纪 50 年代时已为人熟知，即 "doorsiens"（透视图），这是 "一种多重组合手法，制造出夸张的空间倒退感"。[1] 范·霍格斯特伦自己的绘画手册于 1678 年出版，他在其中称："远景能让画面丰满且优雅，既令人赏心悦目，也不禁让人用心琢磨。"[2] 倾斜的透视图可以产生层次感和纵深感，是眼睛看向画作的起点。

正如 17 世纪的通道或倒退的远景增加了荷兰艺术作品中画面的纵深，之后出现在绘画、摄影和电影中的走廊也成了首选工具，为画面带来向内集中的效果，即单点透视或消失点（这一术语首次进入英语是在 1715 年发表的一篇关于线性透视的论文中）。走廊的图像总能让视线沿着墙面的收敛线望向消失点。斯坦利·库布里克在电影中大量运用了这种手法，将观众带入到透视框中。荷兰室内风景画是首先运用这一手法的现代艺术形式。

第二个原因更侧重于历史方面。内室油画不仅是对某些荷兰家庭的室内空间的记录，也是整个 17 世纪欧洲私人生活观念转变的重要标志。这些作品通常以半开放的廊道或巷道为起点，之后描绘远处的私人空间。我们可以透过窗户或门窥见房间里的人物，比如正在谈论私人事务的家人、站在危险楼梯上偷听的女人、站在门廊处

---

[1] 玛莎·霍兰德（Martha Hollander），《眼睛的入口：十七世纪荷兰艺术中的空间与意义》（*An Entrance for the Eyes: Space and Meaning in Seventeenth-century Dutch Art*），伯克利，加利福尼亚州，2002 年，第 8 页。

[2] 塞缪尔·范·霍格斯特伦，《油画艺术高贵学派入门》（*Introduction to the Noble School of the Art of Painting*），1678 年，引自霍兰德《眼睛的入口》，第 43 页。

收信的人，或私下里阅读私人信件的人，等等，但至于白纸黑字写下的秘密，我们则永远都看不清。《私人生活史》（*A History of Private Life*）在法国历史学家菲利普·阿里耶斯（Philippe Ariès）的支持下得以发表，是具有里程碑式意义的作品。早期荷兰内室的作用发生了转变：最开始，荷兰的内室是公共空间，后来在内室进行私人活动的情况逐渐增多。因此，民用建筑也随之发生变化，出现了更多隐蔽的空间。奥雷斯特·拉纳姆（Orest Ranum）对这些出现于中世纪后的"亲密感的庇护所"进行了跟踪。那时，家中只有逃避的角落和独处的缝隙，没有真正的隐私这一概念。后来，供个人反思之用的小围墙花园，"camera"（家庭文件和财产被锁起来的地方）、"ruelle"（一种私人空间，位于卧床和离门最远的墙之间）、让男性暂时远离家庭生活"封闭自己"（如 1592 年使用的表达）的男性专用"studiolo"或"cabinet"以及女性专用的"boudoir"逐渐出现。[1]

　　这些需求的出现使房间之间沟通空间的新形式应运而生。罗杰·沙蒂尔（Roger Chartier）指出："私人楼梯、大厅、走廊和前厅的出现，很快就让人们能在不穿过其他房间的情况下进入其他房间。"[2] 在英国，史密森（Smythson）建筑师家族于 16 世纪末期逐渐将廊道和走廊加入建筑物中，减少人们在大宅中的活动量。[3] 在荷兰，

---

[1]　请参见奥雷斯特·拉纳姆，《亲密感的庇护所》（The Refuges of Intimacy），《私人生活史》，第 3 卷：《文艺复兴的激情》（*Passions of the Renaissance*），罗杰·沙蒂尔编，坎布里奇，马萨诸塞州，1989 年，第 207—263 页。壁橱上的引文摘自安吉尔·戴（Angel Day）的《英国秘书》（*The English Secretarie*），该书在艾伦·斯图尔特（Alan Stewart）的《早期现代壁橱考察》（The Early Modern Closet Discovered）中进行了讨论 [《代表，50》（*Representations, 50*），1995 年，第 76—100 页]。

[2]　罗杰·沙蒂尔，《私人生活史》前言，第 3 卷，第 7 页。

[3]　马克·吉鲁亚德（Mark Girouard），《罗伯特·史密森和伊丽莎白女王的乡村别墅》（*Robert Smythson and the Elizabethan Country House*），纽黑文，康涅狄格州，1983 年。

菲利普·冯伯斯（Philips Vingboons，1607—1675 年）等建筑师借用走道和内部庭院，将厨房和仆人的房间剥离出主体结构，增强主人房屋的私密性。此外，他们还区分了到各个房间的不同入口。该时期的名作之一是出自彼得·德·霍奇（Pieter de Hooch）之手的《庭院中的女人和小孩》（*The Courtyard of a House in Delft*，1658 年），这幅作品向我们展示了经典的后退视角的透视，将庭院中的仆人与主屋通道中的女士分隔开来。内部和外部、崭新的房屋和破旧的庭院、主人与仆人位置上相互靠近，然而却完全有别。房屋通道入口上方的牌匾是从代尔夫特德夫特圣杰罗姆修道院取来的纪念石碑，这一细节可谓精妙。改换过去的功能是房屋现代性的体现（代尔夫特这座城市的大部分毁于 1536 年的一场大火）。现在，私人空间成了神圣的空间。[1]

　　荷兰商人阶层的财富逐渐积聚，曾经平面图中非常开放的房屋入口也因此重新设计。现在，房屋入口都位于一层的"前室"（voorhuis）周围，即西蒙·斯特芬（Simon Stevin）于 1590 年提到的"voorsael"：

> 进入前室的人完全不用经过四个房间中的某个才能进入其他房间，直接从前室就可以通往每个房间。前室就是整座房屋的公共空间，也是陌生人进屋与屋子里的人说话的地方……前室应予安排在此……方便人们自由进出每个房间。[2]

---

[1] 布赖恩·杰伊·沃尔夫（Bryan Jay Wolf），《维米尔与视觉的发明》（*Vermeer and the Invention of Seeing*），芝加哥，伊利诺伊州，2001 年，第 66 页。

[2] 西蒙·斯特芬（Simon Stevin），《公民事务》（*Civic Matters*），1590 年。引自霍兰德，《眼睛的入口》，第 122 页。

随着发展历程的演进，我们离走廊的出现越来越近。这里所说的走廊为富商的家庭带来了新的隐私空间。房间中有相互联系的空间，对此进行描绘的艺术家断言，这种新兴的形式对家庭布局的转变极为重要。一些历史学家推测，房屋对主权意识的影响与 17 世纪中期荷兰的政治动乱有很大关系。可与此同时，家中的家族肖像展现了新的社会和经济力量。艺术家在画作中描绘了人们对室内空间和角度的趣味性使用，暗示私人空间在家庭内部的多次出现可能会带来颠覆性的变化。走廊对资产阶级所住房屋进行了区分、分隔和划分，但令人不安的一点是，走廊也会让事物之间的相互关联更容易实现：将性别和阶级、家人和陌生人混在一起。1864 年，罗伯特·克尔出版《英国绅士之家》后，走廊正式出现在英国家庭建筑中，最终与所谓的"隐私发源地"整合到一起——这种空间形式完全被北方新教徒关于个体自我及其天命的观念而塑造。[1]

若说这是较晚的日期，那我们不妨回顾一下奥雷斯特·拉纳姆的评论：

> 撇开旧建筑中无数廊道、门、前厅和隔断不谈，1860年之前，隐私少有增加。富人自然增加了自己可用的私人空间，但于其他人而言……隐私的概念一直仅限于卧室之中，或许永远也无法延伸到床帷之外。[2]

漫长的史前史证明了我的感觉：走廊是一种截然不同的现代建筑空间。然而，我并不想让读者认为这是一场稳步进行的历史运动：它经历了从古希腊市场的开放式柱廊，到中世纪时期回廊围成的场院，再到分布于维多利亚时代的资产阶级家庭中的私人空间的发展

---

[1]　沙蒂尔，《私人生活史》，第 3 卷，第 5 页。
[2]　拉纳姆，《亲密感的庇护所》，第 225 页。

彼得·德·霍奇，《庭院中的女人和小孩》，1658 年，油画

过程。走廊始终维系着两组元素：公共与私人、开放与封闭。实际上，18世纪初的建筑平面图就开始将走廊作为内部空间分配的重要方式，其吸引力首先就体现在开放性上。接下来，走廊的乌托邦将带我们步入现代性的曙光中。

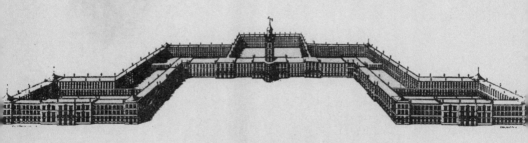

维克多·孔西得朗,《未来:空想共产主义村庄之景》(*The Future: Perspective of a Phalanstery*),约 1840 年。这成为傅立叶"共居房屋"之愿景的标志性图像

2 走廊乌托邦 I：
查尔斯·傅立叶的空想共产村庄

1848 年革命年代中，法国乌托邦社会主义者维克多·孔西得朗（Victor Considerant）宣称："建筑书写历史。"孔西得朗认为，理想社会由理想的建筑环境孕育，即将在欧洲社会发生的社会变革会促使他称之为"phalanstère"（即空想共产村庄或共居的房屋，该词源于希腊语，指的是经过组织严谨且共同居住在一起的士兵）的建筑形式出现。[1]孔西得朗的导师就是特立独行的作家查尔斯·傅立叶（1772—1837 年），实际上，这种建筑就是傅立叶乌托邦思想的核心。不过，发布宏伟的空想共产村庄的建筑平面图，并将其固定在乌托邦想象中的正是孔西得朗。这种建筑就是现代乌托邦的容身之所。

在空想共产村庄的构想中，由于空间重新配置了之前所有的家庭形式和社会关系，所以恰好可以容纳 1620 人和谐相处。之所以有如此效果，是因为空想共产村庄围绕着二层的整个街道廊道而建，将起居室、大小社交空间和餐厅都连接在一起。此外，嘈杂的车间、厨房、托儿所也得以与主建筑相连——虽然这些空间位于较远的位置，但还是通过建筑物内一条连续的长长主路而连接。正如傅立叶

---

[1] 维克多·孔西得朗，《空想共产主义村庄及建筑方面社会维度考量的描述》（*Description du phalanstère et considérations sociales sur l'architectonique*），巴黎，1848 年，第 39 页。

本人所说：

> 空想共产村庄没有通往各个房间的外侧街道或开放式道路。从沿着整栋建筑二层建造的宽阔走廊，人们可以去往中央建筑的各个部分。宽阔走廊的每个端点都有高高架起的通道，可以通往空想共产村庄的各个地方和相邻的建筑。这样，一切都通过一系列可通行的道路得以连接。道路都是带顶通道，优雅且舒适……带顶通道的形式尤其有必要，因为在**和谐社会**（Harmony）[1]，人们可以进行大量活动。[2]

街道廊道——现代切线走廊——即将谱写改变社会存在的新节奏。借用瓦尔特·本雅明（Walter Benjamin）所言，这就是"世界联动大厅"，一种处理和改造人类的机器。[3]卫生、舒适、充足的光线、夏日的清风、冬日的温暖——有了街道廊道，遭受过市场资本主义严重经济不平等的人和经受过革命后法国危险社会动荡的人，都成了互助社会中受人关爱的乌托邦的公民。

巧言善辩、口若悬河的傅立叶宣称，一旦有人"看到共居房屋的街道廊道，他就会将最优雅、最文明的宫殿视为流放之地，即只配愚蠢之人居住的地方——毕竟那些人进行了3000年的建筑研究，

[1] 傅立叶认为自己发现了社会进化的普遍规律，并将社会分成了32个不同的发展阶段，而最后的阶段即为和谐社会阶段。——编者注
[2] 查尔斯·傅立叶，《建筑创新：街道廊道》（An Architectural Innovation: The Street-gallery），《乌托邦式的视野：工作、爱情和激情的吸引力的精选本》（The Utopian Visions of Charles Fourier: Selected Texts on Work, Love, and Passionate Attraction），比彻（J. Beecher）及比安弗尼（P. Bienvenu）编、译，波士顿，马萨诸塞州，1971年，第243—244页。
[3] 瓦尔特·本雅明，《W回旋：傅立叶》（Konvolut W: Fourier），《拱廊计划》（The Arcades Project），艾兰（H. Eilan）和麦克劳克林（K. McLaughlin）译，坎布里奇，马萨诸塞州，1999年，第629页。

还是没学会如何建造健康舒适的住所"。只要建造一个共居房屋作为样板，那么两年之内，整个扭曲的文明阶段就会被推翻，该阶段的居住安排也会随之革新。

1808 年，傅立叶发表了详细的招股说明书。但这份文件只卖出了20 份。接下来的 30 年，傅立叶安静地等待某位富有的资助者上门完成自己的心愿。他不介意中午与来访者见面，还给法国政府、美国驻巴黎领事馆和沙皇寄送了自己的提案。期待中的电话一直没来，傅立叶的感觉从最初的惊讶，逐渐变成了越来越多的痛苦。不过，傅立叶去世之后，孔西得朗等人发起了傅立叶主义运动，对新型建筑空间的意义产生了深远影响。这种影响存在了 150 年，直到 20 世纪——欢迎来到走廊乌托邦的时代。

廊道乌托邦：从托马斯·莫尔到克劳德 – 尼古拉斯·勒杜

乌托邦作家对自己建筑蓝图的描绘一直非常精确，或许是因为与相对难以取悦的人相比，建筑更易于描绘和管理。乌托邦思想似乎天生就带有这样的观点：恰当的物理结构可以调节偏差的人性。自托马斯·莫尔（Thomas More）的《乌托邦》（*Utopia*，1516 年的拉丁语版本）首次面世以来，在遥远的"荒芜之地"重新思考共同体和共同性，就一直支撑着集体生活的诸多愿景。托马斯·莫尔从古典源流中汲取良多：他的岛屿中有 54 座城市，所有城市一模一样，彼此相隔一定距离，城市外有围墙，全部建在罗马的方形网格中。在首都亚马乌罗提城（Amaurotum，即秩序井然版的伦敦），莫尔描述了房屋的外观：

> 这些建筑物并不简陋，它们连续不断地排成长长的一

排，穿过整个街区，面对着的是一模一样的建筑。各个街区中房屋的前面都由一条 20 英尺宽的大道隔开……每间小房子不只有一扇朝向街道的门，也有通向花园的后门。此外，方便用手拉开且可以自动关闭的折叠门，可供所有人自由进出。如此一来，这里的任何一处都不会为人私有。

这种描述的逻辑非常简单：三层石质建筑的具体设计体现了公共性的抽象原则，"任何一处都不会为人私有"，且"没有潜身之处，也没有秘密会面的地点"。[1] 这种建筑体现了莫尔的人文精神。

莫尔正方形的公共城邦似乎与新耶路撒冷的结构相呼应，可以被看作扩大的修道院回廊。此外，这种建筑也让人想起柏拉图在公元前 4 世纪时提出的"理想国"——卫护者废除了金钱和私有财产，所以"没有任何人拥有其他人不得进入的住所或仓库"，此外，大家还要像营地士兵而非修道士一样同食共饮。[2] 在柏拉图后来的对话《法律篇》中，理想城市马格尼西亚（Magnesia）是完美的圆形城市，围墙之内有 5040 个家庭，分别位于 12 个等大的扇形区域，之所以为可以无尽分隔的排列选择这一数值，是为了确保分配的公平。马格尼西亚的房屋结构相同，但更多细节几乎未予描述。

文艺复兴时期的理想城市将基督教的天堂之城与柏拉图的理想之城融合在一起，希望能通过当代建筑得以构建。正如莫尔对回廊的青睐，托马索·坎帕内拉（Tommaso Campanella）在《太阳之城》（*City of Sun*，1602 年）中将圆形的完美与回廊或拱廊带来的便捷结合在

[1] 托马斯·莫尔，《托马斯·莫尔作品全集》（*The Complete Works of St Thomas More*）第 4 卷：《乌托邦》，爱德华·萨尔兹（Edward Surtz）及赫克斯特（J. H. Hexter）编，纽黑文，康涅狄格州，1965 年，第 121 页。
[2] 柏拉图，《理想国》，德斯蒙德·李（Desmond Lee）译，哈蒙兹沃思，1987 年，第 184 页。

一起。他所描绘的城市有 7 面扇形向心墙，每面内墙都有"巨大的空间……以此形式展现一座大宫殿"。之后的描述如下："拱门的高度为宫殿高度的一半，围绕着整个圆形环路延伸。拱门上方是廊道，下方支撑的立柱比较粗大，外形匀称，围合的拱廊与列柱廊或修道院的回廊有相似之处。"墙上绘有不同方面的知识，将长廊变成具有教育意义的百科全书。在同心圆的中心，殿宇由圆柱支撑，配有"通行长廊"。[1]

在弗朗西斯·培根（Francis Bacon）的《新亚特兰蒂斯》（*New Atlantis*，1627 年）中，科学家们共同居住的所罗门之屋（Salomon's House）仍以休息场所或修道院围场为原型。在《燃烧的世界》（*The Blazing World*，1666 年）中，玛格丽特·卡文迪什（Margaret Cavendish）的庞大宫殿位于天堂岛，其中的回廊被岩石和潮汐造就的迷宫所隐藏，陌生人绝不可能找到其所在。相比之下，18 世纪的城市乌托邦很少是自我封闭的，反而相较于众神政治，越来越关注世俗政治。无数民众居住在混乱拥挤的现代城市中，所以这些建筑图的目的和意义就是管理大众交通，重申理性秩序。伦敦大火之后，敏感的英国人拒绝了克里斯托弗·雷恩（Christopher Wren）的宏伟计划（主要是因为这一计划破坏了财产所有权及价值）。与此同时，巴黎的启蒙运动则通过对城市结构的彻底干预，将上述计划变为现实，1755 年建成的协和广场（Place de la Concorde）的布局就是例证之一。那是对整个巴黎进行宏伟设计的时期，1765 年皮埃尔·帕特（Pierre Patte）的总体规划和 18 世纪 70 年代玛丽 - 约瑟夫·皮耶（Marie-Joseph Peyre）的提案均在其列。阿贝·莫雷利（Abbé Morrelly）认为，科学在社会中的新地位让莫尔的"乌托邦"触手可

---

[1] 托马索·坎帕内拉，《太阳之城》，1602 年。引用内容摘自托马斯·哈利迪（Thomas W. Halliday）在古登堡项目的全本翻译，1885 年，www.gutenberg.org。

及：干净、理性的城市线条可以取代"迷宫般蜿蜒曲折的城市街道"。[1]
法国大革命前的 30 年里，类似的城市幻想充斥各处。

克劳德 - 尼古拉斯·勒杜（Claude-Nicolas Ledoux）是当时最重
要的建筑师之一。他对空间的利用以及在新古典主义和巴洛克风格
设计中严谨的对称性，使其有时被视为现代主义功能主义的先驱。
勒杜设计了大型房屋，以位于古老政权中心的贵族为目标客户群；
建造了监狱和工厂，包括阿尔克塞南皇家盐场（Royal Saltworks at
Arc-et-Senans）；设计了 1784 年至 1787 年围绕巴黎而建的令人憎恶
的堡垒，并建立了 45 座城市税收费站的总包税所（Ferme générale）。
此外，人们还认为他参与了共济会小屋的设计：该时期的巴黎兴建
起数十座共济会小屋，这些建筑具有神秘的宗教仪式的意义。由此
可见，勒杜在法国大革命时期的跌落也就不足为奇了。此外，他建
造的很多收费站都被革命人士付之一炬。

1789 年到 1793 年在狱中服刑期间，勒杜开始草拟理想城市肖
镇（Chaux）的计划图。肖镇是乌托邦式的居住之地，是他所设计盐
场的精致版。第一份计划图是一个大广场，但内部庭院有对角走廊，
两侧沿中轴线严格对称。第二份计划图上的建筑物都沿着大椭圆形
而建，符合乌托邦的传统。这些建筑"是为这一地区粗鄙但淳朴的
农民、工人和小农阶级带来变革和幸福的工具"。[2] 为不同类别的工
人建造的所有工作场所、公共建筑物和私人住所都旨在最大程度地
提升健康水平，扩大生产力，且这些部分都巧妙地融入到了总体设

---

[1] 安东尼·维德勒（Anthony Vidler），《街景与其他随笔》（*The Scenes of the Street, and Other Essays*），纽约，2011 年，第 21 页。

[2] 安东尼·维德勒，《克劳德 - 尼古拉斯·勒杜：古代政权终结时的建筑与社会改革》（*Claude-Nicolas Ledoux: Architecture and Social Reform at the End of the Ancien Régime*），坎布里奇，马萨诸塞州，1990 年，第 268 页。

计中。这些建筑结构独立,但一系列大道、小路和回廊阡陌交通。勒杜之后的方案还加入了公共住宅的设计图。其中一个被称为"赛诺比"(Cénobie)的公共生活之家以修道院的修士(Cenobite)群体命名,该地被描述为"统一居所,中央凉亭中配有公共设施,通过带顶长廊连接到十六个单户公寓"。[1] 这种建筑是供人从过度刺激中恢复的林木小屋,所以目的是将人隔离,而非让人聚集。

尽管勒杜有很多关于乌托邦的想法,但他既不是革命家也不是平等主义者。1804 年出版的《建筑》(L'Architecture)一书中有不少设计,勒杜以此强化了自然等级制度和社会差异。勒杜对理想城市的解释非常晦涩,他很可能是有意为之,以避免被进一步审查。

傅立叶的联合建筑

查尔斯·傅立叶并非雅各宾派人士,他对空想共产村庄的构想完全是对动荡的大革命时代的直接回应。傅立叶生于 1772 年,是里昂一位相对富裕的布料商的儿子。革命刚爆发不久,傅立叶就从父亲那里继承了一小笔遗产。开始,里昂抵制住了自巴黎蔓延而来的革命热情。然而,里昂落入革命党人之手后,傅立叶差点死在当地的大处决中。能侥幸逃生,完全是因为他将所有身家全部捐给了新政府。后来,他因实在拮据而被迫入伍,之后多年一直是布料行业的旅行推销员——他不喜欢这份工作,但为了生计不得不如此。此后,他到了巴黎,靠着母亲留下的一小笔年金成了一个足不出户的

---

[1] 维德勒,《克劳德-尼古拉斯·勒杜》,第 332 页。艾杜尔·考夫曼(Emil Kaufmann)的文章《三位革命性建筑师:布勒、勒杜和勒克》(Three Revolutionary Architects: Boullée, Ledoux, and Lequeu)也对勒杜的理想城市进行了广泛讨论,《美国哲学会刊》(Transactions of the American Philosophical Society),第 42/3 卷,1952 年,第 429—564 页。

学者，开始策划世界的转型方案。在波旁王朝风雨飘摇的最后几年，他的社会转型计划第一次引起了官方的兴趣。公共工程部门对他的计划略有兴趣，但 1830 年的暴力革命让傅立叶丧失了其在政府的所有联络人，切断了其与政府的联系。傅立叶的思想是革命时代的产物，但也注定因革命而失败。

18 世纪 90 年代，在巴黎旅行的傅立叶有过两次刻骨铭心的经历。第一次与苹果相关。巴黎的一个苹果卖 14 苏，大约是里昂苹果价格的一百倍。多变的市场价格给了傅立叶一个基本教训，由此，他不仅谴责了商业资本主义的弊端，也简短地谴责了西方文明 3000 多年的历史。他要推翻一套残忍的不平等制度，建立以关爱为基础的系统，实现生活与工作的完美和谐。牛顿通过掉落的苹果发现了地心引力，傅立叶则通过苹果发现了联合的力量。

傅立叶收获的第二个启示是在看到首都建筑的宏伟及其蕴含的变革潜力之后。大家都知道，傅立叶会仔细评估巴黎的大型建筑，有时候甚至痴迷到用手杖测量某处细节的程度。有本回忆录记下了这段文字："每次傅立叶走在街上或者到公共建筑里去，甚至在私人房屋中，都会留意建筑布局的特殊之处。"[1] 傅立叶的空想共产村庄在很大程度上借鉴了卢浮宫（1793 年，革命党人宣布卢浮宫作为公共博物馆对外开放）的廊道与协和广场四周的拱廊。不过，傅立叶参考最多的还是高四层的四边形建筑——皇家宫殿（Palais

[1] 休·多尔蒂（Hugh Doherty），《查尔斯·傅立叶回忆录》（Memoir of Charles Fourier），《错误联合及其补救；或对已故的查尔斯·傅立叶的吸引力产业理论的批判性介绍，以及激情的道德和谐》（*False Association and Its Remedy; or, A Critical Introduction to the Late Charles Fourier's Theory of Attractive Industry, and the Moral Harmony of the Passions*），伦敦，1841 年，第 6 页。

Royal）[1]。皇家宫殿未被拆毁，未被钢铁建筑奥尔良长廊（Galerie d'Orléans）取代之前，一层设有长长的拱廊，拱廊里的咖啡厅、商店和饱受诟病的赌博场所是三教九流的聚集之处。此外，皇家宫殿宽敞的花园中还有几条带裂缝的木质廊道，被巴尔扎克誉为"巴黎最著名的景点之一"。"廊道，"巴尔扎克在《幻灭》（*Lost Illusions*，1837—1843 年）中这样描述，"是平行的通道，高十二英尺，由三排商店构成。中间一排的两侧都是廊道，尽显辛酸，朦胧的光线只能从屋顶上永远肮脏的窗户上透出。"[2] 廊道中聚集着很多书商、女帽商、口技表演者和小贩，还有戏迷、赌徒和生意人。到了晚上，那里就成了烟花女子出没的地方。石头走廊里出现的都是贵妇，木质走廊里都是普通人，但毫不例外都体现了夜生活的奢侈。皇家宫殿集合了富裕和贫穷，既有捡拾废品卖掉垃圾换零钱的拾荒者，也有在赌桌旁恣意挥霍的贵族。20 年来，证券交易所一直位于皇家宫殿一层廊道的对面。正因如此，1789 年和 1830 年两次革命之间，政治和经济阴谋主要都在此成形。

皇家宫殿让傅立叶非常兴奋：诗人海因里希·海涅（Heinrich Heine）回忆说，自己经常看到这位先行者在柱子间徘徊。那里让傅立叶想到与里昂其他丝绸商人接触的童年时光——里昂旧城区之所以出名，是因为到处都是狭窄的带顶通道和隐蔽小路，是车间和市场之间的捷径。成百上千条独特的 "traboules"（拉丁语中表示 "通过"一词 "trans ambulare" 的简写，在里昂的说法中表示 "通道"）现在仍然存在，有些还结合了精心设计的楼梯和隧道。19 世纪初的巴黎皇家宫殿和混乱的社会阶层融合在一起，与古希腊的集市和阿拉伯

---

[1] 皇家宫殿建于 1639 年，原是红衣主教黎塞留的私人官邸。黎塞留去世后将宫殿赠予路易十三。宫殿于 1793 年成为国有财产，1871 年后许多机构入驻其中。——编者注

[2] 奥诺雷·德·巴尔扎克（Honoré de Balzac），《幻灭》，引自量子城市博客上的《作为皇家宫殿的异托邦》（*Palais Royal as Heterotopia*），https://blogs.ethz.ch。

集市十分相像，但它的拱廊和后革命时代之后的钢铁玻璃拱廊不同，因为后者将重心放在了对城市活力的遏制和阶级的划分上。

因此，傅立叶的乌托邦走廊自最初就尝试包容城市廊道的自发性特点。不过，为了把握傅立叶对转变空想共产村庄中街道廊道的决心，了解傅立叶的联合哲学（philosophy of association）的特别之处也非常重要。

傅立叶在社会动荡和异化劳动中遭受的创伤因"普遍和谐"原理的发现而得以化解。普遍和谐的原理首先出现在 1803 年的公开信中，之后在 1808 年出版的《四场运动理论》（Theory of Four Movements）中得以详尽阐述。于傅立叶而言，人类强烈的感情具有决定性作用。他认为，迄今为止，从荒蛮、野蛮到文明的所有社会组织，都只是迫使人们过着与真实欲望相去甚远的悲惨生活。带着典型的启蒙运动的严谨精神，傅立叶确立了 12 种"激情类型"：5 种奢华的感官、4 种"群体"激情（荣誉、友谊、精神之爱和家庭）以及 3 种因当前社会形态阻碍而尚未被发现的"系列"激情（其中一种是阴谋诡计，是四处寻找多样性的"享乐式"激情，最终是一种组合式激情，以特别的方式与其他所有激情相结合）。运用复杂的数学知识，傅立叶计算了所有可能的排列，最后得到整整 810 种激情类型。如诺亚方舟上的物种一样，空想共产村庄中的每一种类别也是配对出现的，因此，理想的个体数量为 1620 个。尽管这一理论支持享乐者追求不同的欲望之物，不过也暗示了激情类型的固定性。后来，傅立叶称，一个人可以循环经历每种可能的组合（尽管可能要用几辈子的时间）。

空想共产村庄中还有根据年龄进行的划分：有"升序"的侧楼，即按照从婴儿到二翼天使到六翼天使再到青春期的顺序排布；也有

"降序"的侧楼，即按照从青少年和冒险家到牧师、圣人和祖先的顺序排布。这种安排有优先考虑性成熟度的倾向，将吵闹的孩子安排在走廊的尽头，以免打扰年纪较大的人。工作活动根据时间和偏好严格受限，按照不同"系列"组合在一起，但为了避免枯燥无聊的情况，工作内容会经常变化。这绝非本质上的平均主义或毫无阶级意义的重组，因为每个人都因自己不同的能力和兴趣而得到重视。不过，这并不算是经济理论，主要是关于社交和两性的方案。这将是孤独的旅行推销员的幸福幻想，要知道，他们过着朴素的生活，并且完全是独居。借用罗兰·巴特（Roland Barthes）的话说，傅立叶"按照数量和分类创造了高潮""这是无尽的疯狂，但会发生变化"，像极了同时代的萨德侯爵（Marquis de Sade）所做的性爱计算。[1]

街道廊道位于空想共产村庄的中心。它促进了这种持续的组合和重组运动，是善变的人类欲望的具体化。宽阔的公共廊道非常开放，加速了人们在社会大厅和公共房间之间的移动，使节日感经久不衰。此外，从建筑中心沿走廊向两侧，是对还未有性别特征的儿童以及性别特征已经退化的老人的重新安置。以上种种都融入了这栋建筑。通过拆解所有既有社会关系的空间，尤其是拆解资产阶级家庭封门闭户这种社会关系的空间，新型走廊带来的乌托邦最终可以实现。在乌托邦中，走廊的存在总是为彻底的社会融合带来希望。

傅立叶对这种安排的优点深信不疑，相信如果能找到资助者，那么未来几年内，就一定能建立起一座空想共产村庄，整个世界也会随之发生革命性转变，人们也会接受这种原则和安排。1832 年，傅立叶的追随者为空想共产村庄的实验方案筹款，这让傅立叶感受

---

[1] 罗兰·巴特，《萨德、傅立叶、罗犹拉》（*Sade Fourier Loyola*），米勒（R. Miller）译，伯克利，加利福尼亚州，1989 年，第 104、110 页。

到了短暂的兴奋。人们甚至开始清理空地，准备在孔德河及维斯格雷河（Condé-sur-Vesgre）的河畔开工建设。然而，还不到一年半，这一项目便因未能筹措足够资金而搁浅。此后，傅立叶及其追随者更是深受他人嘲笑。

傅立叶留在巴黎，将自己包裹在隐居生活中，专注于阐述自己在宇宙学方面的怪异推测。他提出了穿越太阳系的科幻小说之旅，想象出其他行星的和谐世界，包括星体之间疯狂的配对行为。长期以来，傅立叶都因这些论断而备受嘲笑：他将和谐扩展到地球自身的气候，气候的变化可以调节极端气温，进而降低海水中的含盐度，将海水变成美味可饮用的柠檬水，有助于远距离旅行，也有助于让世界变成幸福的联合。后来，这些论断涉及的范围已经扩展到整个太阳系。果然是乌托邦式的设想。

自 1803 年计划首次宣布以来，傅立叶就因此事和其他细节一直受人嘲讽。他甚至还引起了拿破仑的警察和司法部门的注意，好在之后警察和司法部门都认为他基本没有危害性。后来，强硬的德国共产党人弗里德里希·恩格斯和卡尔·马克思将傅立叶作为不现实的"乌托邦社会主义"的可笑代表，借此更好地树立了自己更切合实际的"科学社会主义"。"[他们的计划]细节越详尽，制定得越完整，"恩格斯说，"就越无法避免陷入纯粹幻想的境地。"[1] 不过，值得注意的是，在巨大的共居房屋中共同生活这一点差点被写入 1848 年《共产党宣言》的最终草案，承诺"在国有土地上建造旨在弥合城乡差距的大型公共宫殿"。[2]1917 年，布尔什维克革命在莫斯科爆发时，傅立叶仍被当作先驱之一。此外，变革性集体建筑的思想自傅立叶

---

[1] 请参见弗里德里希·恩格斯，《社会主义从空想到科学的发展》（The Development of Socialism from Utopia to Science），爱丁堡，未注明出版日期，第 4 页。

[2] 请参见本雅明，《拱廊计划》，第 637 页。

第一份提议面世后就一直与共产主义同在，如影随形。

　　傅立叶的影响力之所以能长续永存，他于 1827 年出版的短篇《新工业世界》（*The New Industrial World*）功不可没。这本小书删掉了大部分怪异的两性内容，以为 19 世纪劳动问题提出解决方案的面目出现。此外，傅立叶的追随者将其思想翻译成了不太怪异且较有意义的实际计划——译者分别是法国的维克多·孔西得朗和美国的阿尔伯特·布里斯班（Albert Brisbane）。这些工作支持了千禧时代对实际的走廊乌托邦的理想追求，不过其意义主要在 1837 年傅立叶去世后才彰显出来。其实，就算没有傅立叶，傅立叶主义也能在 19 世纪 40 年代如火如荼。

罗伯特·欧文的共居之所和联合主义者

　　在考察傅立叶主义的实际成果之前，我们应该记住，除了傅立叶，另有他人也认为建筑的乌托邦式潜力能改变人的性格。在英国，傅立叶最重要的同代人是富裕的工业家罗伯特·欧文（Robert Owen），他于 1799 年在苏格兰的新拉纳克（New Lanark）建立了模范纺织工厂。欧文在工厂周围建造了住房、学校和各种机构，成为早期工业改革改善大规模工业劳动中恶劣条件的著名案例。新拉纳克完全是一个资本家实验场，但其社会和劳工改革总会激怒了欧文的合作者，因为有些原则使合作者可获得的利润大幅削减。1813 年，欧文出版了《新社会观》（*A New View of Society*），将新拉纳克变成了一次全面的社会实验。欧文认为，人的品性完全取决于环境。所以，除了改善工厂的条件，欧文还可以通过早期教育（5 岁至 14 岁）、集体社会机构和新的生活安排培养塑造工人。欧文说，工业家曾异常关注工厂的机械设备，但新的思想能匡正平衡，解决其建筑中"生活机械"的效率问题。[1]1816 年，不得不从合伙人手中买下新拉纳克其他部分的欧文，设立了品格形成学院（Institution for the Formation of Character）。在致辞中，欧文告诉聚集而来的村民，学院将很快消除贫困、犯罪和痛苦，共产主义将营造一种新环境："比起迄今为止规范社会原则能给个人带来的幸福，这种环境创造的幸福更为长久。"[2]

在新拉纳克有多种共居理念，其中之一是建造一所"大房子"，最多可供500名在工厂工作的"慈善"儿童居住，也能为他们提供教育。不过，欧文的想象力很快就扩展到了整个学院的愿景，以便实现自己对促进社会进步的机制构想。他开始考虑建造巨大的平行四边形，即大型四边建筑，可以同时进行学习、劳动和休闲等活动。这是没有冲突的社会，能消除竞争性商业资本主义带来的恶根性。至此，这位慈善工业家踏上了合作社会主义的旅程。

傅立叶是个典型的阁楼梦想家，落魄可怜，但欧文非常富有。和很多之前的乌托邦主义者一样，欧文认为实验必须从头开始，以淳朴的伊甸园为起点——于是，1824 年，欧文便到了刚独立不久的美利坚合众国。他对震教村（Shaker villages）[3] 很感兴趣。震教村里全部都是"圣经共产主义"极为虔诚的观察者，同时，这些人也都是精明的商人，建立了成功的经济模式和稳定的社区。新黎巴嫩（New

[1] 罗伯特·欧文，《新社会观；或关于品格形成原理的论文，以及该原理在实践中的应用》（A New View of Society; or, Essays on the Principle of the Formation of Character, and the Application of the Principle to Practice），伦敦，1813 年。作为《罗伯特·欧文平生，自撰本》（The Life of Robert Owen, Written by Himself）的附件 B 重印，伦敦，1857 年，第 261 页。
[2] 罗伯特·欧文，《1816 年 1 月 1 日给新拉纳克居民的一篇演讲》（An Address Delivered to the Inhabitants of New Lanark on the First of January 1816），作为《罗伯特·欧文生平》的附件 C 重印，第 352 页。
[3] 震教为基督教新教的教派之一，震教教徒聚居的村子被称为震教村。——编者注

Lebanon）的建造和设计以及其他震教村的安置都有意识地致力于"重新设计社会关系的整体架构"。[1] 在这种情况下，震教村的建设对性别进行了严格划分，非常重视双重门廊、入口、大厅和宿舍，且所有部分都完美对称。欧文随后去了印第安纳州的哈莫尼村（village of Harmonie）。这个定居点也以宗教为基础，由德国移民乔治·拉普（George Rapp）负责管理。经过一番谈判，拉普最终以 125000 美元的价格将整个村庄及其附近的农田卖给了欧文。这就是新哈莫尼（New Harmony），位于美利坚合众国的正中心。

应当届总统门罗（Monroe）和新选总统约翰·昆西·亚当斯（John Quincy Adams）的邀请，欧文于 1825 年 3 月前往华盛顿，面向参议院全体成员，在两次致辞中介绍了自己的乌托邦思想。新哈莫尼的建筑只是暂时的过渡性空间。将来取而代之的是巨大的平行四边形建筑——欧文带来了模型，草图则后来由英国建筑师托马斯·斯特德曼·惠特维尔（Thomas Stedman Whitwell）绘制。欧文向美国政府解释道：

> 该模型展示了由建筑物组成的正方形，边长为 1000 英尺，每条边的民居安排可以容纳 5000 人。在这一方形建筑中，我们还会建造完整的学校、学院和大学体系，第一次实现各种情况的融合。这种融合尚未出现，未能正确培养人们的身体及心理能力。[2]

---

[1] 克里斯·詹宁斯（Chris Jennings），《如今的天堂：美国乌托邦主义历史》（*Paradise Now: The Story of American Utopianism*），纽约，2016 年，第 44 页。

[2] 罗伯特·欧文，《关于新社会制度的两次论述，于华盛顿州众议院发表》（*Two Discourses on a New System of Society, as Delivered in the Hall of Representatives at Washington*），伦敦，1825 年，第 22 页。这两篇演讲由奥克利·约翰逊（Oakley C. Johnson）收录在《罗伯特·欧文在美国》（*Robert Owen in the United States*，纽约，1970 年）中。

欧文说，公共功能存在于广场内和转角处的四座建筑物里：一层和二层都是"私人住宅"，三层为未婚者宿舍。欧文进一步解释道："从每栋住房到公共房间，再到整个广场，都可以有秘密交流。"[1] "联合和合作系统的"核心原则将再次通过走廊建筑得以体现，这完全归功于莫尔的亚马乌罗提这座四边形城市。这是对欧文"环境影响论科学"最完整的应用，构建的是"能通过更优越的方式体现人类生活各种目的的新机制"。[2]

经过实践检验，在新哈莫尼建立的"初级社会"非常混乱。尽管欧文的理论阐述非常详尽，但他似乎对实际细节不感兴趣：他没有制定准入规则，也没有拟定社区成员的契约细节，还将日常运营管理留给两个小儿子——威廉姆（William）和罗伯特·欧文负责。欧文本人时常不见踪影，尽管进展不大，欧文一年之后还是宣布，初级阶段行将结束，人们已经站在平等共产主义的大门前。根据弗朗西斯·培根所著的《新亚特兰蒂斯》（*New Atlantis*），欧文于1826年1月高调地引进了一大批科学家和学者，致力于将新哈莫尼打造成学习中心。此外，欧文还说服教育家威廉·麦克卢尔（William Maclure）再次为项目注资10万美元。劳动者社区中都是面朝黄土背朝天的人，科学家和学者的到来只给劳动者社区带来了更多的摩擦，不过，新的学者阶层和学术方面的宏大计划确实有较为持久的效果——比如，罗伯特·欧文在之后史密森学会（Smithsonian Institute）的建立中发挥了至关重要的作用。

为了维持新哈莫尼的运营，罗伯特·欧文很快就投入了自己80%的财产。面对歉收和经济全盘崩溃的情况，欧文的儿子们于

---

[1] 欧文，《两次论述》，第22页。
[2] 欧文，《两次论述》，第21页。

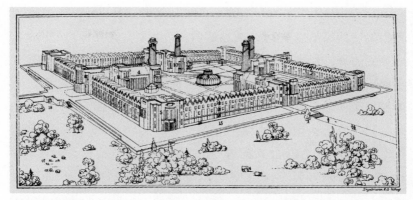

建筑师斯特德曼·惠特维尔 1824 年为罗伯特·欧文所绘图像，表现了印第安纳州新哈莫尼定居点的公共建筑

1827 年 3 月宣布实验失败，随后解除了所有协议。1827 年 6 月，欧文返回英国，从此再未回到新哈莫尼。某位历史学家说："模型和草图与实际的合作村庄之间有很远的距离。比起真正的空想共产村庄，文字和图片来的容易得多。"[1]

　　同一年，欧文选择卖掉新拉纳克。在生命的最后 30 年，作为社会政治理论家和鼓动者的欧文主要生活在伦敦。唯灵论于 1848 年在纽约出现并传播到全世界后，欧文成了最著名的信徒之一。这一点不足为奇，毕竟激进的无产阶级形式与乌托邦社会主义非常相似，其对来世的看法绝对符合共产主义者的观点："无论你是否能看到社会主义降临于世的场景，你都可以在去世之后进入社会主义社会。"[2]

---

[1]　唐纳德·卡蒙尼（Donald F. Carmony）及约瑟芬·艾略特（Josephine M. Elliott），《印第安纳州的新哈莫尼：罗伯特·欧文的乌托邦》（New Harmony, Indiana: Robert Owen's Seedbed for Utopia），《印第安纳州历史杂志》（*Indiana Magazine for History*），第 76/3 卷，1980 年，第 201 页。

[2]　洛吉·巴罗（Logie Barrow），《独立精神：唯心论与英国平民，1850—1910 年》（*Independent Spirits: Spiritualism and English Plebeians, 1850–1910*），伦敦，1986 年，第 29 页。

1837 年 10 月傅立叶去世时，其在巴黎的主要追随者维克多·孔西得朗在其墓前宣布："作为他的门徒，我们只在其记忆中筑起了一座纪念碑，那座纪念碑就是共居之屋。"[1] 与隐逸且偏执的前辈不同，孔西得朗是颇有才干的公共演说家、鼓动者和竞选活动家。他精简了傅立叶主义中对自由恋爱和对宇宙怪异推测的内容，通过自己创立的报纸《法兰斯泰尔》（*La Phalanstère*）和《法郎吉》（*La Phalange*）以及极具影响力的学说总结《社会命运》（*Social Destiny*，1840 年），推动了共产主义计划的实施。共居之屋仍是孔西得朗社会主义的中心思想，在《法兰斯泰尔概略》（*Description du Phalanstère*）中，他坚持认为，建筑环境将决定"社会融合"（sociétaire intégrale）的形成。孔西得朗的愿景是建设可以供 2000 人居住的单体建筑，大约可以容纳 400 户家庭，人们可以共同生活，相互关爱，一起劳动。然而，孔西得朗在这一项目的实现方面持谨慎态度，不愿过早采取行动。虽然他公开在孔德河和维斯格雷河河畔（1833 年夏天，他一直在现场工作）积极试验，但私下里仍认为法国社会还未完全为迎接乌托邦做好准备。很快，试验的失败就证明了孔西得朗的正确。19 世纪 40 年代，孔西得朗的社会主义逐渐偏离了傅立叶的信仰，他避开狭隘教条主义的意愿，使之成为 1848 年巴黎革命性动荡中的重要人物。大革命失败后，他被流放出法国——这也成为他最终于 1855 年决定加入得克萨斯荒野中的共居之屋的导火索。

在《大西部》（*Great West*，1853 年）中，孔西得朗称："地球之上，美国是圆梦之国。这主要是因为美国精神是多样化的精神，是运

---

[1] 孔西得朗，引自隆德尔·范·戴维德森（Rondel Van Davidson），《我们认为胜利伟大吗？维克多·孔西得朗的生平》（*Did We Think Victory Great? The Life of Victor Considerant*），拉纳姆，马里兰州，1988 年，第 56 页。

动进取的精神，是热爱发明、试验和冒险的精神。"[1] 和欧文一样，孔西得朗也认为美国在乌托邦方面是一张白纸。就在此时，傅立叶主义者们正在推动这样的方案：通过联合股份制投资计划在法国之外建立乌托邦殖民地，借此强化自身资本力量，共享利润。此外，通过巴黎的殖民协会，傅立叶主义者在得克萨斯州某个小居民区以南 5 公里购得了达拉斯（Dallas）——当时的达拉斯还是美利坚合众国的极边之地。留尼旺（La Réunion）共居之屋最多只吸引了 350 人，之后也陷入了财政危机，甚至连自给自足的农业也难以为继。最重要的是，这一公社在最初几个月就已经否决了共同生活的提议，决定大家只应该联合起来劳动，而非共同生活。他们投票决定建造小型家庭木屋，明确表示"以此避免共产主义对个人生活的全方位渗透"。[2] 当然，于孔西得朗而言，这是一种终结：此后他再也没有机会，通过走廊式共产主义的梦想，运用建筑和环境改变私人生活灾难般的历史。从人们最初对基础原则的拒绝，到 1859 年留尼旺共居之屋的最终崩溃和出售，整个项目的失败对孔西得朗造成了沉重的打击。此后，孔西得朗放下了实际的政治活动，回到得克萨斯，专心于自己的家庭计划。大概十年后，他才重返"战场"。

孔西得朗之所以选择美国，不仅是因为美国有虔诚的千禧年信徒 [3] 和欧文主义梦想家，也是因为傅立叶的思想在 19 世纪 40 年代被不知疲倦的傅立叶主义传教士艾伯特·布里斯班移植到了美国。布里斯班是纽约一位富裕地主的儿子，继承了一大笔财富。1828 年，年轻的他曾去往欧洲，希望获得启示。他最初的计划是去柏林，拜入

---

[1] 孔西得朗，引自卡蒙尼及艾略特，《印第安纳州的新哈莫尼》，《印第安纳州历史杂志》，第 248 页。

[2] 孔西得朗，引自卡蒙尼及艾略特，《印第安纳州的新哈莫尼》，《印第安纳州历史杂志》，第 271 页。

[3] 相信耶稣会复活，并在世上为王一千年的基督教信徒。——编者注

黑格尔（G.W.F. Hegel）门下学习。可惜,黑格尔是一位沉闷的演说家,毫无新意（关于这一点,人们可以从黑格尔的散文中探知一二）。对理想导师的渴求促使布里斯班很快就离开了柏林,游历过意大利和土耳其后,他最终来到了巴黎。在那里,他结识了法国空想经济学家亨利·德·圣西蒙（Henri de Saint-Simon）,成为其忠实的追随者。不久之后的 1832 年,布里斯班就出现在位于黎塞留大街的傅立叶的家里。一夜之间,布里斯班就成了傅立叶的忠实信徒,并为两年的学习课程支付了一大笔学费。后来,布里斯班回忆说,那几年中,傅立叶甚至都没微笑过。

1834 年,重返美国的布里斯班调整了傅立叶偏离主题的风格,厘清了关于婚姻及自由恋爱等两性非正统理念,还出版了两本简要阐述其理论的手册——《人的社会命运》（*Social Destiny of Man*）及《简述傅立叶准科学的实践问题》（*A Concise Exposition of the Practical Part of Fourier's Sound Science*）——后来,这两本书成为美国傅立叶主义派别的重要参考文本。大家都聚集在联合主义的大旗下。

这不仅是理论运动。布里斯班说服了纽约记者霍勒斯·格里利（Horace Greeley）,后者通过主流杂志《纽约论坛报》对联合主义进行了宣传。很快,他们就吸引了其他人的兴趣,并于 1841 年在新泽西州建立了北美共居之屋的模型。此后,在全美范围内,根据联合主义原则建设共居之屋的尝试有 30 次左右。

布里斯班始终将建筑作为共居之屋这一愿景的核心。在《人的社会命运》中《分离或孤立家庭制度的缺陷》（*Defects of System of Separate or Isolated Households*）这一章节里,他解释称,对于有约 2000 人的公社来说,联合是最佳的运转方式。布里斯班认为:

木屋、房舍或文明的住所都很单调。每天重复琐碎、繁杂的工作……会削弱灵魂的力量。我们必须将人从这种狭窄的领域和文明中拯救出来。我们必须联合起来，必须建造能容纳两千人的共居之殿。[1]

布里斯班主张建造"优雅的大厦"，但这与四边形建筑的悠久传统相背离，毕竟从托马斯·莫尔到罗伯特·欧文，关于建筑的构想都是回廊结构。布里斯班认为，"不能使用正方形。大厦应由中心、侧楼和副楼组成，避免任何形式的统一"。在这一重要段落中，布里斯班说：

目前为止，人类建筑从未出现统一性。他们建立了独立的建筑物，服务于特定的目的。除了少数例外情况，这些建筑物表达了人类不连贯的社会生存及其感情倒错。在民居中，我们发现独立的家庭中会出现自私和狭隘的情况……

联合建筑有自己的架构，会成为组合和统一的体系结构。我们结盟并团结在一起，优雅的大厦将取代文明社会里成百上千座孤立且悲惨的建筑……我们已经全面了解了人性，难道还无法衍生出完全适合它的建筑吗？[2]

联合运动的期刊随后刊登了建筑方面的准确讨论。1844 年，《方阵》杂志（*The Phalanx*）上刊登了有关"大厦——生活模式"的文章，向读者保证"私人公寓会被分隔墙隔开，其他情况下，家庭生活都

---

[1] 艾伯特·布里斯班，《人的社会命运》（*Social Destiny of Man*），转载于《伦敦共居之屋》（*London Phalanx*），第 1 卷，1841—1842 年，第 411 页。

[2] 艾伯特·布里斯班，《人的社会命运》，转载于《伦敦共居之屋》，第 1 卷，1841—1842 年，第 428 页。

不会受到任何影响"。然而，与此同时：

> 门朝向宽大的带顶走廊或封闭的广场打开，走廊或广场约十八到二十四英尺宽，沿着大厦一侧而建。带顶走廊是建筑物各个部分的通路，居住在大厦中的人随时可以通过走廊到达建筑物侧楼的工厂、餐厅、演讲室、图书馆、音乐厅、会客厅等等，也可以随时拜访他人，免受天气变化或温度波动的影响。[1]

在诸多遵循布里斯班原则的美国社区中，这种建筑物的大小各不相同。他们将傅立叶对宫殿的宏伟梦想和带有小屋的美国本土建筑相结合，各个房间均可以通过"广场"或"piazzas"（东北部地区用来表达柱廊或封闭走道的术语）到达。1841 年，美国联合主义的热情追随者在新泽西州孟莫斯郡（Monmouth County）建立了占地 240 公顷的北美共居社区，社区的中心即共居之屋。最初，共居之屋只有 60 名成员，每人投入了 7000 美元（布里斯班和霍勒斯·格里利都担心这无法达到成功的临界点）。最初，共居之屋只是小型木质结构，有 12 间家庭套房，但后来他们又接续建造了更大的临时性建筑，朝下一个目标进发：布里斯班和格里利希望建设能容纳 2000 人的大型统一建筑。1852 年，著名的景观设计师弗雷德里克·劳·奥尔姆斯特德（Frederick Law Olmsted）到访时，布里斯班向他描述了农场、磨坊，以及能容纳 150 人的共居之屋。此外，共居之屋也可以通过带顶走道与公共洗涤间、厨房和餐厅相连。布里斯班曾宣称："这些家庭统一住房（和半联合住所）比我想象得更好。"尽管布里斯班从未选择住在共居之屋，

---

[1] 《联合建筑是什么？大厦——生活方式》（What Is Association? The Edifice – Mode of Living），《方阵》杂志之《联合建筑原则的组织》（Organ of the Doctrine of Association），1844 年 5 月 4 日，第 1 页。

他仍旧认为那里为年轻人提供的教育胜过哈佛大学和耶鲁大学。[1]

这一共居之屋样本刺激了其他试验。"塞雷斯科"（Ceresco）是位于威斯康星州的共居之屋。这座共居之屋建立于 1844 年，是严格贯彻傅立叶主义原则的建筑之一。这一社区要求其成员共同生活，还建造了名为"长屋"（Long House）的"公共房屋"——房屋长 60 多米，可以住下 30 户家庭。社区的创建人沃伦·蔡斯（Warren Chase）解释说："我们用简单的方式组织了小组和团体，目前为止，一切都进行得非常顺利……我们的感情非常和谐，行动也协调一致。"[2] 不过，这一社区于 1849 年解散，因为原始成员逐渐离去，而社区却并不愿意招募新人。

1841 年，乔治·里普利（George Ripley）建立了著名试验之地——布鲁克农场 [Brook Farm。之后，纳撒尼尔·霍桑（Nathaniel Hawthorne）以其为背景完成了小说《福谷传奇》（*The Blithedale Romance*）]。这一社区将先验主义者的原则和更多傅立叶主义的概念结合在一起。1844 年，他们建成了最大的共居之屋之一。这栋 3 层的建筑长约 60 米，阁楼上有单人间，其下是家庭间，地下室中有演讲厅和客厅，整体建筑"通过与建筑物等长的广场相连"。[3] 共居之屋

---

[1] 弗雷德里克·劳·奥尔姆斯特德，《共居之屋及共居之屋中人》（The Phalanstery and the Phalansterians），《弗雷德里克·劳·奥尔姆斯特德：重要论述》（*Frederick Law Olmsted: Essential Texts*），罗伯特·托姆布雷（Robert Twombly）编，纽约，2010 年，第 55 页。

[2] 佩德瑞克（S. M. Pedrick），《塞雷斯科的威斯康星共居之屋》（The Wisconsin Phalanx at Ceresco），《威斯康星州历史学会 50 周年大会会议记录》（*Proceedings of the State Historical Society of Wisconsin at its 50th Anniversary Meeting*），1903 年，第 203 页。

[3] 多洛雷斯·海顿（Dolores Hayden），《七个美国乌托邦：共产主义社会主义建筑，1790—1975 年》，（*Seven American Utopias: The Architecture of Communitarian Socialism, 1790–1975*），坎布里奇，马萨诸塞州，1976 年，第 172 页。

北美共居之屋，孟莫斯郡，新泽西州，1843 年建立。主楼存在至 1972 年，后被大火烧毁

即将建成时，一场灾难性的大火却让其毁于一旦。有趣的是，看到了试验性建筑的失败，布鲁克农场成员和热情而真诚的联合主义者玛丽安·德怀特（Marianne Dwight）反而感到"轻松"，"建造和规划都很差，这栋建筑本身就是愚蠢的，我们总在想，也总是说，要是它被炸毁或烧毁的话，大家应该都会很开心"。[1] 然而，由于这栋建筑没有购买保险，农场被债权人团团围住。每个人为共居之屋的建设而投资的 7000 美元表明了整个试验在财务方面的损失。巧合的是，1856 年，北美共居之屋（the North American Phalanx）毁于工厂大火，但因为此前耕种获得的收入，其得以幸存 13 年，成为存在时间最长的共居之屋之一。

另一寿命很长的共居之屋"拉里坦湾联盟"（Raritan Bay Union）于 1853 年建成，是由从北美共居之屋中分裂出来的团体建立的。项目的主导者是马库斯·斯普林（Marcus Spring）——他偏爱更公开明确的基督教精神，不喜欢傅立叶主义中的无神论。斯普林自己出资 40000 美元建立了一栋石质共居之屋，可容纳 40 个家庭，并将共产主义严格限制在大型公共食堂中。（不过，斯普林给自己建造了一座常规的独立房屋，和家人一起住在附近。）梭罗（Thoreau）曾在这里演讲，称这里为"奇怪的地方"。不过，这里之所以出名，主要是因为此地居民都是反奴隶制的知识分子和活动家。由于共居之屋由石头建造，没有使用传统的样板，所以在公社于 1859 年左右解体后，建筑得以幸存。后来，在彻底沦为废墟之前，这里曾先后用作学校和酒店——这两种建筑形式都需要走廊。[2]

---

[1] 玛丽安·德怀特，《来信》（Letter，1846 年 3 月 4 日），《布鲁克农场的来信》（*Letters from Brook Farm*），1844—1847 年。艾米·里德（Amy Reed）编，波基普西市，纽约，1928 年，第 148 页。

[2] 请参见莫德·霍尼曼·格林（Maud Honeyman Greene），《新泽西州伊格斯伍德拉里坦湾联盟》（Raritan Bay Union, Eagleswood, New Jersey），《新泽西州历史学会会议论文集》（*Proceedings of the New Jersey Historical Society*），第 68/1 卷，1950 年，第 1—20 页。引自梭罗 1856 年的信件，第 14 页。

在共居之屋构建资金组织（Phalansterian Realization Fund Society，由霍勒斯·格里利建立）和费城统一建筑协会（Philadelphia Unitary Building Association）等集体筹款项目的帮助下，共居之屋计划加快了进程。费城统一建筑协会由著名的费城艺术家约翰·萨尔丹（John Sartain）领导，不仅发布了标准的宪章，而且准备了理想建筑的石版画——3 层建筑非常优雅，有柱子装饰的墙面，内部装修侧重于"社会沟通空间"和"联合廊道"。

如出一辙，合作社社区通常会投票决定公共生活在对社会关系的重组方面是否太过激进。据说，在俄罗斯为农民建立的第一所共居之屋最终被居住其中的农民所烧毁。"共产主义"一词由法国人欧文特·埃蒂安·卡贝（Owenite Étienne Cabet）发明。这个词最早出现在他于 1840 年所作的《远航到伊卡里亚》（Voyage to Icaria）中。卡贝流亡伦敦时读完了托马斯·莫尔的《乌托邦》，深受启发。接着，他前往美国，先后到得克萨斯州和伊利诺伊州寻找真正的"伊卡里亚"。后来，因认为日常生活中行为的禁忌和禁烟禁酒的规定太过苛刻，卡贝被自己的社区除名。压死骆驼的最后一根稻草是在讲习班上保持沉默的规定。卡贝大略规划了伊卡里亚，城市阡陌交通，街道上建有带阳台的家庭住宅，人行道上有细长柱子支撑起的门廊。我们看到，人们再次亲手破坏了建筑愿景中的整齐划一。[1]

以乌托邦思想为基础建设的公社中，有两个非常成功，且存在了很长时间，主要是因为这两个公社的野心和规模较小，发起者并不固执己见，坚决反对资本主义经济，而是找到了融入周围资本主义经济的方式。在法国，实业家让-巴蒂斯特·戈丁（Jean-Baptiste Godin）

---

[1] 请参见埃蒂安·卡贝，《远航到伊卡里亚》，罗伯茨（L. Roberts）译，苏顿（R. Sutton）介绍，锡拉丘兹，纽约，2003 年。

结合了罗伯特·欧文和查尔斯·傅立叶的思想，在吉塞（Guise）建立了样板工厂和住宅大楼。他于 1859 年着手建立自己的共居之屋"法米斯泰尔"（familistère）。建造过程非常缓慢：最先建造的是一栋侧楼，后来是中央庭院，之后几年建造的是另一栋侧楼，最后，整个共居之屋于 1879 年竣工。这座建筑被称为"联合住宅"，可供 1200 人居住，其中央庭院有玻璃天花板，可以通过公共通道去往三层建筑的各个地方。

> 三个连续的阳台围绕着庭院内部的四边而建。阳台大约有四英尺宽。由于没有分区，人们可以绕其而行。阳台实际上是悬空的街道，可以通往各个房屋。建筑物转角处的楼梯可以通往阳台，自此去往各个方向。每层楼的大型通道都使中央庭院得以与两栋侧楼相连。[1]

建筑物里没有内部走廊，但每个两居室单元都有两面，一面与中央庭院相连，另一面与外界相连。公共商店、洗手间、学校、剧院和医疗中心都位于附近。主体建筑开放后，工人迅速涌入，于是，戈丁为 600 名工人又建造了一栋住宅楼。1903 年，劳动合作协会的一本图册大肆褒扬了这种集体生活和集体劳动的模式，不过，这显然是一种对傅立叶坚决谴责的"文明"的绝望妥协。

另一个成功的社区位于美国，比吉塞更为怪异。1834 年，传教士约翰·汉弗莱·诺伊斯（John Humphrey Noyes）获得神示，建立了奥尼达社区（Oneida Community）。他放弃了耶鲁大学颇受人尊敬的神学院的学业，转而宣扬完美主义的异端邪说，认为人类是完美的，并非天生有罪而堕落，因为基督的第二次降临已经发生，天国

---

[1] 艾米丽·达莱特（Emilie Dallet），《吉塞二十年的合作》（*Twenty Years of Co-partnership at Guise*），阿内林·威廉姆斯（Aneurin Williams）译，1903 年，伦敦，第 18 页。

现在也可在人间实现。这一社区遵循了传统的"圣经共产主义"形式，所有财产可以共享，公共生活和公共崇拜是实践中不可分割的部分。然而，诺伊斯进一步发表了一种令人不齿的言论：实现天国与人间的神秘婚姻的最佳方法，是让其追随者们进行多方性爱的结合。

1846 年，诺伊斯开始实践"复合婚姻"，即在各方（及更广泛的社区）同意的前提下，有多个伴侣参与的婚姻形式。这显然是受傅立叶思想的影响，证明了美国联合主义的疯狂并没有完全抑制以此获得和谐的方式。1847 年，小社区中的丑闻大白于天下，诺伊斯不得不将社区搬出州界，以免因通奸罪被捕。最后，社区的居民在纽约州北部偏远的奥尼达河（Oneida Creek）附近建立了自己的乌托邦。

1881 年正式解散之前，奥尼达社区一直是宗教社区。那时，他们已经将传统家庭单元的解散形成制度，撤销"已婚"住所区域，并在孩子 2 岁时，让孩子们与母亲分离。孩子们共同住在一处，13 岁时便开始参与性别活动。毫无意外，或许诺伊斯自己更愿意亲自帮助所有女孩完成这一庄严的使命。自 1868 年起，为了将人类打造得更加完美，社区还尝试了"人类优生"，以选择性养育的方式提高社区种群血统。"优生"（stirpiculture）是诺伊斯新造的词，目前尚未收录在任何语言词条中，更常见的表达为"eugenics"[由达尔文的表亲弗朗西斯·佳尔顿（Francis Galton）发明]。

奥尼达之所以在到达偏远之地后很快站稳脚跟，是因为他们设计了一款动物捕捉器，这项专利让人获利颇丰。后来，他们的银匠业也蓬勃发展（存续至今）起来。"为了让世界臣服于基督，"诺伊斯说，"我们必须将宗教融入能赚得金钱的内容中。"[1] 之前很多共居之屋的失败都是因为危险的共产主义的持续存在，与资本主义的神圣结合让奥尼达社区避免了这一情况。

这种情况让奥尼达庄园得以用建筑的形式实现其哲学。奥尼达庄园前后经历了 4 个建筑阶段，实现乌托邦的过程再次说明了走廊依旧位于共产主义的中心。1852 年，奥尼达庄园建成了公共住宅大厦这一单体建筑，以此取代了之前的农舍和其他附属建筑。这种结构的社区有单独的餐厅和客厅，用于举办义务性晚间集会。各个部分均由外部广场或带顶走道相连。"中庭"是位于中心的过道，虽然功能尚未确定，但交通中心的位置实现了社交的最大化。真正的创新之处是饱受诟病的帐篷房（Tent Room），即多个作性屋之用的双层隔间。这些房间由挂在铁丝上的厚重幕帘隔开，可以迅速重组成不同的形式，显然，这样做的目的是打破封闭的家庭单元。然而，在其他地方，固定的双人床仍是婚床较为保守的概念形式，这表明社区正处于过渡阶段，正在逐渐接受更复杂的婚姻。

新大厦之屋（New Mansion House）建于 1859 年，比原来的核心建筑更为宏伟，说明入住社区的人越来越多。在利用空间将意识形态铭刻于行为上这方面，新大厦之屋采取的方式更为激进。中央"客厅"需要容纳数百人，结果被分成更小的部分，不过这种做法引来了人们的忧虑，因为这样可能会打破联合的状态。每个成年人都有自己单独的房间，其中很多都沿着一侧走廊而建，面向大厅对面更大的公共空间。要想回到卧室，公社成员必须首先穿过汉密尔顿大街（Hamilton's Avenue，以建筑师的名字命名），迫使人们先经过

---

[1] 约翰·汉弗莱·诺伊斯（John Humphrey Noyes），引自艾伦·韦兰 - 史密斯（Ellen Wayland-Smith），《奥尼达：从自由爱情乌托邦到井井有条的餐桌》（*Oneida: From Free Love Utopia to the Well-set Table*），纽约，2016 年，第 88 页。

走廊和其他集体工作室交叉处的起居室。所有设计都旨在最大程度地增加互动，阻止反社会情侣或小团体的形成。拒绝参与社区更广泛性经济活动的人会被安置在顶层黑暗的双重走廊，没有任何通行通道：这是故意而为的死胡同或贫民窟，象征着对这些人的内部流放。1869 年，一座作学校之用的侧楼建成。最后一栋建筑于 1877 年动工，这栋建筑并非由诺伊斯或得其真传之人设计，因此难免流于传统：通往卧室的是双重走廊，和酒店的一样，且整条走廊上基本没有任何公共空间。建筑内部完全没有任何能引起人员流动、人员沟通或激情行为的建筑空间。大家投票解散作为宗教团体的奥尼达之前，这栋建筑尚未完工。显然，核心意识形态逐渐消退。[1]

尽管很多乌托邦在经济崩溃、大火或不可调和的分歧中走到了尽头，但直到 20 世纪，强调共居之屋中街道廊道和走廊的作用仍是公共建筑中强有力的基础思想。奥尼达社区的创业方向暗示了商业的梦境，在建设沉浸式走廊空间时，汲取了傅立叶的耀眼星光中的部分内容——这一点我将在第四章中详述。然而，社会住房的思想之所以更应归功于傅立叶，是因为很多计划通常都明显呼应了傅立叶主义的典范。

---

[1] 本段的大多数细节引自珍妮特·怀特（Janet R. White），《为完美而设计：奥尼达社区建筑与社会计划的交叉点》（Designed for Perfection: Intersections between Architecture and Social Program at the Oneida Community），《乌托邦研究》（Utopian Studies），第 7/2 卷，1996 年，第 113—138 页。另请参阅海顿《七个美国乌托邦》中关于奥尼达的章节。

伊利亚·卡巴科夫,《迷宫》(《母亲的相册》),
1990年,大型沉浸式走廊装置。该装置曲折
迂回,容易使游客迷失方向

3 走廊乌托邦 II：
从彼得格勒到巴比肯的社会住房

1917 年是俄国革命之年，在布尔什维克力求结束对政府机制的妥协之际，柴纳·米耶维（China Miéville）每个月的生动演讲都会不断唤起"一种不安，并在政府走廊中不断扩展。""十月革命"结束后，列宁派开始执政。米耶维称，这是"走廊占据者"的胜利，他们终于占领了冬宫。[1] 或许考察变革性事件的这一角度略显奇怪，但在思索苏维埃社会主义共和国联盟的形成方面，建筑形式是关键要素。

苏维埃社会凝聚器

在获得内战（1918—1921 年）的胜利后，乌托邦工程于整个 20 世纪 20 年代开展得如火如荼，席卷苏维埃社会主义共和国联盟的大地。在改造生活方方面面的热情中，工业化的宏伟计划与新的交通网、新城市、新建筑的梦想相结合。"一代又一代人，一块又一块砖，经过点点滴滴细微的努力构建的街区和道路，最终为巨大的建筑让路，"列昂·托洛茨基（Leon Trotsky）在其《文学与革命》（*Literature and Revolution*，1923 年）中称，"在这场斗争中，建筑将再次充满集体

---

[1]　柴纳·米耶维，《十月：俄国革命历程》（*October: The Story of the Russian Revolution*），伦敦，2017 年，第 46、58 页。

感觉和集体氛围的精神。"他接着断言:"人们将学会……如何在勃朗峰和大西洋底部建造人民宫殿。"[1] 长久以来,这一建筑梦想一直都是布尔什维克的一部分。革命失败的 1905 年 [2],亚历山大·博格丹诺夫(Alexander Bogdanov)在首次出版的布尔什维克乌托邦小说《红星》(Red Star)中如此设想,火星上存在着共产主义俄国的完全殖民地,那里有庞大的集体住房、透明的玻璃工厂、博物馆和医院。

布尔什维克的愿景显然呼应了傅立叶的空想共产村庄。革命结束后,苏联大地上至少出版了 10 种傅立叶著作的新译本。就如在美国一样,在米哈伊尔·彼得拉舍夫斯基(Mikhail Petrashevsky)及其在圣彼得堡的诸位密友的倡导下,傅立叶的思想也于 19 世纪 40 年代传播至俄罗斯。[正是由于这一团体的介入,陀思妥耶夫斯基(Dostoevsky)于 1849 年被沙皇政权判处死刑,后在等待执行过程中改为监禁。] 人们建造了一座安置农民的实验性空想共产主义村庄,但居住其中的农民将其付之一炬时就宣告了实验的结束。为了应对革命后的住房危机,基本住房的大规模建设计划应运而生,这就带来了契机,人们以傅立叶、马克思和恩格斯的思想为指导,拆除家庭住房私有制结构,破除了其中所有的小资产阶级陷阱。取而代之的是集体化的环境,有助于促进 "novyi byt",即日常新生活的产生。只有推翻旧有的空间习惯和规范,革命的作用才算完全发挥。社区生活成为社会主义"新新人类"诞生的摇篮。在革命的前十年,傅立叶的街道廊道仍是乌托邦理想的核心。

1919 年,列宁将住房收归国有。以工人苏维埃或议会为基准,

---

[1]　列昂·托洛茨基,《文学与革命》,安阿伯,密歇根州,1967 年,第 249、254 页。

[2]　1905—1907 年,俄国境内出现了一连串以反政府为目的的社会动乱事件,并由此导致尼古拉二世政府制定基本法,成立国家杜马立法议会与施行多党制。此次革命后被称为"俄国 1905 年革命"。——编者注

很多大型建筑物都成了地方住房委员会为人民管理的公社。简而言之，虽然租金已经取消，但经济危机意味着这种情况不会持续很长时间。经过多年战争，住房短缺的情况长期存在，但即使如此，卫生委员会还是制定了一项规定，为了达到"卫生标准"，每个人的居住面积为 8.25 平方米（这一标准自 1926 年增加至 9 平方米。这项规定未能付诸实践，一直在理论上存在于苏维埃的规定中）。抽象数据中假定的只是空间范围，而非四面墙一扇门的实际房屋。实际上，这样做的目的是让私人房间最小化，突出公共厨房、餐厅、浴室、洗手间和洗衣房，优先考虑社交生活的各个方面。人们将此举当作对妇女的解放，使之不必为繁杂家务所困——这是布尔什维克意识形态的重要组成部分。此外，这也是对普罗大众的解放，使人人都可以参与到社会生活中。1930 年，库兹敏（V. Kuzmin）在其论文《科学组织生活的问题》（*The Problems of the Scientific Organization of Life*）中写道，实现集体主义的最佳方式是"建立公共空间和通道体系，促进人们之间的互动"。[1] 自此，作为社会凝聚器的走廊参与到了革命服务中。

"社会凝聚器"这一概念由布尔什维克创造，照应了电子冷凝器的功能——成为储存革命能量和建构能力的地方。社会凝聚器旨在利用建筑空间"将资本主义社会里以自我为中心的个体变为完整的人，即社会主义社会里明智的战士，每个个体的利益都与整体的利益融合在一起"。[2] 最初，实现这一目标的方式是建设如文化宫和

---

[1] 库兹敏，引自理查德·斯蒂茨（Richard Stites），《革命性理想：俄国革命中的乌托邦愿景及实验生活》（*Revolutionary Dreams: Utopian Vision and Experimental Life in the Russian Revolution*），牛津，1989 年，第 203 页。

[2] 阿纳托尔·科普（Anatole Kopp），《城镇与革命：苏联建筑与城市规划，1917—1935 年》（*Town and Revolution: Soviet Architecture and City Planning, 1917—35*），纽约，1970 年，第 112 页。

工人俱乐部等公共设施。这些建筑是为特定的工会或集体所建，方便安排业余教育、会议、戏剧、电影及其他社交活动。当时，人们的想法是，沙皇统治下传统社交形式的俱乐部将成为革命建筑师埃尔·利西茨基（El Lissitzky）所谓的"社会发电厂"或"人类改造工作坊"。[1]

20世纪20年代，莫斯科出现了几个新兴建的工人俱乐部，它们非常引人注目，其中5个都出自构成主义建筑师康斯坦丁·梅尔尼科夫（Konstantin Mel'nikov）之手。这五座建筑是唯物主义者对特定场所和社会群体的回应，强调了动态运动和流通——多功能空间和可移动隔墙可以立即改变内部空间并形成新集体。苏联解体后，很多俱乐部都得以留存，不过，俄罗斯黑帮资本主义的崛起使得很多公共空间的活跃度逐渐减弱。苏联解体20年后，建筑评论家欧文·哈瑟利（Owen Hatherley）参观了上述建筑，他表示："很难想象，苏维埃建筑师20世纪20年代初设计'社会凝聚器'时，竟会参考傅立叶的思想。"[2]

在1925年的巴黎世博会上，康斯坦丁·梅尔尼科夫为苏联馆设计的作品引起了国际社会对苏联构成主义的关注。这一作品是玻璃和混凝土结构的有机结合，因其脆弱平衡中的张力而表现出极为不对称的结构。此外，整栋建筑被斜切为两个部分，高耸的悬挑屋顶下是开放的混凝土楼梯和走廊。[3]

---

[1] 埃尔·利西茨基，引自《城镇与革命：苏联建筑与城市规划，1917—1935年》，第120页。

[2] 欧文·哈瑟利，《共产主义图景：建筑历史》（*Landscapes of Communism: A History through Buildings*），伦敦，2015年，第151页。

[3] 有关莫斯科建筑及设计图的详细介绍，请参见福索（M. Fosso）、马赛尔（O. Macel）及梅里吉（M. Meriggi）主编的《康斯坦丁·梅尔尼科夫与莫斯科的建设》（*Konstantin Mel'nikov and the Construction of Moscow*），米兰，2000年。

然而，最重要的建构主义设计理论家当数莫伊谢伊·金兹伯格 (Moisei Ginzburg)。他不仅于 1924 年出版了宣言《风格与时代》(*Style and Epoch*)，也是当代建筑师协会 (the Organization of Contemporary Architects) 的创始成员。该组织完成了一系列极具乌托邦风格的项目，也在 1925 年到 1932 年之间为苏联建筑提交了多项提案。后来，这一组织被斯大林下令解散。[1] 在《风格与时代》中，金兹伯格着手解决了"现代化面对的基本任务：……工人住房及工作场所等问题"。他以工厂为原型，认为"集体主义精神"必须取代旧式房屋和村舍的情感主义，为新形式做好准备。在书中某个精彩的章节，金兹伯格称支配工厂的是"水平力的盛行"，即生产线上机器的推动力。因此，现代化建筑需要传达的不只是"垂直方向上的勇气"，也包括"无限"的横向状态，从而推动走廊在纪念性建筑中的作用。[2]

共产主义时代的建筑逻辑由金兹伯格和当代建筑师协会在 "dom kommuna"（公共房屋）中得以最充分体现。在这一实验时期，公共房屋最能体现傅立叶主义和乌托邦概念。1819 年，建筑师文格洛夫 (B. Venderov) 为 38 个家庭设计了小规模的共居之屋。1921 年，苏维埃设计师托斯傅科 (Tsverkoi) 和布雷什金 (D. P. Buryshkin) 设计的共居之屋获得了彼得格勒无产阶级住房建筑奖。这两项设计并未进入实际建设阶段，但计划图一幅比一幅大。曾在中央国家计划

---

[1] 有关当代建筑师组织的简史，请参见斯蒂茨的《革命性理想》及科普的《城镇与革命》；另请参见小休·哈德森 (Hugh D. Hudson Jr)，《"我们时代的社会凝聚力"：当代建筑师组织与革命性俄罗斯生活新方式的创造》("The Social Condenser of Our Epoch": The Association of Contemporary Architects and the Creation of a New Way of Life in Revolutionary Russia)，《东欧历史年鉴》(*Jahrbücher für Geschichte Osteuropas*)，第 34/4 卷，1986 年，第 557—578 页。

[2] 莫伊谢伊·金兹伯格，《风格与时代》，坎布里奇，马萨诸塞州，1982 年，第 78、79、97 页。

委员会（the Commission for a General Plan，负责协调苏联计划经济）任职的经济学家列昂尼德·萨布索维奇（Leonid Sabsovich）在《社会主义城市》（*Socialist Cities*）和《未来十年的苏联》（*The USSR in Ten Years*）中提出了一系列建议，承诺将苏联的全部人口合理再分配到规模一样的小型城市里，每个城市都建有"房屋联合体"，每栋"房屋联合体"均可入住 2000 到 3000 名居民。这一计划以马克思对消除城乡界限的预期为基础。萨布索维奇计划的第二版不得不重命名为《未来十五年的苏联》（*The USSR in Fifteen Years*）——由于共和国因恶劣的经济现实而崩溃，实现乌托邦的计划便不得不延迟。

萨布索维奇设想的苏维埃共居之屋与修道院相似，沿各条走廊呈带状分布。每个工人都有单独的小房间，面积或许仅为 5 平方米，他阐释道：

> 由于所有工人每天都需要完全社会化，所以这些房屋不应该是带有厨房、餐具室等供个体家庭使用空间的独立公寓。房屋不应包括私人家庭生活的空间，因为我们已经知道，家庭的概念将不复存在。取代封闭、独立家庭单元的是工人的"集体家庭"，这种家庭中没有"独立"的容身之所。[1]

正如 19 世纪 40 年代联合主义者提出的那样，苏联的建筑通常表明，孩子需要在其他单独的共居之屋中居住并接受教育。这与布尔什维克将女性从奴役中解放出来的目标相互呼应，同时也有益于

---

[1] 列昂尼德·萨布索维奇，《社会主义城市》（*Socialist Cities*，1929 年），引自克里斯蒂娜·E. 克劳福德（Christina E. Crawford），《从旧家庭到新家庭》（From the Old Family – to the New），《哈佛设计杂志》（*Harvard Design Magazine*），第 41 期，2015 年，www.harvarddesignmagazine.org，2018 年 5 月 21 日访问。

培养良好的苏维埃公民。"我们必须将儿童从家庭生活的不良影响中解救出来，"列宁的亲密盟友兹拉塔·利利纳（Zlata Lilina）称，"我们必须将孩子们国有化。"[1] 儿童安居之地的设计图得以起草，该建筑可以容纳 800 至 1000 名儿童，他们将一起生活，一起接受教育。（在博格丹诺夫的《红星》中，火星上的孩子们居住在独立殖民地上的大型双层公共房屋里。）设计师巴什赫（Barshch）和弗拉基米罗夫（Vladimirov）公布了共居之屋的设计图，狭窄的街区沿公共走廊而建，可以容纳 1000 名成人。学龄前儿童和年龄稍大的孩子们住在独立的街区中，通过人行道与其他街区相连接。这样做是为革命性的"消除家庭单元"而服务。[2] 然而，1929 年，即这一计划提出的同年，党的官方路线果断反对集中照顾儿童的方案，因此，早期的激进计划被取消了。

为了推动生产力的发展和产量的提高，无数城市在这个新国家的大型综合社区周围拔地而起，马格尼托哥尔斯克（Magnitogorsk）的大型综合社区就是其中之一。然而，萨布索维奇的计划对斯大林领导的共产党来说也太过激进（1930 年，萨布索维奇因其"幼稚的"乌托邦主义而遭到点名谴责）。不过，这段时间，除了建构主义者工人俱乐部之外，确实有几栋实验性的共居之屋得以建成。其中最著名的当数莫斯科的纳尔科芬（Narkomfin）大厦。这栋大厦由莫伊谢伊·金兹伯格和伊格纳迪·米尔尼斯（Ignaty Milinis）设计，于 1928—1932 年建设完工。

纳尔科芬大厦的主楼是一栋狭窄的 5 层建筑，其混凝土阳台连

---

[1] 兹拉塔·利利纳，引自林恩·阿特伍德（Lynne Attwood），《苏维埃俄国的性别与住房：公共空间中的私人生活》（*Gender and Housing in Soviet Russia: Private Life in a Public Space*），曼彻斯特，2010 年，第 30 页。

[2] 请参见斯蒂茨，《革命性理想》，第 201 页。

建构主义的纳尔科芬大厦，莫斯科，1928 年。这一公寓楼是苏联时代集体生活的例证

续不断，线条夸张。2 层和 5 层的两条走廊上共设有 54 个房间，分别有两种标准类型，供财政委员会的员工居住。1928 年，金兹伯格受中央建筑委员会的委托建造标准住房，"为整个俄罗斯联邦共和国所有后续的国家住房设立规范"。纳尔科芬大厦在主楼中尝试使用了"F"形和较大的"K"形设计。[1] 建筑中的一条带顶人行天桥沟通了该居住区域和独立的公共服务区——厨房、餐厅、体育馆和图书馆。洗衣房在另一栋独立大楼里。此外，人们当时还有建造独立托儿所的计划，既是为了解放妇女，让妇女可以在白天工作，也是为了更彻底地实现资产阶级家庭的分解。然而，由于官方政党政策的变化，托儿所以及意味着大厦完全建成的第二大住宿楼的建筑方案最终都被搁浅。

---

[1] 维克多·布奇利（Victor Buchli），《社会主义考》（An Archaeology of Socialism），牛津，1999 年，第 63 页。1991—1992 年，布奇利曾在纳尔科芬大厦居住，他的作品就在这期间出版。同年，苏联解体。

金兹伯格在自己的作品中明确指出，"光线充足的走廊可以成为某种讲坛，一个为纯粹集体职能发展和社会活动服务的场所"。金兹伯格宣称，这栋建筑：

> 是多个"F"形开间公寓组成的大型建筑，会带领我们迈向更高级的社会生活——共同生活。建筑的水平动脉就是外部走廊，它的存在能将这些房间与公共餐厅、厨房、娱乐室、浴室等有机连接。[1]

从描述来看，这种走廊与傅立叶主义的街道廊道十分相似。

纳尔科芬大厦曾经只是实现全面社会主义生活的"过渡"大楼（比如，独立房间与较大的"K"形家庭单元混合存在），但这种住房解决方案在大厦完工前就已经不受欢迎。多年之中，大厦内部的墙体已被打穿，非法电炉被偷运至房间，方便打造临时私人厨房。此外，屋顶的结构也已经成为主要政府官员的私人顶层公寓。之后几十年里，由于官方的否定，纳尔科芬大厦渐渐沦为废墟。

实际建成的公共房屋极为罕见。早在 1927 年，构成主义"当代建筑师组织"的住房平面图就因包含前卫的"西方主义"或形式主义而受到质疑，但官方对此在公报中首次公开发表的谴责却到 1930 年才出现。随后，中央委员会于 1932 年 4 月废除了所有建筑师协会，只保留了苏维埃建筑师联盟，且只允许采用一种建筑风格——社会主义者现实主义中的方块（blocky）古典主义。这种风格的建筑中随处可见，大拱门、行进大道、通道和宽大的走廊都有运用。欧文·哈瑟利认为，这种建筑风格"旨在让人有一种总有工作尚未完成的感

[1] 莫伊谢伊·金兹伯格，引自科普，《城镇与革命》，第 141、142—143 页。

觉"。[1] 为了生存，金兹伯格回归对大规模住房预制结构的技术探索。

　　尽管布尔什维克的建筑乌托邦曾接受傅立叶主义对公共生活的构想，但自一开始，叶夫根尼·扎米亚丁（Yevgeny Zamyatin）等作家就发现，这些革命后的设计中暗含着难以忍受的统一性。在其著名的反乌托邦作品《我们》（We，1924 年先于俄文版出版的英文版）中，26 世纪联众国（OneState）的公共玻璃生活住房和工厂抹去了所有个体的姓名和身份，以此确保成千上万人都根据同一张时间表统一行动。这种零散、诗意的表达包括对走廊可怕的描述："灯泡挂在穹顶上，一眼望不到尽头。灯光画出一条闪烁的，忽明忽暗的虚线。"这是一座逻辑迷宫，任谁都无处可逃。[2]

　　基于内战后兴建居民住房的迫切压力，在苏维埃共和国成立初期，解决公共住房的主要方式是征用旧建筑。国家驱逐了拥有旧建筑的资产阶级和贵族、牧师、沙皇警察和沙皇官僚机构的所有成员，将征收的空间分成临时的家庭单元，通常以简易木板为隔断。解决方案太过仓促，所以 20 世纪 20 年代时，激进的公社生活中出现了一些自发的实验——500 多个公社汇集了所有的财产和收入（少数公社还尝试废除一夫一妻制）。然而，政党拒绝了共产主义之后，大部分人都居住在 zhilischchnye kooperativi，即"住房合作社"中，将集体主义局限于洗衣店、浴室和公共走廊等空间。在经历了斯大林的崛起后，这些都是另外的情绪和倾向带来的社会凝聚器。

　　斯维特拉娜·博伊姆（Svetlana Boym）在回忆录中讲述了其在圣彼得堡某个合作社中成长的过程。这本回忆录名为《公共之地》（Common Places），写于苏联解体后不久，生动地描述了消逝已久的

[1] 哈瑟利，《共产主义图景》，第 20 页。
[2] 叶夫根尼·扎米亚丁，《我们》，布朗（C. Brown）译，伦敦，1993 年，第 94 页。

布尔什维克乌托邦和后斯大林主义现实之间的距离。她回忆说，对建筑物进行改造，意味着"创造奇怪的空间，长长的走廊和通过迷宫般内部庭院的所谓的黑色入口"。要想进入她居住的大楼，"就得履行一系列'通行仪式'：从一条黑暗的廊道进入，廊道上都是破碎的马赛克片和酒瓶碎片，还要穿过到处都是生活垃圾的内部庭院"。内部走廊，即分布有这样公社住宅居住单元的中央大道，占据了博伊姆记忆和梦想的大部分。她认为走廊空间"在日常生活中无处不在，在官方的呈现中则不见踪影"：

> 廊道在苏维埃神话般的地形图中占据着特殊地位。它既是过渡空间，是充满恐惧的空间，也是房屋黑暗的极限……廊道里住着的基本都是老酒鬼、当地的蠢货、小流氓和坠入爱河的少男少女。所有不登大雅之堂的行为都可能在这里出现……走进公共走廊，你会听到拖鞋趿拉的声音，也会听到地板吱扭作响的声音。与此同时，很多双眼睛都会透过半开的门打量你。

胶合板隔断墙薄到容不下任何隐私，但其不再为理想化的集体服务，更多代表一种精神。这是一种给人带来恐惧压力的精神：邻居会不断监视你，看你是否偏离了应该遵守的轨道——从而要求你与其他人保持一致。在一篇反思色彩更明显的文章中，博伊姆提出，苏联"没有公共和隐私的界限，没有正常社会化的空间，即那些既不受官方礼节控制……也不受不成文的亲密规则管控的空间。二者之间是疏离的空间——苏维埃区域"。[1] 约瑟夫·布罗德斯基（Joseph Brodsky）也曾回忆，"向前直视，水平的条带遍及整个国家，就像

---

[1] 斯维特拉娜·博伊姆，《公共之地：俄罗斯日常生活的神话》（*Common Places: Mythologies of Everyday Life in Russia*），坎布里奇，马萨诸塞州，1994 年，第 124—125、140、141—142 页。

无限的公分母：大厅、医院、工厂、监狱、公共公寓的走廊……随处可见，令人发狂"。[1]

这种公共走廊持续存在于苏维埃时代末期的艺术家夫妇——伊利亚（Ilya）和艾米利亚·卡巴科夫（Emilia Kabakov）的艺术装置中。在《靠近厨房的走廊的意外事件》（*Incident in the Corridor near the Kitchen*，1989 年）中，短短一段直角走廊里摆满了罐子、平底锅和其他厨房用品，这些都通过线垂吊在天花板上，仿佛是爆炸时被固定住了一样。在《迷宫》（*Labyrinth*，1990 年）中，伊利亚·卡巴科夫建造了一条 49 米长的破旧走廊。这条走廊蜿蜒曲折，天花板由简易木头制成，地板上散落着碎石，门朝着杂乱的内室敞开。墙上挂着 76 幅带框作品，展示了卡巴科夫母亲的生平——他的母亲出生于 1902 年，经历了苏维埃的全部历史阶段。卡巴科夫解释说：

> 想到母亲经历过的世界，想到那段时间凝结的图像，我的脑海中浮现的是一条漫长且昏暗的走廊。那走廊如迷宫一般弯曲，每个新转折点之后，每次转弯之后，远处都不会涌现出口的亮光，目光所及，只有同样肮脏的地板，以及被 40 瓦灯泡的微光照亮的，同样尘封而破旧的灰色墙壁。[2]

这些记录表明，前卫的可能性曾在苏联短暂出现，这主要围绕着构成主义思想产生，但持续不到 5 年就被镇压。然而，20 世纪大规模公共住房的理想以及最终实现傅立叶主义梦想的可能性，并

---

[1] 约瑟夫·布罗德斯基，《少于一》，《少于一：论文集》（*Less Than One: Selected Essays*），伦敦，1987 年，第 11 页。

[2] 伊利亚·卡巴科夫，引自凯特·福尔（Kate Fowle），《论迷宫（母亲的相册）》[*On Labyrinth（My Mother's Album*）]，《并非所有人都会被带到未来》（*Not Everyone Will Be Taken into the Future*）展览图录，伊利亚·卡巴科夫和艾米利亚·卡巴科夫，伦敦，2017 年，第 43 页。

没有被扼杀在苏联严格以经济为首要任务的第一个五年计划中。实际上，金兹伯格和当代建筑师协会已经与现代主义时代最有影响力的建筑师之一——勒·柯布西耶（Le Corbusier）进行了交流。正是这个人最终于1952年在马赛建立了个人版本的傅立叶主义者的"社会凝聚器"。

勒·柯布西耶的内部街道

夏尔-爱德华·让纳雷（Charles-Édouard Jeanneret, 1887—1965年）是瑞士建筑师，他在1920年将自己称作"勒·柯布西耶"。第一次世界大战期间，他对大规模住房问题产生了兴趣。除此之外，他还研究了预制混凝土结构的技术，力图降低建筑成本，提高建造速度，将建筑与工程相结合。在其最早的项目中，他修建了几栋区域工艺美术风格建筑。之后，他宣布自己从天主教加尔都西会修道院获得了灵感：1907年，他在佛罗伦萨附近的加卢佐（Galluzzo,或 Val d'Ema）见到了这座修道院，它优雅的四边形回廊和房间是个人与集体、尘世生活与灵性生活和谐平衡的典范。尽管勒·柯布西耶的现代主义 / 国际主义风格中总会加入未经修饰的混凝土、自由的平面及开放空间等元素，但回廊和走廊通常都是设计的一部分。

1920年后，勒·柯布西耶与画家阿梅德·奥占芳（Amedee Ozenfant）创办了先锋派现代主义杂志《新精神》（*L'Esprit Nouveau*），其中诸多研究都与城市大规模转型宏大计划的兴趣结合在一起。1922年，在兴建当代城市的方案中，巴黎中世纪时的迷宫已不见踪影，取而代之的是干净、对称、宽阔的林荫大道，周围是"垂直花园城市"。十字形的摩天大楼充斥于由几何图形构成的图纸。勒·柯布西耶接受了机器时代的速度和创造性的破坏，正如其口号所指，住房是供人居住的机器。1923 年，勒·柯布西耶的重要宣言《走向新建筑》（*Towards a New Architecture*）以《大规模生产的住房》（*Mass-production Housing*）和《建筑还是革命》（*Architecture or Revolution*）两个章节终结。本书的结尾这样写道："这是建筑的问题，是当今社会动荡的根源。要么是建筑，要么是革命。"勒·柯布西耶坚持认为，"伟大的时代已经启幕"，需要"我们从内心和思想中消除关于住房死气沉沉的旧观念"，形成"在大规模生产的房屋中居住的新观念"。不过，由于他人对这种前卫观念的抗拒，勒·柯布西耶完全意识到，"正确的观念尚未树立"——至少当时还不存在。[1] 因此，构建这种意识很有必要。

或许，这种雄心壮志就是托洛茨基崇拜《新精神》的原因。我们已经说过，托洛茨基《文学与革命》一书的最后，充满了对乌托邦式建筑的想象。当然，俄罗斯建构主义者对勒·柯布西耶的建议也做出了回应：1928 年，这位瑞士倡导者应邀为苏联建筑竞赛提交设计稿。最终，他与尼古拉·科利（Nikolai Kolli）一起为莫斯科曾特洛索伊大楼（Tsentrosoyuz building，消费合作社中央联盟）所做的设计获奖。1933 年，这栋能容纳 3500 名工人的大型工作室竣工（存在至今）。获奖之后，勒·柯布西耶于 1929 年前往莫斯科，就城市主义进行演讲，并呈现了他的莫斯科大型规划图。当时正在施工中的纳尔科芬大厦也表现了勒·柯布西耶的影响力——作为混凝土大楼标准化、预制结构和批量化的先驱，他与金兹伯格还共同讨论了纳尔科芬大厦的建造。

---

[1] 勒·柯布西耶，《走向新建筑》（*Towards a New Architecture*），千橡市，加利福尼亚州，2008 年，第 263、227、229 页。

然而，由于大环境已经开始抵制公共实验和前卫主义，莫伊谢伊·金兹伯格和埃尔·利西茨基公开在媒体上谴责了勒·柯布西耶，说他是"极端个人主义者"，天生具有"反社会性……将他本人与人民大众的期望隔绝"。[1] 尽管有布尔什维克倾向的批评者经常指责勒·柯布西耶（尤其是 1928 年成立国际现代建筑协会之后），但苏维埃人士的指责确实事出有因，并非空穴来风。1933 年，勒·柯布西耶的《光辉城市》（*The Radiant City*）出版，其中《回答莫斯科》（*Reply to Mosco*）一章宣称，他所有的建筑和城市规划图都以自由为前提："当集体生活的计划可能破坏个人自由之处时，我们应予以尊重。"勒·柯布西耶的基本建筑前提是个人房间以及"个人独处"这种"人类基本需求"："关上门后，我可以自由徜徉在自己的世界。"[2] 他知道布尔什维克无法接受这一点，所以才称他为"神经病"。反过来，勒·柯布西耶也谴责了苏联第一个五年计划中"去城市化"的趋势，不赞同将人们分散到人口数量不足 50000 的小城市。他将此作为对自己超密集城市这一愿景的侮辱。20 世纪 30 年代，勒·柯布西耶更加信奉技术专家治国论和公开的精英主义，从而将目光投向自上而下的城市计划——这是他在 1941 年德国占领期间，短暂接触维希政权（Vichy regime）后获得的希望。勒·柯布西耶一直认为，与其说自己的建筑更贴近意识形态，不如说其更具有生物性，因为这些建筑中蕴含有**自然的**、**基本的**和**普遍的**规律，所以不免沦为不断变化的政治潮流的受害者。

《光辉城市》中呈现了勒·柯布西耶关于流动和运动最重要的思

---

[1] 埃尔·利西茨基，引自尼古拉斯·韦伯，《勒·柯布西耶：一种生活》（*Le Corbusier: A Life*），纽约，2008 年，第 282 页。

[2] 勒·柯布西耶，《光辉城市：我们机器时代文明基础城市主义学说的要素》（*The Radiant City: Elements of a Doctrine of Urbanism as the Basis of Our Machine-age Civilization*），奈特（K. Knight）等编，伦敦，1967 年，第 90、9 页。

想：从最大规模城市计划到统一住房标准问题均有涉及。正是在此书中，他勾勒了关于高密度高层建筑的重要思想，这种建筑与当时街道上多余的建筑物截然不同。交通、工作和生活会完全脱节。各个超高速公路将通过顺畅通行的大型四叶式立交桥连接，此外，工业也会沿着公路呈带状发展。由于人们不必再判断街道的方向，因此，在城市的中心地带，住宅区会建在公园中，每栋住宅都会以底层架空柱为基础，公寓会沿着逐渐抬升的道路建造。位于标准住宅区中心地带的是内部道路。这种规划与苏联有直接关系：

> 去年在莫斯科建造的两三栋公寓楼中，内部街道（rue intérieure）始终以最原始的形式存在。但人们认为这种街道没有继续存在的必要，因为孩子们穿过走廊的动静震耳欲聋，而且对着走廊的门一打开，对门一下就能看到公寓最里面。受此影响，莫斯科的某些人准备放弃内部街道，重新启用每两栋公寓共用单独楼梯的模式。现在，做决定的时刻到了。让我们保持冷静，应对恐慌吧：内部街道在莫斯科行不通。我要说：不要放弃内部街道的原则，而是以这一原则为基础创造新的结构……我们该如何组织内部街道？这是我们必须解决的问题：**我们必须创造那种结构**。[1]

内部走廊起源于傅立叶，试行于苏联，改进于勒·柯布西耶的后苏联时代的宣言。宣言中称，作为关键变革性空间装置之一，内部走廊适用于光辉城市及城市中需改头换面的公民。又是 20 年过去了，建筑师才终于实现以内部街道为核心的愿景，但 1952 年 10 月位于马赛郊区的"公共大住所"（标准尺寸住房）一经开放，很快就对战后社会住房的形式带来了巨大影响。此后，这种模式在欧洲大量出现。

---

[1] 勒·柯布西耶，《光辉城市》，第 39 页。

　　从马赛的历史中心往外走，能看到宽阔的林荫大道上有很多指示牌，指引人们前往光辉城市（la Ville radieuse），就连出租车司机都觉得这座"无中生有"的乌托邦之城比托马斯·莫尔的小岛更好定位。如果对周围后来兴建的大片冷漠的住宅区视而不见，那么在没有任何视线阻碍的情况下第一次真正观察这栋联合建筑，人们都会觉得它令人叹为观止——这是一座巨大的混凝土建筑，没有拼接，带有醒目的彩色面板。这栋建筑物长 168 米，但只有 24 米宽。它有17 层，整体以某种方式建在倾斜的混凝土支柱上。屋顶上，如漏斗一样富有表现力的形式，强化了建筑物如豪华远洋客轮的感觉，仿佛整栋建筑只是神奇地在离海港很远的地方搁浅，犹如巴拉德（J. G. Ballard）在《干旱》（*The Drought*）中描绘的场景。走近观察，混凝土不但不光滑，反而非常粗糙，这是人工浇筑的粗糙的刻意体现。这就是毛面混凝土（béton brut）：它很快便成为新野蛮主义的起源之一。

　　本着共产主义精神，进入建筑物的公共区域轻而易举。走上建筑物一半高的楼层，能看到沿着双高玻璃中庭出现的公共服务区（商店、洗衣房、一家酒吧及餐厅、酒店以及战后极为理想的便利设施的空壳——现已闭门歇业的超市）。混凝土屋顶平台向所有人开放。太阳光下，那里简直就是绝妙之境，有托儿所、戏水池、剧院舞台和背景、遮阴的墙壁花园以及环绕着这一切的田径步道。从那里向外看去，一边是一望无际的大海，一边是连绵不绝的高山。建筑评论家及野兽派艺术狂热的拥护者乔纳森·米德斯（Jonathan Meades）就居住在这栋大楼中。他认为屋顶"是超凡绝伦的作品"，蕴含着艺术真正的力量。尼古拉斯·韦伯（Nicholas Webber）的表达同样夸张：他称屋顶是"人类生活史的转折点"。[1]

---

[1] 乔纳森·米德斯，《无墙博物馆》（*Museum without Walls*），伦敦，2012 年，第 14页；韦伯，《勒·柯布西耶》，第 586 页。

勒·柯布西耶理想居住单元的内部走廊，马赛，1952 年

人们对这座建筑在技术方面的兴趣主要集中在勒·柯布西耶用于建造双层公寓的模块化系统上。这 23 个变体像放进货架的玻璃瓶一样嵌入结构网格中。这意味着每间公寓的一端都有双高窗户，是整间公寓光线的来源。然而，这栋建筑的点睛之笔是 7 层：内部街道可以让人通往公寓。建筑物外面有炽热的太阳和繁忙交通带来的噪声，可建筑物里面的内廊如教堂一样凉爽、安静、昏暗，公寓门周围的彩色玻璃板奏响了"非同寻常且神秘莫测的色彩交响曲"，不同的颜色在地板上翩翩起舞，留下斑驳的阴影。[1] 由此，走廊"与各个公寓中的明亮形成了对比"。[2]

在《光辉之城》中，勒·柯布西耶提出了这样一句口号："**这并非逃往乌托邦的路**。"当时，他小心翼翼地想要避开布尔什维克的疯狂梦想。然而，在 20 年后出版的关于团结的小书中，他探讨了建筑物中的公共服务组织，宣称"我们明天就可以拥有乌托邦"。[3] 理想居住单元中有 337 间公寓，预计可容纳 1600 人。然而，傅立叶为理想社会主义村庄计算出的魔法数字再次出现。理想居住单元意味着乌托邦的实现，至少是部分的实现，这是大规模实施此方案的第一次实验。

1945 年，法国重建部长委托勒·柯布西耶建造实验大楼。战争期间，马赛港遭到猛烈轰炸，在城市贫困工作区重建住房的项目迫在眉睫。如之前一样，勒·柯布西耶设计的是标准街区的集合体，由 8 个理想居住单元组成，可以容纳 20000 名城市流亡者。这座单一的

[1] 何塞·巴尔塔纳（José Baltanás），《读懂勒·柯布西耶：纵览其杰作》（*Walking through Le Corbusier: A Tour of His Masterworks*），伦敦，2006 年，第 115 页。

[2] 大卫·詹金斯（David Jenkins），《共居之屋，马赛，1945—1952 年》（*Unité d'habitation, Marseilles, 1945–52*），伦敦，1993 年，出版地不明。

[3] 勒·柯布西耶，《马赛楼宇》（*The Marseilles Block*），塞恩斯伯里（G. Sainsbury）译，伦敦，1953 年，第 23 页。

实验建筑距离旧港口很远，是唯一实际建成的一座，其建造的过程可谓一波三折。很多人从程序角度宣称计划的大楼违反了建筑或卫生法规。塞纳医学院的校长权威地宣布，这座建筑物"会造成精神疾病的大暴发"，有些人甚至称其为疯人院。[1] 这栋建筑物先是被谴责为准贫民窟，但到了 1949 年，当作为建筑物雏形的样板公寓对外开放后，很多人都认为公寓的内部装修太过奢华。

理想居住单元于 1952 年正式对外开放时，勒·柯布西耶信心十足。他在揭幕演讲中称，有些住户已经自发地"迅速成立了协会，成立了真正的垂直社区，没有任何政治归属，完全为了捍卫社区利益，发展其人文价值"。这是自主形成的委员会，负责管理"本单元实际的、道德的和其他事务……以相互理解为基础前提"。[2] 里维埃拉（Riviera）的晴空下之所以能自发出现联想主义建筑，完全是因为建筑物的公共空间、内部街道和屋顶平台的存在。

尽管如此，勒·柯布西耶将自己当作其乌托邦的设计大师，一直保持着家长式控制的心态。他的表述总是带有不祥的独裁言论。"没有外部秩序，就不可能有内部自由，"他如此说，"人们可以自由选择是否同意某种秩序，但无论如何，那都是一条纪律。纪律意味着奉献。"他可能已经呼吁人们使用一种生物学上的和谐语言，但他的建筑物也要求住户懂得"居住的要诀"。他们需要学习"社区的新行为习惯"。[3] 通常，如与扎米亚丁在《我们》中写的一样，不祥的主张中，潜在的反乌托邦元素可能会渗入乌托邦内部。

---

[1] 勒·柯布西耶，《马赛楼宇》，第 12 页。
[2] 勒·柯布西耶，《就职演说》（Inaugural Speech），与亚瑟·吕埃格（Arthur Rüegg）等人，《勒·柯布西耶公寓：马赛共居之屋》（La Cellule Le Corbusier: L'Unité d'habitation de Marseille），马赛，2015 年，第 101 页。
[3] 勒·柯布西耶，《马赛楼宇》，第 23、28 页。

勒·柯布西耶充满希望，光辉城市的模块化设计将在整个城市开花，之后遍及整个法国，接着扩展到法国国境线之外——沿着他设想的交通走廊，光辉城市将无限拓展。实际上，最终建成的理想单元另外还有 4 个，分别位于南斯（Nantes）、柏林、布里埃 - 昂 - 福雷（Briey-en-Forêt）和菲尔米尼 - 维尔（Firminy-Vert，其中的最后一栋，于勒·柯布西耶去世后的 1968 年建成）。不过，和在马赛不同，勒·柯布西耶从未从规则和束缚中获得同样的自由。他不得不对这一构想做出无数妥协——最后，他被迫放弃了在柏林的建筑。

奇怪的是，勒·柯布西耶的想法得以最完整体现的建筑之一出现在英国。因为在 1945 年后的英国，寻找模块化预制建筑系统的社会党国家政府、共产主义城市规划者、私人建筑公司以及迷恋国际现代主义的建筑师联合推动了重建破旧住房库存的迫切需求。内部街道，作为战后计划核心的乌托邦式"空中走廊"，在英国继续存在了 30 年。

英国战后住房：空中走廊

对英国进行的空战极具破坏力，因此政府机构早在 1942 年就开始陆续提出重建计划。帕特里克·阿伯克朗比（Patrick Abercrombie）和约翰·福肖（J. H. Forshaw）于 1943 年写就了《伦敦郡县规划》，他们认为，闪电战带来了"前所未有的"灾难，但这种毁灭也带来了千载难逢的机会，让人们能够自 1666 年大火之后重新认真思考城市规划。[1] 这一论断极具影响力。已经疏散的人口仍旧散居在各处，

---

[1] 约翰·福肖及帕特里克·阿伯克朗比，《伦敦郡县规划，1943 年》（*County of London Plan*, 1943），第 1 页。

被重新安置在全新的城镇中。伦敦将由多个较小区域拼凑而成，周围分布有学校。此外，通过在距离市中心越来越远的地带建设环路，因汽车使用量增加而带来的交通堵塞问题将得以缓解。不同沟通方式的分离成为战后规划的规范。至于住房问题，英国人必须放下对欧洲大陆式公寓住宅的怀疑，但阿伯克朗比始终设想开发家庭住房和小公寓混合的住宅，以此方便年轻的城市工人。为了加快重建速度，阿伯克朗比建议采用集中开发的方式：比如，东区某些部分因码头炸弹袭击而遭到严重破坏，肯定需要大量废墟清理工作，而国会大厦对面的南岸则可以建造一栋大型文化中心（后来，这里成为皇家节日音乐厅，于 1951 年完工，刚好可以作为举办不列颠音乐节的场所）。阿伯克朗比还在战后通过一系列已发布的设计和报告，提出了对普利茅斯和考文垂等被毁城市的重建计划。勒·柯布西耶的城市总体规划曾经被人认为是狂妄嚣张的，但在当时却成为解决燃眉之急的方法。

1945 年以来，人们对战后规划的看法已大为改观，显然是因为其内在的政治意义。威廉·贝弗里奇（William Beveridge）的新福利原则由工党政府实施，这是其在建筑方面的体现。1945—1951 年，克莱门特·艾德礼（Clement Attlee）担任英国首相。在这期间，伦敦郡议会的规划部门挤满了社会主义者和共产主义者，其中就包括阿瑟·林（Arthur Ling）。他是高级规划官，于 1943 年出版了令人钦佩的《苏联规划与建筑》（*Planning and Building in the USSR*）手册。此外，战争爆发之际，他还在莫斯科研究了苏维埃的宏伟作品。后来，在林的帮助下，英国也有了国际现代建筑协会。战争期间，很多欧洲现代主义的流亡者来到英国，其中不少建筑师都倡导从包豪斯或勒·柯布西耶构成主义衍生而来的构想。这种乌托邦现代主义精神与 1951 年斯堪的纳维亚的现代主义者们对不列颠音乐节的愿景不谋而合。不列颠音乐节以南岸场地为中心，是在废墟之地举行的夏季节日，该节日共有 800 万人参与，举办期间到处都是古怪离奇的未来主义情景——比如，探索穹顶（Dome of Discovery）下的飞船，还有其他奇异场所——虽然预算相对有限。音乐节中有"居住建筑展"，展示了几乎被毁于一旦的东区白杨区里新建的综合住宅、规划良好的街市和购物中心模型。

即将上任的保守党政府决心去除社会主义民粹主义的烙印，因此于 1951 年拆除了不列颠音乐节的诸多布置。尽管如此，人们普遍认同，对大型住房建筑和城镇规划的需要至少还会持续 20 年。1953 年的时任住房部长为托里·哈罗德·麦克米伦（Tory Harold Macmillan），他当年看到，英国新建议会大厦建筑的数量史无前例。大型市政建筑项目和住宅的建设持续到 20 世纪 70 年代中期。这时，由于 20 世纪 60 年代末及 70 年代出现的系列经济政治危机，新右派对社会主义住房的批评声浪渐起。高层建筑、混凝土板住房、市政购物中心、组合式中等现代学校以及大规模城市发展成为社会主义或凯恩斯计划经济（Keynesian planned economies）失败的体现。战后"混凝土乌托邦"沦为犯罪与贫穷的非理想之地，《发条橙》（*A Clockwork Orange*，1971 年被斯坦利·库布里克改编成超暴力电影，拍摄于泰晤士河以南的泰晤士米德新建住宅）中的街道帮派就体现了这一点。此外，巴拉德的暧昧讽刺作品《摩天大楼》（*High-rise*）中描绘的反社会行为也是以此为基础。政治气候沧海桑田般的变化通常伴随着公开的政治报复，因此，战后很多现代主义地标性建筑已消失在地图上。欧文·霍普金斯（Owen Hopkins）在《迷失的未来：战后英国消失的建筑》（*Lost Futures: The Disappearing Architecture of Post-war Britain*）一书中记录了 30 多栋主要建筑的命运。从标题就可以看出，人们对逐渐消失的乌托邦建筑无限缅怀。不过，现在，乌托邦式建筑借由复古未来派的"中世纪现代"风格而复兴。[1]

战后出现的计划没有提供整体解决方案，规划者也结成了不同派系。老派社会主义者支持约翰·拉斯金（John Ruskin）、威廉·莫里斯（William Morris）和埃比尼泽·霍华德（Ebenezer Howard）的反城市化精神，推动了去中心化进程。《新城法案》（The New Town Act，1946 年）的颁布促使克劳利（Crawley）、哈罗（Harlow）、赫默尔·亨普斯特德（Hemel Hempstead）和斯蒂夫尼奇（Stevenage）成为"花园城市"建设的先驱。1955 年，伊恩·奈恩（Ian Nairn）坚决地谴责了郊区分布的策略，认为这是"近郊化"可怕的创造——沿着从南安普敦（Southampton）到卡莱尔（Carlisle）的新干线，怪异的统一性悄悄扩散至英国各个部分，"如气态粉色棉花糖"一样冒出来。[2]

自模型建筑出现在 1930 年的斯德哥尔摩世博会（Stockholm Expo）之后，瑞典福利主义住房解决方式就引起了重视。青睐这种方案的计划者通常都是"温和的"现代主义者。正是这群人将塔式大厦的理念带到了英国。第一栋塔式大厦被人称为"草坪"，位于哈洛新城（Harlow New Town），其设计师为弗雷德里克·吉伯德（Frederick Gibberd），建造的目的是庆祝 1951 年的不列颠音乐节。在这栋塔式大厦中，人们可以通过核心区的直梯和楼梯到达公寓，垂直堆叠的形式消除了对走廊的需求。作为实验区，"草坪"迎来了全世界的设计者（包括苏联的），也获得了包豪斯现代主义者沃尔

[1] 欧文·霍普金斯，《迷失的未来：战后英国消失的建筑》（Lost Futures: The Disappearing Architecture of Post-war Britain），伦敦，2017 年。对于 1945 年后的风格在 2008 年后的复古形式中的运用，欧文·哈瑟利在《怀旧部》（The Ministry of Nostalgia，伦敦，2016 年）中进行了批评。
[2] 伊恩·奈恩，《乡村都市化》（Subtopia），《建筑评论》（Architectural Review），1955 年 6 月，第 366 页。

特·格罗皮乌斯（Walter Gropius）的认可。开发温布尔登（Wimbledon）
的东奥尔顿（Alton East）时，一系列塔式大厦竞相出现，与高度相
对较低的住宅建筑共同发展。住宅区域建在景观绿地边缘，与勒·柯
布西耶提倡的光辉城市十分相似。当时，这种布局也受到了广泛赞赏，
被认为是英国在田园牧歌般的背景下对现代主义做出的适当妥协。
有人甚至说这里"风景如画"。结果，塔式大厦在全国如雨后春笋般
出现，成了贫民窟单调街道的理想替代品。建造大型建筑并使用节
约成本的预制系统建造方法，意味着之后的住房不免会出现"千房
一面"、人口密度过高的情况。这种情况在赫尔、利物浦和格拉斯哥
等有众多工人的工业化城市尤其严重。1968 年，罗南塔式大厦（Ronan
Point Tower）的部分建筑倒塌，造成 4 人死亡。这被广泛视为塔式
大厦的终结，之后，大片高层建筑因此被拆除。

　　年轻一代的"强硬"现代主义者是战后建筑师和规划师的另一
派别，他们的建筑饱受诟病，之后成为战后建筑和规划失败的典型。
钢铁混凝土建筑汉斯坦顿学校（1950—1954 年）是艾莉森（Alison）
和彼得·史密森（Peter Smithson）的著名作品。整栋建筑物借鉴了
现代主义者密斯·凡·德罗（Mies van der Rohe）的精确功能主义，
使用了勒·柯布西耶的毛面混凝土，形成大胆的前卫都市风格。20
世纪 40 年代，两个人在纽卡斯尔远离城市中心的地方完成培训，之
后一展拳脚。20 世纪 50 年代，史密森夫妇的作品与"新野兽派"一
词联系在一起——1966 年时，这一口号因二人的朋友和盟友——建
筑评论家雷纳·班纳姆（Reyner Banham）而被赋予了某种运动意义。
新野兽派与原型波普艺术家理查德·汉密尔顿（Richard Hamilton）、
爱德华多·保罗齐（Eduardo Paolozzi）和奈杰尔·亨德森（Nigel
Henderson）的风格有重叠之处。史密森夫妇认为，从某种意义上看，
新野兽派就是"结构纯粹化态度的结晶，为表现其自身的规则自律

而服务"。[1]

史密森夫妇的作品重在强调水平，而非垂直。汉斯坦顿学校是相对低矮的混凝土建筑，有玻璃和钢铁的延伸部分，与自然景观形成了鲜明对比。后来，伦敦旧城圣保罗大教堂以北遭到轰炸，巴比肯地区的黄金巷需要重建。1952 年，史密森夫妇参与了这一项目设计的竞争，在他们的大胆提案中，水平的延伸结构得到进一步突出。尽管最终未能建成，但因彰显了前卫的设计意图，其提案仍有重要意义。他们展示的是单体连续的狭窄大楼，这些大楼不考虑现有街道的计划和区域范围，在被炸毁的地方呈锯齿形，其"具有连接性的城市形式"将人行道提升到连续的混凝土平台上。两个人对这一部分的描述如下：

> 我们想要建造的是真正的空中街道。每条"街道"都满足一大批通行者对进入的需求……空中街道的每个部分都有大量通行者，由此，街道成为社会实体，同一层能容纳更多人。[2]

后来的补充评论称，这一提案是"以作为'空中街道'的倾斜人行道为元素的城市示意图，旨在更好地融合城市中的高密度的住宅，使不同的交通形势和休闲活动以更和谐、更融洽的形式出现在宽敞的地面上"。[3]

史密森夫妇坚信，平台可以重塑内部城市街道不可预测的生活，它们不仅仅是为公寓服务的功能性切向走廊，还是能发挥真正作用

---

[1] 艾莉森·史密森及彼得·史密森，《紧张的虚空：建筑》（*The Charged Void: Architecture*），纽约，2001 年，第 96 页。

[2] 艾莉森·史密森及彼得·史密森，《紧张的虚空：建筑》，第 86 页。

[3] 艾莉森·史密森及彼得·史密森，《紧张的虚空：建筑》，第 84 页。

的部分。平面图通过生动的拼贴画形式呈现，设计图上覆盖着现场照片，街道平台的设计方案中贴满了玛丽莲·梦露和乔·迪马乔（Joe DiMaggio）的剪贴画。这些是原始流行艺术的建筑计划，是对当时流行风格的挑衅。同样具有挑衅意味的是他们 1959 年的伦敦道路研究，其中设想中的架高的高速公路网络处于整个城市废墟的上空，高速公路下面和周围是接连不断的"沿途建筑"和"线性大型建筑"。[1]

最终，史密森夫妇在东区的巨大建筑——罗宾汉花园（Robin Hood Gardens，1966—1972 年）中实现了某些创意。这座如同宽阔军事驻地的花园由两栋巨大的倾斜石板建筑构成，它雄踞在伦敦的东部入口，俯视着南部的黑墙隧道（Blackwall Tunnel）。两栋大楼与周边的环境毫不协调，突兀地坐落于此。所有公寓只能经由连续的空中街道平台进入，这些平台就如城堡外墙上的走道。史密森夫妇称这一项目是"为社会党的梦想而建"。不过，典型的低俗抵制依然存在，认为"这种东西就是没能遵守社会党主导地区的制度"。[2] 这种水平走廊的规模显然旨在重构居住其中之人的主观性，正如傅立叶或苏联人曾经对空想共产村庄的构想一样。

这一政治意味明显的项目位于金丝雀码头（Canary Wharf）超级资本主义"企业区"的边缘，那里还有着因垂直结构而倍显气派的高级金融大楼。因为一直以来都是要被拆除的目标，因而人们非常珍视它。由于地方议会和某次运动装模作样的忽视，当地工党议员一直以来要拆除这种建筑的意图几乎不可避免。尽管人们对战后野蛮主义的兴趣被重新点燃，他们要求保留 20 世纪中叶的建筑，但

[1] 海伦娜·韦伯斯特（Helena Webster），《没有修辞的现代主义：艾莉森及彼得·史密森的著作》（*Modernism without Rhetoric: Essays on the Work of Alison and Peter Smithson*）。海伦娜·韦伯斯特编，伦敦，1997 年，第 84 页。

[2] 艾莉森·史密森及彼得·史密森，《紧张的虚空》，第 296 页。

2017 年冬天，罗宾汉花园仍旧被拆除。[1]

　　空中街道的主要实际用途之一体现在"公园山"（Park Hill）大厦。当你乘车到达谢菲尔德（Sheffield）时，你会发现大厦在火车站附近若隐若现。"公园山"的构想由两位年轻的设计师——杰克·林恩（Jack Lynn）和艾弗·史密斯（Ivor Smith）——于 1961 年提出。他们师从彼得·史密森，不久前才结束了在伦敦建筑协会的学习。在整栋建筑中，相互连接的房屋遍布陡峭的山坡，混凝土走道可以通向房屋各处，而其水平通道则模仿了史密森夫妇关于平台分支或"街道细巷"（street-wigs）的构想。20 世纪 60 年代，这栋建筑受到了一致好评，

罗宾汉花园，伦敦白杨区。这座伦敦野兽派风格的议会大楼，1972 年由艾莉森和彼得·史密森创建，2017 年被拆除

---

[1] 请参见亚历克斯·鲍尔斯（Alex Powers）编，《重修罗宾汉花园》（*Robin Hood Gardens Re-visions*），伦敦，2010 年。2015 年，罗宾汉花园再次被剥夺了受保护建筑的地位。对该街区的拆除工作最终于 2017 年开始。

"公园山"大厦，谢菲尔德，由杰克·林恩和艾弗·史密斯设计，1961 年

一名记者称赞这种理念"是半空中的街道，前门朝街道敞开，孩子们可以在街上玩耍，父母也可以聚在一起，就像曾经聚在架于地面的旧平台街道上一样"。[1] 不过，还不到十年，这种人行道就成了人们眼里的社会灾难，建筑也沦落到失修的状态。一项私人重建计划整修了其中一座主楼，但其他部分仍处于封闭状态，这些部分的空中街道全部被木板围住了。

史密森夫妇称，他们的空中街道是"地点空间，而非走廊或阳台"。然而，他们的想法显然是借用了勒·柯布西耶在马赛建造的理想居住单元中的内部街道——他们自己也承认这一点。勒·柯布西耶的建筑在尚未竣工时就对英国建筑和伦敦郡议会的住房部门产生了巨大

---

[1] 杰弗里·穆尔豪斯（Geoffrey Moorhouse）1968 年语，引自约翰·格林诺德（John Grindrod）的《混凝土之邦：战后重建不列颠之旅》（*Concretopia: A Journey around the Rebuilding of Postwar Britain*），伦敦，2014 年，第 173 页。

影响。1951 年，《建筑评论》(*Architectural Review*) 发表了对尚未完工的建筑的专题报道。勒·柯布西耶本人也于 1953 年因理想居住单元接受了皇家建筑师协会 (RIBA) 的金质奖章。[1] 年轻一代"强硬派"现代主义者之一约翰·帕特里奇 (John Partridge) 称，"对我们来说，马赛的共居单元是必去之地"，还说自己回来后"充满了对大师的敬畏"。[2] 英国人首次在伦敦郡议会尝试建造共居单元风格的建筑是哈克尼区本瑟姆路 (Bentham Road) 上的石板楼 (建于 1956—1959 年)。这栋建筑将勒·柯布西耶的双重装载内部走廊转变为沿着整个建筑长边分布的单载平台，整齐洁净的方案完美应对了英国潮湿昏暗的天气。

6 层的楼板大厦成了战后社会住房的主流设计之一——狭窄的功能性服务平台取代了傅立叶或勒·柯布西耶设想的宽阔走廊。水平设计最一致、最引人注目的用途之一体现在"张伯伦、鲍威尔与本"建筑公司 (Chamberlin, Powell and Bon，简称 CP&B) 的设计中。他们的设计基础是为伦敦黄金巷大楼 (建于 1957—1962 年) 提交的成功提案。野兽派的史密森为这栋大楼提出的是单体结构方案，与之不同，CP&B 设计的是混合板式住宅，围绕其下沉花园 (被炸毁工厂的地下室残存部分) 分布有松散的正方体或回廊建筑。此外，设计中还包含一栋 16 层高的独立塔式建筑。这栋塔式建筑于 1959 年开放时，是当时英国最高的住宅楼。设计师使用了砖块及大胆的亮色玻璃板，打造出地中海般的气息，让人能直接联想到马赛的理想共居单元以及大楼中通往公寓的混凝土平台。后来，人们在黄金巷大楼的基础上增建了几座混凝土大楼，其中大楼西边道路转弯处

---

[1]　请参见艾琳娜·穆雷 (Irena Murray) 及朱利安·奥斯利 (Julian Osley) 编，《精选集：勒·柯布西耶和英国》(*Le Corbusier and Britain: An Anthology*)，伦敦，2009 年。

[2]　帕特里奇，引自格林诺德，《混凝土之邦》，第 170 页。

新建呈弧形的新月大厦（Crescent House）结构复杂，内部有走廊式庭院穿过建筑中心，敞开的大楼顶层使得采光更加良好。这处地产包括社区中心、游乐场和游泳池。有了游泳池后，水光刚好能映照在列柱廊白色的细长圆柱上。黄金巷大楼边缘柔和，并不死板，也不古怪：塔楼上有不拘一格的混凝土盖顶，遮住了升降机工事。此外，其中一座花园中还有神秘的圆形堡垒，不过用途不明。这不是严格的理想现代主义，其中不只包含勒·柯布西耶理想社区中的元素，也带有苏维埃"社会凝聚器"的集体化功能。最终，黄金巷中的公寓多达 1400 套，虽然比傅立叶的空想共产村庄更大，但却带来了类似的变革的希望。由此，尽管伦敦城受到牟取暴利的建筑公司的牵制，但对这个地方仍持有开放的态度。

黄金巷是小型样板大楼。CP&B 的团队赢得了建造大型巴比肯建筑群的委托。那里与黄金巷大楼相距不远，应该是混凝土野兽派在伦敦最著名的实践案例。住宅位于通行平台上抬高的大型水平平板上，围绕混凝土砌成的中心湖分布，并完全与道路交通和街道分开。狭窄的走道从中心湖上方横穿而过，从上面走过的人能看到城市全貌，无数爱好者们将看到的景象称为"崇高"。[1] 从中心湖往前走可以到达多层艺术中心（这是该计划后期加入的大型综合体）。从 3 栋41 层高的塔式建筑俯瞰，上述一切可尽收眼底。这 3 栋建筑突出的倾斜混凝土阳台形成的脊柱般的轮廓令人印象深刻。1982 年，艺术综合体对外开放时，正是新右翼派对战后诸多理想的反对达到高峰之时，所以建筑也不免被人嘲笑为毫无用处的迷宫：它颇为夸张的设计使个体机构失去方位感，这是大型建筑常见缺点的象征。建筑

---

[1]　伊莱恩·哈伍德（Elain Harwood），《钱柏林、鲍威尔及本建筑公司：巴比肯及其他》（*Chamberlin, Powell and Bon: The Barbican and Beyond*），伦敦，2011 年，第 7 页。

的地板上标有黄线，如阿里阿德涅之线（Ariadne's thread）[1] 一样，可以将迷途的游客从巴比肯地铁站引导至艺术中心。在各方面都无可挑剔的反撒切尔主义电视剧《黑暗边缘》[Edge of Darkness，1985年马丁·坎贝尔（Martin Campbell）导演作品] 中，艺术中心堪称甩掉跟踪者的完美之地。然而，房地产的价值让很多评论家保持沉默：由于当地的人均收入为全英国最高，中世纪的现代庄园现在已成为国际投资机会。财富拯救了巴比肯，正如罗宾汉花园必然会因贫穷而受到谴责。

巴比肯的空中走廊意在与伦敦城更大的高架道路网络相连接。这种将人行道与车行道分开的正统规划，能将行人从 20 世纪 50 年代饱受诟病的"混乱无序、陈旧残损的走廊式街道"中解放出来。[2]经过初期多次抵抗之后，1965 年时，位于平台之上总长 48 公里的"人行道"面世——人行道相互连接，无缝连接了城市的公共和私人建筑，哪怕人行道下面是一片车水马龙的景象，也丝毫不受影响。当然，政治利益和私人开发计划阻碍了将其纳入原本计划的集体道路网的进程。20 世纪 80 年代中期，对计划进度进行调整后，反对之声更甚。之前的垂直性特征回归了，对沿水平方向延伸的城市颇为不屑。现在，你依旧可以行走在尚未完工的空中走廊中，但很多路线会戛然而止，有的因新开发的项目而被迫中止，有的只是空悬在那里。

20 世纪 60 年代，最疯狂的建筑梦想之一是杰弗里·杰利科（Geoffrey Jellicoe）的《理想都市环境》（Motopia，1961 年）提案。

---

[1] 阿里阿德涅之线，来源于古希腊神话。常用来比喻走出迷宫的方法和路径，解决复杂问题的线索。——译者注

[2] 迈克·赫伯特（Michael Hebbert），《伦敦城步道实验》（The City of London Walkway Experiment），《美国规划协会杂志》（Journal of the American Planning Association），第 59/4 期，1993 年，第 433—450 页。

提案中描述的是无限延伸的城市，这座城市有 5 层板式建筑构成的连续网络和位于平台和走廊边缘的公寓。如理想居住单元一样，其整体结构由整体架空柱架起，所以行人可以从下方通过，车辆可以从公寓顶部通行，从而实现了通行的无阻。[1]8 年之后，艾伦·布特维尔（Alan Boutwell）和麦克·米歇尔（Mike Mitchell）提出了提案《一百万人口的连续城市》（*Continuous City for 1000000 Human Beings*），意在从纽约直达旧金山，横穿整个美国的路途上，建立连续的狭窄单体板式住宅。这种投机性思维与雷纳·班纳姆所说的巨型结构热潮不谋而合。巨型综合体中，"城市的所有功能"都可以在一栋大楼中实现。[2] 建成的巨型建筑强调了水平方向的分割和垂直方向的分层，组成元素包括铁路、高速公路、购物中心、人行道以及沿平台和走廊建设的带状住宅等。

在这一类别中，班纳姆谈论了建于格拉斯哥郊外的野兽派建筑坎伯诺尔德城市中心（Cumbernauld town centre，1963—1967 年）。不久之后，这座建筑就被认为是混凝土建筑设计的灾难，因此现在大部分已被拆除或替换。作为双排混凝土楼台住宅的水平分隔的模型，伦敦不伦瑞克中心（Brunswick Center，1967—1972 年）的剩余部分具有重要意义。中心的两栋住宅相对而建，中间为狭窄的行人购物中心，所有车辆都可以停放在大型建筑的下方。设计师们计划将这栋建筑向北扩展，从当时为人忽视的早期维多利亚式布鲁姆斯伯里广场穿过。当然，原则上看，建筑物可以沿水平方向无限延展。班纳姆还指出，纽卡斯尔的开发项目拜客墙（Byker Wall）住宅（1969—1982 年）也是巨型建筑，由连续的、起伏不平的墙构成住房单元。

---

[1] 杰利科，《理想都市环境：城市景观进化研究》（*Motopia: A Study in the Evolution of Urban Landscape*），伦敦，1961 年。

[2] 雷纳·班纳姆，《巨型建筑：不久之前的城市未来》（*Megastructure: Urban Futures of the Recent Past*），伦敦，1976 年，第 8 页。

建筑最初的目的是作为高速公路的隔断，不过最终未能建成。尽管巨型建筑都在努力兴建中，班纳姆仍在 20 世纪 70 年代中期看到了它们的终结，感觉到它们也终将随着政治与品味的结构性转变而变化。他的《巨型建筑》（*Megastructure*）一书的副标题是《不久之前的城市未来》（*Urban Futures of the Recent Past*），市长们为宏伟的市政建筑剪彩时，刚好唤起了乌托邦行将就木的感觉。

如果没有意识到战后社会住房于 20 世纪 70 年代初期就已有反乌托邦象征的迹象，那就无法描述战后社会住房的乌托邦项目。攻击这些建筑形式的语言几乎在近 50 年来没有变化。虽然颇有争议，但建筑师兼作家查尔斯·詹克斯（Charles Jencks）将现代主义的终结精准定位于 1972 年 7 月 15 日下午 3 点 32 分，即圣路易斯城名声欠佳的普鲁伊特 - 伊古（Pruitt-Igoe）建筑群的第一批住宅被炸毁的一刻。[1] 这一建筑群是现代主义建筑师山崎实（Minoru Yamasaki）的作品，是由 33 个相同的 11 层住宅组成的综合建筑。每栋大楼都围绕公共走道而建，各种设施则嵌在景观公园中的街道上。建筑群于 1954 年完工，比勒·柯布西耶的共居单元只晚了 2 年。它原本是作为种族融合而修建的，但由于资金长期不足，便沦为了贫穷的黑人社区。住宅中人口稀少，服务缺乏资金支持，昏暗的公园成了暴力犯罪的滋生地。1965 年，拒付租金的行为和非裔美国社区激进的抗议使建筑的处境更为艰难。《建筑论坛》（*Architectural Forum*）分析指出，普鲁伊特 - 伊古是"失败的案例"。1973—1976 年，按照计划，建筑群被夷为平地。

1972 年，通过对纽约 169 个公共住宅项目进行研究，美国作

---

[1]　查尔斯·詹克斯，《后现代建筑的语言》（*The Language of Post-modern Architecture*），
伦敦，1977 年。

家奥斯卡·纽曼（Oscar Newman）出版了《防御空间》（*Defensible Space*）一书。书中的措辞令人警醒。他谈到了"曾经能控制犯罪活动的社会机制的崩溃"。[1] 这本书在英国也产生了重大影响。纽曼曾在英国参与拍摄过几次英国住宅电视纪录片。他对社会住房的看法几乎完全集中在建筑物的走廊和步道上。

> 在有双载走廊的高层公寓楼中，唯一可防御的空间就是公寓内部本身。其他一切都是"无人之境"，既不是公共的，也不是私人的。大厅、楼梯、电梯和走廊向所有人开放。但和人流量较大且接连不断的公共街道不同，人们对内部区域少有利用，且无法巡视，因而沦为恐惧和犯罪的黑暗世界。[2]

自始至终，纽曼都认为建筑失败的原因并非资金匮乏，而是建筑设计的不足，即危险的公共空间的出现。他对私人"可防御空间"的理解几乎不需要解释，就是英国普通法中所说的"家就是英国人的堡垒"。10 年之后，议会大厦走到生命的终点，大楼被出售，可供私人购买。这时，研究员爱丽丝·科尔曼（Alice Coleman）在《受审的乌托邦》（*Utopia on Trial*）中也对这种深刻思想的转变提供了支持。她在书中谴责了战后住房政策有"巨大的乌托邦式的失误"，也将社会和经济灾难归罪于大规模住房的"设计决定论"和市政规划部门的"官僚主义操纵"。[3] 和纽曼一样，科尔曼也将矛头指向走廊空间。她这样表达了自己的观点："居民敏锐地意识到走廊问题，比

---

[1]　奥斯卡·纽曼，《防御空间：暴力城市的人与设计》（*Defensible Space: People and Design in the Violent City*），伦敦，1972 年，第 1 页。

[2]　纽曼，《防御空间》，第 27 页。

[3]　爱丽丝·科尔曼，《受审的乌托邦：规划住房的愿景与现实》（*Utopia on Trial: Vision and Reality in Planned Housing*），伦敦，1985 年，第 3—4 页。

起众所周知的建筑规模，这些问题引起了更广泛的关注。内部走廊尤其令人反感，与其说那里是家，倒不如说是某种机构。"[1] 科尔曼认为，只供几户人家共用的较短的阳台和平台，比长走廊的"蚁丘效应"要好。同样，相互连接的人行道或空中走廊只会创造出"巨大的公共蚁丘，里面到处都是通道"。[2] 30 年后，也就是 2016 年 1 月，时任英国首相的戴维·卡梅伦（David Cameron）再次将社会弊病归咎于住宅建筑，"残酷的高层建筑和昏暗的巷道是各类罪犯和毒贩的天堂"。[3]

曾经，走廊是社会和个人转型的工具，现在却成为让人焦虑的反乌托邦场所，这主要是因为对大规模住房项目的集体主义政治的抵制。傅立叶、苏维埃政府和战后规划师的乌托邦走廊变成了充满威胁和陷阱的黑暗通道，这种转变是使我们对走廊的想象发生变化的主要原因之一。

不过，走入充满走廊恐惧的彻底的反乌托邦世界之前，我们仍需要再探讨几种走廊类型。18 世纪末至 19 世纪初，走廊不只出现在傅立叶和联合主义者的政治乌托邦中。作为商业空间的走廊是资本主义大放异彩的沉浸式世界。此外，很多新公共机构虽然并不信奉乌托邦，但仍然认为走廊建筑可能改正并调整人类的种种错误思想。现在，我们不妨先看看这些走廊。

---

[1] 科尔曼，《受审的乌托邦》，第 39 页。

[2] 科尔曼，《受审的乌托邦》，第 67、65 页。

[3] 伍熹贤（Kate Ng），《大卫·卡梅伦承诺再现高楼大厦中的"残忍"与"黑暗"》（David Cameron Pledges to Regenerate "Brutal" and "Dark" Rundown High-rise Estates），《周日独立报》（*Independent on Sunday*），2016 年 1 月 10 日，www.independent.co.uk。

典型的法国拱廊萨蒙通道，1828 年在巴黎开放。1905 年，这条拱廊更名为本 - 亚伊亚德走廊（Passage Ben-Aiad）

4 商业走廊：
拱廊、展览馆、购物中心

    瓦尔特·本雅明于 1935 年完成了著名的《巴黎——19 世纪的都城》(*Paris – The Capital of the Nineteenth Century*)，其中第一部分的标题是"傅立叶还是拱廊"[1]。从某一角度看，傅立叶对空想共产村庄的乌托邦之梦实际上受到两点启发：石质拱廊和皇家宫殿（Palais Royal）商店林立的中央木质走道——18 世纪 80 年代，皇家宫殿是政治阴谋、经济及性交易的聚集地。然而，傅立叶的目标是采用带顶走道的结构形式，以应对市场资本主义的暴力和不平等。我们之前谈到过，傅立叶提出了一系列乌托邦构想，这些构想均与走廊带来的公共转变有关。不过，傅立叶从未能成功地让拱廊成为反对自己的工具。的确，于本雅明而言，巴黎是 19 世纪的中心，因为贸易资本主义的胜利在巴黎达到顶峰。这座城市是欧洲炫目的瑰宝，积累了大量财富，也滋生了很多炫耀性消费。

    巴黎变成了"拱廊之城"。本雅明认为，这一建筑形式是资

---

[1] 昆汀·霍尔（Quintin Hoare）将这一章节的题目翻译为 "Fourier or the Arcades"，瓦尔特·本雅明的翻译则为"查尔斯·波德莱尔：发达资本主义时代的抒情诗人"（Charles Baudelaire: A Lyric Poet in the Era of High Capitalism），但在之后霍华德·艾兰（Howard Eiland）和凯文·麦克劳林（Kevin Mclaughlin）对《拱廊计划》（坎布里奇，马萨诸塞州，2002 年）的翻译中，将这一章节的英文标题变为 "Fourier, or the Arcades"。逗号为这些术语之间的辩证关系带来了极大不同！

本主义新阶段沉浸式梦想世界的最佳代表。这是他在《拱廊计划》（*Passagen-Werk, Arcades Project*）中的论点，不过 1940 年，他在逃离被占领的法国的路上自杀身亡，最终未能完成这本书。按照本雅明所说，建造这种走廊并不是为了解放，而是出于引诱的目的：将你带到狭窄的海滨长廊，与外界隔绝，没有其他富有想象力的可选方案能替代充斥着美丽、诱人、闪亮事物的迷醉世界。身处与现实世界隔离的独特的豪华空间，你会被诱惑到恍惚，之后则会因消费渴望的脉动而深陷其中。20 世纪 30 年代，本雅明迷醉于巴黎拱廊褪色的魅力，他认为这就是拱廊的终点。本雅明言之凿凿的目的是用这些过时的梦想世界将读者从沉睡中唤醒，让他们找到其隐没的乌托邦式的潜力。

本章着眼于另一种为乌托邦服务的商业走廊。18 世纪 90 年代，拱廊首次出现，成为商品拜物教的实验室。由于工程师总能设计出扩展走廊长度和高度的新方式，所以拱廊的规模不断扩大。此外，走廊开始逐渐使用钢铁和玻璃等材料，变成了标志着进步和现代化的庞大封闭建筑。在 1851 年的伦敦世博会上，约瑟夫·帕克斯顿（Joseph Paxton）展示了自己前卫的"水晶宫"（Crystal Palce），其狭窄的通道和带有铁质阳台的侧楼成了样板。在该世纪剩余的时光中，世博会的大型展厅均借鉴了这种设计。世博会的拱廊和展览空间都对战后购物中心及其沉浸式走廊的兴起产生了直接影响。这些商业走廊逐渐出现，发展脉络极为清晰。

拱廊：通道工程

18 世纪 90 年代首次出现在巴黎的通道是"带有玻璃顶的通路，

其连接了两条两侧建有商店的繁忙街道"。[1] "le passage"源自拉丁语中表示"台阶"的词语"passus"。此外，这个词可以表示沿着或穿过"passant"的连续动作，还可以指代"路人"。拱廊之所以集中出现在巴黎，是因为它们成了一种商业工具。若非如此，这些空间只能是街道立面后未被利用的区域，是建筑物之间或内向庭院中的缝隙。很多笔直的小段走廊将平行街道连接在一起，但有的走廊较为曲折，有的转角角度较大，有的通过精心设计沿建筑物线条边缘而建，有多个入口和出口。由于通道两侧都是商店，所以自然光线须由顶部透进来。这就迫使在玻璃和铁质屋顶设计方面的创新贯穿整个19世纪。

巴黎的第一条拱廊——全景廊街（Passage des Panoramas）于1799年建于蒙马特区，由一位美国企业家选址于卢森堡公爵（Duke of Luxembourg）的大宅所在地。不久之后，开罗拱廊街（Passage du Caire）建成，穿过勒桑捷（Le Sentier）纺织区一座古老修道院的花园（最初，地面上都是修道院墓地的墓碑）。这两条拱廊至今仍然存在：开罗拱廊街是热闹的纺织品市场，且已经作为分支融入到复杂的人行道网络中。

两条廊道的名称其实都蕴含着有用的线索。全景廊街显然与新的娱乐空间"优景园"（the panorama）有关。优景园最初于1787年在伦敦出现，之后迅速在整个欧洲蔓延。优景园是圆形大厅风格的建筑，参观者穿过狭窄的过渡空间后，就能完全沉浸在360度巨型彩绘模拟场景中。所有图像都旨在包裹住参观者，让置身中间观景台的人们感受到自己的渺小。有的时候，图像会展示建筑外城市的

[1] 约翰·弗里德里希·盖斯特（Johann Friedrich Geist），《拱廊：一种建筑类型的历史》（Arcades: The History of a Building Type），坎布里奇，马萨诸塞州，1983年，第4页。

全貌（1829 年，在伦敦首次亮相的优景园全景图像就展示了从圣保罗大教堂顶部俯瞰伦敦的景象，引起了轰动），但通常情况下，图像描绘的都是远处具有异国情调的空间，绝对能超出支付低价门票费就能入内的观众的想象。谈到自己的体验时，最初几批参观者都表示非常困惑，因为那里有身处异域世界的错觉。当然，后来很多其他类型的商业环境也对这种技术进行了尝试和探索。全景廊街入口两侧有两座圆形大厅，使得这一建筑形式自一开始就与购物建立了联系。[1]

至于开罗拱廊街，它唤起了拿破仑 1798 年侵略埃及胜利时的爱国情感。此外，拱廊的装饰设计中还加入了埃及元素，以此暗示其异国情调。不过，这条拱廊的名称还表明通道的起源之一在于东方集市，即著名的满是摊位和商店的狭长市场地带，这是欧洲人前往开罗或君士坦丁堡的路上常常遇到的地方。1815 年，苏荷市集（Soho Bazaar）开放，这是东方集市首次正式出现在伦敦。此外，牛津街上的万神殿（Pantheon）也是当时著名的多功能性市集——1838 年，人们称万神殿拥有"高大的厅堂，布局合理的房间，从这里经由一条走廊就可以到达美丽的温室"。[2]1859 年，先锋记者乔治·奥古斯都·萨拉（George Augustus Sala）在《昼夜之间；或伦敦一日一夜》（*Twice round the Clock; or, The Hours of the Day and Night in London*）中详尽描绘了市集上令人兴奋的各种事物（不只包括商品，也包括售卖商品的女性）。与东方奢侈品消费的关联，外加有关诸多女眷的

---

[1] 请参见伯纳德·科门特（Bernard Comment），《优景园》（*The Panorama*），格拉辛（A.-M. Glasheen）译，伦敦，1999 年。另请参见罗杰·卢克赫斯特，《木乃伊的诅咒：黑暗幻想的真实故事》（*The Mummy's Curse: The True Story of a Dark Fantasy*，牛津，2012 年）的第 87—118 页，关于伦敦"东方主义者"娱乐活动的章节。

[2] 《莫格的伦敦新照》（*Mogg's New Picture of London*），伦敦，1838 年，第 78 页。

颓废和幻想，在整个 19 世纪极为普遍。

在英国，伦敦的第一条此类通道是皇家歌剧院拱廊（Royal Opera Arcade）。这条拱廊由约翰·纳什（John Nash）和乔治·雷普顿（George Repton）建造，于 1818 年开放。拱廊与干草市场（Haymarket）平行，沟通了蓓尔美尔街（Pall Mall）和查尔斯二世街（Charles II Street）。这种设计旨在为歌剧院的入口提供一条"带顶走道"。它与剧院外部周围的柱廊相连，有 3.6 米宽，其中一边是位于通道中 18 个穹棱拱顶之下的商店，光线可以从上方的天窗透进来。欣赏歌剧之前或之后，人们可以在拱廊中漫步，所以这里也就成了炫耀财富的地方。很快，这条走廊就有了"花花公子之路"的名号。拱廊开放的时间意义重大：1815 年，英国在滑铁卢大败法军，不仅重得通往欧洲大陆的通道，也促使异域风情盛行于建筑设计中。毫无疑问，这条拱廊的异国风情略微过度。1876 年，歌剧院被烧毁，但皇家歌剧院拱廊得以留存，不过，19 世纪 90 年代，观众入口经由干草市场的柱廊转移到建筑前面之后，这条拱廊就被遗忘在女王剧院（Her Majesty's Theatre）的后侧了。

约翰·纳什是伦敦全城大规模尝试兴建林荫大道时期的建筑师。19 世纪 20 年代，纳什负责摄政街的整体布局和设计。这条街以摄政王王宫的卡尔顿大厦（Carlton House）为起点，之后向北穿过皮卡迪利（Piccadilly）到达新的摄政王公园。不过，这条道路不得不围绕建筑物的外围修建，不时会有转折，因此在某种程度上，美观程度有所削弱。在纳什的设计中，街道两侧都应该有柱廊，与有拱廊的欧洲大陆的皇家城市相一致——都灵就是这种城市之一，其现在还有以皇家宫殿的主广场为起点的，长达数英里的拱廊大道和大型广场。由于沿途有很多归私人所有的地点，所以纳什在摄政街上只能建设部分"科林斯式道路"（Corinthian Path）柱廊。至少，摄政街的轴向路线成功地将梅菲尔（Mayfair）西侧与贫民窟和可疑的苏荷低端生活区东侧划分开来。卡德拉特（The Quadrant）是摄政街上最宏伟的走廊，由巨大的多立克式立柱支撑。其位于"宽阔的列柱廊"中，在与皮卡迪利广场相接的部分，沿着街道下半段转弯。[1]然而，这里很快就变成了"花街柳巷"，也成了罪案的滋生之地。1848年，这里以提高道德素养为名被拆除，没有一篇报道因"乞丐、弱者、吸烟人士和胡子拉碴的外国人"失去"家园"而感到惋惜。[2]不过，拆除并没有发挥太多作用：在接下来的一个世纪中，人们仍将摄政街与烟花之事联系在一起，那里是第二次世界大战灯火管制期间的著名聚集地。

1818年，伦敦的第二条拱廊——伯灵顿拱廊（Burlington Arcade）建成，这条拱廊与情色之事和购物的联系也非常紧密。拱廊沿着皮卡迪利伯灵顿大厦（Burlington House，现为皇家艺术学院）的边缘而建，目的是为新主人乔治·卡文迪许勋爵（Lord George Cavendish）提高租金价格。拱廊刻意被设计成连续的分隔带，将勋爵住宅与老庞德街（Old Bond Street）上底层人士的居住区分开——那里的人总是会把垃圾扔到墙这边的花园中。在1815年的首版计划中，设计师塞缪尔·韦尔（Samuel Ware）将拱廊称为"广场"（piazza，这一术语有时用来指代带顶人行道）。伯灵顿拱廊最终于1818年对外开放，开放时变得更为豪华，两端的入口处都有巨大的圆柱。拱廊全长约180米，两侧共有70间商店，足够的挑高可以容纳很多用于出租的房间。韦尔在拱形天花板和商店门面的地方加入了多种多样的内容，从而避免了拱廊如隧道般单调。至于谁能进入拱廊，则

[1] 泰伦斯·戴维斯（Terence Davis），《约翰·纳什的建筑》（*The Architecture of John Nash*），伦敦，1960年，第102页。
[2] 《摄政街的改良》（Regent-Street Improvements），《时代》（*The Era*），1848年9月24日，第8页。

由小吏控制。这些人都是退伍士兵，身穿制服，制服上还有卡文迪许勋爵的徽记。这种方式强调了一点：尽管拱廊与远处的街道相连，但实际上是私人领地，因此有自己的规章制度（晚上 8 点准时锁门）。这种伪公共空间之后持续在伦敦的购物中心和中庭空间扩展。卡文迪许凭借这种投机性建筑获得了经济成功的案例，也使皇家伯灵顿拱廊成为该建筑类型进入英国及其他国家后的典范。

皇家伯灵顿拱廊是伦敦这座绅士之城的中心。伯灵顿大厦的另一边是奥尔巴尼（Albany）。奥尔巴尼是一块飞地，周围是两排单身贵族租住的私人公寓，拱廊是单身贵族们在城市中心的"隐修之地"——距离圣詹姆斯大教堂周围的俱乐部、杰明街（Jermyn Street）上的绅士服装店、皮卡迪利区的狩猎用品店和动物标本剥制师都很近，距离莱切斯特广场（Leicester Square）上的低端娱乐场所也不远。[1] 伯灵顿拱廊甚为出名，一则因为这里"出售珠宝和其他高档产品"，二则因为媒体大肆宣传，说这里是"非常特别"的地方，"无论天气如何，女士都会来购买各种艺术品"。[2] 然而，人们很快就发现，商铺之上的房间是慢条斯理走过的绅士与售货员的欢好之地。这显然就是伦敦探险家亨利·梅休（Henry Mayhew）在 19 世纪 60 年代时所认为的上层建筑的意义。如简·伦德尔（Jane Rendell）所言，"拱廊与女性的情爱之交、装饰和欺骗之间的联系通过异域建筑类型的起源而得以强化"。这是皇家宫殿在伦敦重现后显示出的诱人前景

[1] 请参见哈里·福尼斯（Harry Furniss），《皮卡迪利的天堂：奥尔巴尼的故事》（Paradise in Piccadilly: The Story of Albany），伦敦，1925 年，第 6 页。

[2] 招股说明书引自《伯灵顿拱廊》（Burlington Arcade），《伦敦调查》（Survey of London），第 31—32 卷：《圣詹姆斯·威斯敏斯特》（St James Westminster），伦敦，1963 年，可前往 www.british-history.ac.uk 查询。最后的引用来自《伯灵顿拱廊》，《晨邮报》（Morning Post），1819 年 1 月 4 日，第 3 页，写于拱廊开放几天之后。

和危险之处。[1]

1825 年，时尚的温泉小镇巴斯（Bath）铺建了一条长达 84 米的拱廊——"走廊"（The Corridor）。只有这条拱廊以此为名，显然并没有太多吸引人的联想。玛格丽特·麦基思（Margaret MacKeith）编纂过一部名录，包括 118 条 1939 年前建造且当时仍存在于英国的拱廊。她对每一条拱廊在建筑方面的描述都非常专业，但如果拱廊最初的特征无法详细描述，她就会将之称为"普通走廊"，仿佛它们都完全脱离了建筑，只是单纯的基础设施而已。[2] 巴斯的走廊有 3 层高的宏大入口，带有多立克式门廊，最初屋顶上还有彩色玻璃。据说，走廊开放当天就吸引了 5000 人前来散步。这条廊道不仅设有专门的警察，下午还有乐队在此演出。

我们再将目光转回伦敦。早期的第三条走廊是劳瑟走廊（Lowther Arcade）。这条走廊与著名的阿德莱德长廊（Adelaide Gallery）同时建造，1832 年对外开放。拱廊长 74 米，宏大的入口配有塔楼。从入口走进之后是足有 6 米宽的通道，顶部有高高的拱形天花板，日光会从穹顶中透进来。拱廊位置优越，是斯特兰德（Strand）和特拉法加广场（Trafalgar Square）之间的捷径。和全景廊街一样，这条廊道也将购物与娱乐融为一体。阿德莱德长廊是狭长的走廊大厅，被冠以"国家实用科学综合教学娱乐馆"之名。它将知识与娱乐相结合，

---

[1] 简·伦德尔（Jane Rendell），《拱廊》（Arcade），《城市研究百科全书》（*Encyclopedia of Urban Studies*），第 2/1 卷，伦敦，2009 年，第 35 页。另请参见她的文章，《展示性行为：性别认同和十九世纪初的街道》（Displaying Sexuality: Gendered Identities and the Early Nineteenth-century Street），《街道图像：公共空间中的规划、身份和控制》（*Images of the Street: Planning, Identity and Control in Public Space*），尼古拉斯·菲（Nicholas Fyfe）编，伦敦，1998 年，第 75—91 页。

[2] 玛格丽特·麦基思，《购物拱廊：现存英国宫廊名录，1817—1939 年》（*Shopping Arcades: A Gazetteer of Extant British Arcades, 1817–1939*），伦敦，1985 年，例如第 vii 页或第 92 页。

展示了不同的机器和银版照相法等新型技术，还有壮观的电力和磁力科学演示。崇高的教学理想失败后，阿德莱德长廊彻底变成娱乐大厅，之后则成为木偶剧院（Marionette Theatre）。与去往贵族式伯灵顿拱廊的顾客相比，这条拱廊的顾客的阶层相对较低。此外，拱廊后来之所以出名，是因为这里有很多便宜的玩具店，其中，最有名的商品是各种圣诞系列用品。1902 年，这条拱廊被拆除。被拆除前 10 年，它为华生医生摆脱莫里亚蒂（Moriaty）教授的间谍提供了奇妙的转折。这是 1893 年亚瑟·柯南·道尔（Arthur Conan Doyle）在"夏洛克·福尔摩斯"系列的《最后一案》（*The Final Problem*）中的情景。

尽管这种建筑类型的潮流逐渐消退，但在 20 世纪 20 年代，拱廊在伦敦仍有建造 [作为当地市场的遮蔽，布里克斯顿（Brixton）的功能型走廊市场街（Market Row）和信实走廊（Reliance Arcade）得以兴建]。1881 年，在旧城东部边缘为勒顿豪集市（Leadenhall Market）兴建的走廊是当时最大规模的项目：整个街道网络有了天顶，变成了有多彩钢铁玻璃巨型建筑的走廊。其他想要吸引大规模消费新现象的城市也在城中心建造了华丽的拱廊：其中几条仍存在于格拉斯哥市、卡迪夫市、曼彻斯特市和利兹市。

然而，若论宏伟程度，英国拱廊均难以与欧洲大陆的拱廊相媲美。1847 年，获皇家批准，长 180 多米（分为多段）的圣修伯特皇家长廊（Galeries Royales Saint-Hubert）在布鲁塞尔修建。长廊商店的上方是 2 层楼，采用了统一的意大利文艺复兴时期的风格；拱廊很长，望不到尽头，十分壮观。这一庞大建筑可能是利用了可扩展的钢铁玻璃创新技术的第一座实验性建筑物，目的是为资产阶级散步者提供环境有序的拱廊，从而替代混乱的街道。此后，作为安全、光照充足、秩序井然的空间，长廊将两个市场联系在一起，取代了杂乱无章的贫民窟街道。经历过多年革命的动荡之后，19 世纪 50 年代，设计了巴黎市中心笔直林荫大道的奥斯曼男爵（Baron Haussmann）也遵循了同样的原则，对城市空间进行了明确的管理和控制。"从真正意义上讲，"安东尼·维德勒（Anthony Vidler）谈到奥斯曼时代的巴黎时说，"街道成了内部空间"——由小吏把守的拱廊。[1]

与此同时，位于涅夫斯基大街（Nevsky Prospect）附近的圣彼得堡通道（The Passage in St Petersburg）于 1848 年对外开放。这是第一条在人工打造的炫耀性消费世界中使用燃气照明以增强浸入式体验的走廊。这条通道很大，配有咖啡馆、优景园、解剖博物馆、音乐厅，甚至还有个小型动物园。这或许是苏维埃"社会凝聚器"的另一灵感来源，因为这条通道熬过了"十月革命"，最终以"标准百货商场"的形式于 1922 年重新开张，内部展示的是苏联制造的种种产品。

同样颇具影响力的是米兰的维特里奥·埃曼努埃二世长廊（Galleria Vittorio Emanuele II）。这两条 4 层高的拱廊相接于一个大型八角形中庭，穹顶用创新的玻璃及钢铁工艺巧妙地遮住了支撑架，从而使得整栋建筑仿佛漂浮于空中。拱廊将大教堂与著名的斯卡拉歌剧院（Teatro alla Scala）连接在一起，但它本身也非常重要：这是设计美国第一栋带顶购物商场的设计师的直接灵感来源，也是意大利语有时仍用"galleria"表示商场的原因。马克·吐温在其游记《浪迹海外》（A Tramp Abroad）中对这一建筑深表赞叹："我们大部分时间都在巨大的拱廊或长廊中度过……我愿意一直生活在这里。"在都灵，吐温还很欣赏人行道，因为人行道"由双层拱廊遮顶，拱廊下有巨大的石柱支撑"，到了晚上，"这个地方就会用燃气灯照明，到处都是闲庭信步前来娱乐的人，说笑声处处可闻"。[2] 以走廊为

---

[1]　安东尼·维德勒，《街景与其他随笔》，纽约，2011 年，第 100 页。

[2]　马克·吐温，《浪迹海外》[1880 年]，牛津，1996 年，第 555、549 页。

米兰的维特里奥·埃曼努埃二世广场，于 1877 年对外开放。
后来，这座建筑直接引发了美国购物中心的兴建潮流

载体，可以最大程度地炫耀城市或各州财富的建筑或许应是柏林长
152 米的凯撒长廊（Kaisergalerie）。1873 年，威廉一世大帝（Kaiser
Willhelm I）沿着足以容下车马的走廊走过，亲自为这条长廊的开放
拉开了帷幕。普鲁士战胜法国之初，这成了当之无愧的胜利式建筑。

　　如果拱廊中有明显朝巨型化和表达民族主义方向发展的趋势，
那是因为 1851 年的万国博览会大幅扩展了钢铁和玻璃建筑的可能性。
阿尔伯特亲王（Prince Albert）曾想在海德公园建造足以展示全球贸
易情况的临时建筑，且大英帝国应处于展览中心。但在这场著名的
建筑设计竞赛中，却没有出现一个可行的建筑方案。最终的方案出
自工程师约瑟夫·帕克斯顿（Joseph Paxton，1803—1865 年）之手，
他在查茨沃斯庄园（Chatsworth House）建造了大型温室，提议在铁

质网格上延长平面玻璃板调制系统，搭建临时结构。不久，这一建筑就被命名为水晶宫（Crystal Palace）。水晶宫花了 4 个月建成，但在海德公园 6 个月的展期过后就被拆除了。水晶宫的长度是象征其年份的 1851 英尺（564 米）。从中间的交叉通道走下来，就会看见水晶宫两侧的翼楼，整整 2 层都有连续不断的铁质阳台，营造出远景渐渐消失的感觉。一位导游热情地介绍说"长长的通道，结构独特且美丽"，"有成千上万盏灯和高耸的立柱，有无尽的主梁网络"，此外，"加长的中殿有无与伦比的空中视角，中央地带透明拱顶的比例堪称完美，轻盈形态和强度稳定性巧妙地融合在一起"。[1]

理论上看，600 万名参加万国博览会的人都会从以下两条参观路线择一而行：或是沿生产过程参观，从产品的原材料到机械、生产再到展示和销售；或是以历史发展为线索，从古希腊罗马到现代，在不知不觉中强化贸易全球化和工业进步的意义。实际上，具有教育意义的狭窄通道通常难以辨别，因为人们的注意力总会被产品琳琅满目的壮观场面分散——毕竟，水晶宫中展示的商品超过 100000 件。[2]

约瑟夫·帕克斯顿对怪诞走廊的梦想并未因 1854 年在伦敦南部建造的水晶宫[3] 而终结。之后，帕克斯顿为建造水晶宫公司大楼筹集了资金，但这栋建筑并非公共工程，而是私人企业。水晶宫公司

---

[1] 《劳特利奇的（一先令）水晶宫指南》[*Routledge's (One Shilling) Guide to the Crystal Palace*]，伦敦，1854 年，第 11 页。这是西登纳姆（Sydenham）重建的水晶宫的指南，但开篇是对原水晶宫的赞歌。

[2] 更多评论请参阅保罗·扬（Paul Young），《全球化与世博会：维多利亚时代世界新秩序》（*Globalization and the Great Exhibition: The Victorian New World Order*），贝辛斯托克，2009 年；保罗·格林哈尔格（Paul Greenhalgh），《短暂的远景：世界博览会、世博会及世界展览，1851—1939 年》（*Ephemeral Vistas: The Exposition Universelles, Great Exhibitions and World's Fairs, 1851–1939*），曼彻斯特，1988 年。

[3] 1851 年在伦敦市中心海德公园内建造的水晶宫，于 1854 年迁至伦敦南部。——编者注

的长度相对较短（约 488 米），更为狭窄，但高度足有 6 层，所以拱廊的纵深感非常强。尽管法国历史学家伊波利特·泰纳（Hippolyte Taine）说它只是"巨大一堆，毫无风格，完全没有体现 [英式] 品味，但非常震撼"。1936 年，一场大火烧毁了这栋建筑，勒·柯布西耶遗憾地回忆了上次去那里的场景："一片和谐的景象，我简直无法移开目光。这一课太重要了，我觉得自己所做的微不足道。"[1] 实际上，1867 年、1889 年和 1900 年在巴黎为国际博览会建造的临时建筑全部都是浸入式空间，它们坐落在混乱的 19 世纪城市中，有未来主义

约瑟夫·帕克斯顿爵士为大维多利亚大道所做的设计（1855 年），该计划旨在建造一条能连接伦敦中心各大地铁站的拱廊

---

[1] 伊波利特·泰纳，《英国札记》（*Notes on England*），海姆斯（E. Hyams）译，伦敦，1957 年，第 188 页；勒·柯布西耶，《水晶宫：一次致敬》（*The Crystal Palace: A Tribute*），《勒·柯布西耶在英国》（*Le Corbusier in Britain*），默里（I. Murray）及奥斯利（J. Osley）编，伦敦，2009 年，第 106 页。

风格，规模宏大——甚至比水晶宫还要大。巴黎世博会成了一种工具，被傅立叶乌托邦的竞争对手所利用——他们都追随圣西门（Comte de Saint-Simon），是国际自由贸易资本主义的积极倡导者。

一年之后，帕克斯顿向伦敦维多利亚大道都会工程部（Metropolitan Board of Works for the Great Victorian Way）提交了一份计划，作为对大都会通信委员会委托的回应，以解决因人口大规模增长给伦敦转型带来的压力。帕克斯顿的想法是建造长 16 千米，宽 22 米的圆形拱廊。拱廊配有拱形玻璃天花，挑高超过 30 米，其呈"腰带"状围绕伦敦分布，通过连续的钢铁和玻璃结构将首都各大地铁站联系在一起。这一多层建筑中有宽阔的带顶人行道，还有商店、酒店和少数住房。人行道下面是铁轨，提供快速服务和当地服务。泰晤士河上的 3 座桥梁可以作为拱廊的延伸，让人回想起两侧都有建筑物的旧伦敦大桥。维多利亚大道是"宏伟的散步长廊——给人带来舒适和享受的新体验"。[1]

其他通过走廊对伦敦进行改善的项目包括 1845 年雷德里克·盖伊（Frederick Guy）的计划。这条拱廊旨在连接英国银行和特拉法加广场 [盖伊绝非只是天马行空的梦想家，他接受委任负责建造的皇家意大利歌剧院（Royal Italian Opera House）、科文特花园（Covent Garden）里的花卉大厅都使用了钢铁玻璃扩展结构]。1855 年，帕克斯顿提出其计划的同时，威廉·莫斯利（William Mosley）也提交了水晶大道（Crystal Way）的设计方案——这条长廊和铁路可以连接圣保罗大教堂和摄政街。帕克斯顿小心翼翼地将自己这一项目的成本控制在 340 万英镑，计划从铁路费用中获利。由于上述项目均未

---

[1] 帕克斯顿的提案，引自乔治·查德威克（George F. Chadwick），《约瑟夫·帕克斯顿爵士的作品，1803—1865 年》（The Works of Sir Joseph Paxton, 1803–65），伦敦，1961 年，第 209 页。

能建成，伦敦因而遗憾地没能成为一座欧洲拱廊城市。1863 年，伦敦地铁的第一个建筑隧道在法灵登站和帕丁顿站之间破土动工，但这是一个截然不同的建筑结构。

在《失败的建筑》（*The Architecture of Failure*）中，道格拉斯·墨菲（Douglas Murphy）称，维多利亚时代的钢铁玻璃建筑是典型的现代"片段，带领人们走向更美好的世界，但实际并没有发生"。[1]巨大的世博会大厅只是临时建筑，存在时间很短。19 世纪 60 年代，沉浸式百货商店成为购物体验的新标准后，由此而来的拱廊依旧魅力不减。当时，拱廊作为19 世纪资产阶级建筑类型的象征性角色，让想要批评新消费社会的作家颇为着迷。

年轻的埃米尔·左拉是一位无情的挑衅者，他 1867 年出版的小说《红杏出墙》（*Thérèse Raquin*）让读者震惊。小说基本上以新桥通道（Passage du Pont-Neuf）为背景：这是一条"连接了马扎琳街和塞纳街的昏暗的狭窄走廊"，只有三十步长，两步宽。[2]这是光明之下潜藏的噩梦，是无所事事的休闲世界，是大型拱廊中的悠闲自得。

> 新桥通道不是让人散步的地方。人们只是不想绕路，从而节约几分钟时间。从这里走过的人都匆匆忙忙，只想赶紧往前走。你会遇到穿着围裙的学徒、正在交货的裁缝和抱着包裹的男男女女。借着从玻璃天花板透出的沉闷光线，你会看到躲在一边的老人和刚放学跑到这里的孩子们……没有人说话，没有人停留……

晚上，三盏罩在厚重方形灯笼里的煤气灯会将拱廊点亮。三盏

---

[1]　道格拉斯·墨菲，《失败的建筑》，温彻斯特，2012 年，第 1—2 页。
[2]　埃米尔·左拉，《红杏出墙》，布斯（*R. Buss*）译，伦敦，2004 年，第 9 页。

灯挂在玻璃天花板上，投射出淡黄色的光线，周围有淡淡的光圈。光圈闪烁着，不时还会消失。通道看上去好像真的是凶手的藏身之地：路上有大片的阴影，潮湿的空气从街上吹来，简直就是由三盏丧葬灯点亮的昏暗地下走廊。[1]

商品交易市场金玉其外，背后隐藏着金融和性交易。左拉向极力掩盖这些交易的商品交易市场发起了挑战。1883 年，他的小说《女士们的天堂》（*Au Bonheur des dames, The Ladies' Paradise*）深入描绘了走廊的继承性建筑——百货商场的浸入式世界，将重点放在其具有诱惑力和引人堕落的环境上，也关注为这种幻想，为这种典型消费者梦想世界服务的女售货员的生活。

20 世纪时，拱廊的腐坏堕落愈发严重。才华横溢的德国散文家齐格弗里德·克拉考尔（Siegfried Kracauer）就在 20 世纪 20 年代描写过柏林林登拱廊（Linden Arcade）带来的人际关系。他回忆道，自己小时候，"通道"这个词会让他不寒而栗，因为"在我浏览过的书中，昏暗的通道通常是致命袭击……和可怕阴谋出现的地方"。这与左拉所揭露的内容相呼应。克拉考尔娴熟地描绘了走廊逐渐衰落的过程：昏暗的天光，失去光泽的镜子，还说锦衣珠宝的微光现在不过是"转瞬消失的物件"，在日常杂乱无章的世界中平淡无奇：指甲剪、粉饼盒、打火机、引起人不正当欲望的半情色书籍等。按照马克思的理论，"通道的暮光"揭露的是商品恋物癖那种神奇力量的瓦解。取而代之的是庸俗的世界，是来世——事物"已经消亡，但仍温热着"，消费者都如行尸走肉般麻木。[2]

---

[1] 左拉，《红杏出墙》，第 9—10 页。

[2] 齐格弗里德·克拉考尔，《告别林登走廊》（Abschied von der Linden Passage），盖斯特译于《拱廊》，第 158—160 页，引自第 158 页。

路易·阿拉贡（Louis Aragon）在 1924 年出版的巴黎超现实主义巨作《巴黎农民》(*Paris Peasant*) 中，详细描述了歌剧院走廊(Passage de l'Opéra) 最后几个月的时光。为了进一步豪斯曼化，为了城市的干净整洁，这条走廊成为原定要拆除的"无光走廊"之一。《巴黎农民》这本书意在向先锋派达达主义者会面的廉价咖啡厅和餐厅以及超现实主义团体 1919 年的联合之地致敬。阿拉贡走过相互连接的晴雨表长廊（Galerie du Baromètre）和温度计长廊（Galerie du Thermomètre），一一走访每家店铺，记录广告、菜单、票款，以及对驱逐和拆迁的抗议。拱廊中根本不存在对主流交易的避讳：这里的世界充斥着酒店小时房（走廊两侧有楼梯，供人快速离开）、议价的烟花女子和带有小隔间的浴室——小隔间供随意欢好所用。在廉价的剧院中，"女性总在变化"，扮演各种不美好的角色，有时是演员，有时是酒吧常客，有时则是性伴侣。阿拉贡的文字在严肃的社会现实和光鲜亮丽的梦幻之间穿梭，是超现实 / 现实的理想组合。拱廊在他笔下变成了"斑斓的宇宙"，容得下每一种低级生活，容得下对体面资产阶级敏感性激进的冲击。[1]

瓦尔特·本雅明支持超现实主义者，因为他们是"第一批发现改革力量的人：这种力量体现在'陈腐失修'中、第一批钢铁结构中、第一批工厂建筑中、最早的照片和渐渐消亡的各种物体中……它们将隐藏在这些事物中的'氛围'的巨大能量推到了爆炸的临界点"。[2]然而，先锋派从未真正找到辩证杠杆，未能从资产阶级走廊内部推翻资本主义的梦幻世界。拱廊不仅在光怪陆离的来世生活中持续存

[1] 路易·阿拉贡，《巴黎农民》(*Paris Peasant*)，西蒙·华生·泰勒（Simon Watson Taylor）译，伦敦，1987 年，第 28、48、62 页。
[2] 瓦尔特·本雅明，《超现实主义：欧洲知识分子最后的快照》(Surrealism: The Last Snapshot of the European Intelligentsia，1929 年)，《单向街》，杰夫考特（E. Jephcott）及舒尔特（K. Shorter）译，伦敦，1985 年，第 229 页。

在（有些重建得还十分张扬），还在第二次世界大战之后变成了我们当今时代最重要的走廊建筑形式之一：购物中心。

"加长捕鼠器"：维克托·格伦与购物中心的出现

威廉·科温斯基（William Kowinski）在《美国的商场化》（*The Malling of America*）中称，购物中心是"时代的标志性建筑"之一，是"美国道路的奇特成就：是商品这只依稀可见的手打造出的乌托邦"。玛格丽特·克劳福德（Margaret Crawford）在 492000 平方米的加拿大西埃德蒙顿购物中心（West Edmonton Mall）迷失了：整座购物中心有 800 多间店铺，11 家百货商店，还有多家酒店、影院、夜总会和溜冰场，全部"沿着走廊而建，店面都很相似"。她说，"购物中心已经成了世界的全部——没有边界，甚至不再受必要消费的限制"。[1] 现代大型购物中心是欧洲拱廊和大型钢铁玻璃展示空间的"直系后裔"。

"购物中心"的用法源自伦敦圣詹姆斯公园中两侧栽种着树木的狭窄走廊，这里与 17 世纪的铁圈球运动紧密相关（因此，圣詹姆斯的宫殿和无数绅士俱乐部都位于著名的蓓尔美尔街上）。按照《牛津英语词典》的定义，"mall"指的是"做散步长廊之用的带顶步行道"。直到 20 世纪 60 年代，这个词才与购物中心联系在一起。

---

[1] 威廉·科温斯基，《美国的商场化：穿行在购物中心》（*The Malling of America: Travels in the United States of Shopping*），布卢明顿，2002 年，第 45—46 页；玛格丽特·克劳福德，《购物中心里的世界》（The World in a Shopping Mall），《主题公园的变化：美国新城市与公共空间的终结》（*Variations on a Theme Park: The New American City and the End of Public Space*），索尔金（M. Sorkin）编，纽约，1992 年，第 30 页。

从很大程度上说，美国的"区域购物中心"（即后来的商场或商业街廊）完全是一个人——商店设计师及建筑师维克托·格伦（Victor Gruen）的创造。在日常走廊空间转换的历程中，格伦是另一个被人遗忘却非常重要的人物。人们很少记得他的建筑师身份，因为他设计的都是带有屋顶和围墙的纯商业空间或"基础设施"空间，是完全由人工打造的公共空间。格伦出生在维也纳一个充满活力的犹太社区（他的姓氏为 Grünbaum），他常常活跃在社会主义政治舞台，喜欢具有颠覆性的歌舞表演以及商店设计。因此，当纳粹于 1938 年吞并奥地利时，格伦立刻就陷入了危险之中。后来，他旅居纽约，通过移民系统，几乎马上就将新鲜的现代主义商店设计带到了美国的新市场，在曼哈顿街头大获成功。格伦一向明确表示，希望重建欧洲人在拱廊中散步、放松、挥霍的世界，还公开在很多项目中宣称，自己的目的是重塑米兰维特里奥·埃曼努埃二世走廊的氛围。就连他第一批小店面的设计都试图打破标准的二维"海报式"商店橱窗，通过将商店门设计为朝街道打开的形式，在狭窄的临街位置建造了三维迷你拱廊。这是空间灯火通明，橱窗设有平面玻璃的走廊。人行道上匆忙走过的消费者可能会停下来看看商品，之后就会被吸引进店。[1]

1940 年，格伦的业务发展到了洛杉矶，为格雷森（Grayson）连锁百货商店打造了一系列商店，学习如何让过往车辆看到大胆

---

[1]　对维克托·格伦整个职业生涯最好、最详尽的研究是亚历克斯·沃尔（Alex Wall）在《维克托·格伦：从城市商店到新城市》（*Victor Gruen: From Urban Shop to New City*，巴塞罗那，2005 年）中的研究；另请参见杰弗里·哈德威克（M. Jeffrey Hardwick），《商场制造者：维克托·格伦，美国梦的建筑师》（*Mall Maker: Victor Gruen, Architect of an American Dream*），费城，宾夕法尼亚州，2004 年。我还使用了马尔科姆·格拉德威尔（Malcolm Gladwell）关于格伦的文章，《水磨石丛林》（The Terrazzo Jungle），《纽约客》，2004 年 3 月 15 日，www.newyorker.com。

的标志性设计。他打造的第一家独立百货商店——米莉蓉百货商店
(Milliron's)，于 1943 年开业。商店外部建设了一系列醒目的交叉坡
道，从而将停车空间转移到建筑物顶部，行人与车辆也因而完全分离。
尽管商场完全开放，但下车之后，消费者马上可以感受到楼下浸入
式的奇幻世界。来自欧洲的格伦蔑视美国在汽车领域的主导地位，
强烈主张使用拱廊将人车分离，因此，这也成了格伦作品中永恒的
主题。在接下来的发展阶段，单一商店扩展成了设计统一的店铺集合。

"区域购物中心"这一类别是 1945 年政府和商业因素结合的结
果：它支持了郊区化政策和高速公路的建设，分散了城市人口（抵
御核战争的民防策略也是部分原因），区分了立法，也是旨在为新房
屋平均分配各种服务的系统性管理机制。1949 年，格伦声名在外，
促使他为哈德森商店（Hudson store）的所有者在底特律外围建立郊
区购物中心设计方案。由于去往郊区越来越便利，哈德森商店察觉
到城市的衰落，所以想在郊区开设分店，但格伦说服了哈德森的所
有者，建议其以商店为主，建造集各种店铺及服务于一身的综合型
建筑。

第一个完工的建筑是位于密歇根州底特律郊区的北国购物中心
(Northland Shopping Center)。1954 年，北国购物中心一经开业，马
上就成为世界瞩目的建筑新形式。购物中心的核心地带是哈德森大
型商场，周围有 5 座较低的建筑物，另有 80 间呈风车型分布的出租
商铺，所有建筑物之间都有一系列步行空间。后来，格伦在《美国
购物小镇》（*Shopping Towns USA*）中对这些空间进行了精准的归类：
"这里会出现大型方形区域（市场或广场）、宽矩形区域（庭院）、又
宽又长的区域（购物中心）、又长又窄的空间（步行街及巷道）、带
顶或半带顶的人行通道（拱廊）、两面或三面封闭的宽阔空间（平

台）。"[1] 北国购物中心的建筑物由长长的列柱廊相连，店面都有统一的护墙，公共空间风景如画，喷泉和精致艺术品随处可见，车辆全部停在外围。格伦希望重现欧洲集贸广场。就连大肆批判郊区化和城市结构破坏的批评家简·雅各布斯（Jane Jacobs）都称赞北国购物中心复活了集市小镇的规划。[2] 很快，模仿北国购物中心的建筑物如雨后春笋般出现，在各大房地产开发商的支持下遍及美国各地。

格伦后来在明尼阿波利斯市中心以南的伊代纳（Edina）建造了南谷（Southdale）购物中心，这是他的另一次飞跃。这座为代顿（Dayton）连锁商店设计的购物中心于 1956 年开业。格伦从米兰美术馆直接获得了灵感，建造了美国第一座带有空调的全封闭式购物中心，保证在中西部严酷的冬季和炎热的夏季时，商场也能带给人恒温的体验。在规划过程后期，两家相互竞争的百货商店投身同一计划，在集合体中制造了一种推拉效应。另一位建筑师约翰·格雷厄姆（John Graham）想在商店之间建造狭窄的功能性店铺走廊。他在自己的购物中心中使用过这种设计，消费者可以经由通道从一家商店到另一家。不过，格伦很不喜欢这种设计，将之称为购物中心里的"加长捕鼠器"。格伦选择的是挑高的中庭。中庭有两层楼高，通过加入多部电梯、更多的喷泉和昂贵的公共雕塑营造出剧院空间，可以进行时装表演、公共活动，甚至也可以进行戏剧表演和公共演讲。他想为消费者打造引人入胜的购物环境，但格伦似乎也认为，自己可以在新型社交空间中营造出文化氛围。

---

[1] 维克托·格伦及拉里·史密斯（Larry Smith），《美国购物小镇：购物中心的设计》（ *Shopping Towns USA: The Planning of Shopping Centers* ），纽约，1960 年，第 149—150 页。

[2] 请参见简·雅各布斯，《北国：购物中心规划的新标准》（Northland: A New Yardstick for Shopping Center Planning），《建筑论坛》（ *Architectural Forum* ），1954 年，第 100 期，第 102 页。北国历经风雨，2015 年，商场的最后一家旗舰店撤出。

尽管现代主义设计师弗兰克·劳埃德·赖特（Frank Lloyd Wright）认为南谷购物中心"让人反感"，但这座建筑的设计仍具有突破性。[1]格伦的模型在几十年中再一次被成千上万座建筑所模仿（很多都是格伦自己的公司建造的），直到 20 世纪 70 年代末期，这一模式稍显饱和时才有所收敛。随之而来的是 20 世纪 80 年代的大型购物中心，它们是世界中的世界。格伦在设计方面的继承者持续创新，同时保留了最初带顶拱廊的清晰痕迹，约翰·波特曼（John Portman）和约翰·捷得（John Jerde）就是其中两位。举例来说，捷得在拉斯维加斯设计的弗里蒙特大街体验中心（Freemont Street Experience）占据了市中心的五个街区，于 1995 年对外开放。这一体验中心的拱形天花板挑高 27 米，长 455 米，是经典的狭窄街道拱廊。这一建筑的创新之处在于屋顶下是世界上最大的荧光屏，有超过 1200 万个LED 灯。白天，这里是庇护所，让人们避开沙漠的阳光；晚上，这里则成了霓虹灯的世界，堪与隔壁旧城灯红酒绿的赌场比肩。维多利亚时代的钢铁玻璃建筑师们寻求的奇观，似乎在街道走廊生动的天花板上得到了合理的延伸。

很快，格伦再次创新，通过对人行步道化的实验让空旷的市中心再度生机勃勃 [1959 年建成的位于密歇根州卡拉马祖（Kalamazoo）人行道化的大街再次成为美国对此的第一个尝试]。不过，格伦后来越来越公开地表示对自己的购物中心和购物广场等作品的厌恶。他的设计将汽车安排在外围，然而却促使他鄙视的郊区高速公路得到建设。他渴望文明集市的复兴和欧洲人漫步的状态，但却用商业活动扼杀了大部分公共空间，因为他为文明社交设计的替代品成为监管严格且属私人所有的商业场所，极大抑制了商业交易方面的政治

---

[1] 关于更多细节，请参见沃尔，《维克托·格伦》，引自第 97、102 页。

示威和民意表达。[1]1968 年，格伦回到了维也纳，不过，至于城市对犹太人口的驱逐，他一直保持缄默。1978 年，也就是格伦去世的前两年，他在伦敦发表了一次演讲。他说："人们经常说我是购物中心之父。但我想借此机会永远放弃这一称呼。我拒绝为混账的发展支付赡养费。它们毁掉了我们的城市。"[2]

由完全沉浸在消费中而产生的特殊心理效应"格伦转移效应"（Gruen Transfer），就是以格伦命名的。这种催眠效应是指消费者被环境所诱导后进入的一种普遍状态，这种状态对所有游移不定的消费者欲望具有易受影响的开放性，受到商店橱窗、自动扶梯、商场通道或店面走廊的引导和控制。桑福德·克温特（Sanford Kwinter）如此形容：

> 困惑的消费者在不知不觉中变得温顺，会不由自主地产生由路径和模式等外部环境诱导的消费行为。消费者的注意力并不集中，但极易受到微妙但坚定的环境的影响。据估计，在购物中心的所有交易中，90% 都是消费者本没有打算购买的物品，这一现象在格伦转移效应确定后依然存在。[3]

20 世纪 50 年代，万斯·帕卡德（Vance Packard）的畅销小说《隐形的说服者》（*The Hidden Persuaders*）讲述了超级市场和购物中心

---

[1] 20 世纪 90 年代，购物中心的警察镇压了反战游行后，有关商场是否可以用作政治活动场地的争论直达法庭。关于更多细节，请参见丽莎·莎朗（Lisa Scharoun），《购物中心里的美国：零售乌托邦的文化作用》（*America at the Mall: The Cultural Role of Retail Utopia*），杰斐逊，北达科他州，2012 年，第 89 页之后。

[2] 格伦，引自安妮·奎尔托（Anne Quilto），《购物中心之父憎恶自己的创造》（The Father of the Shopping Mall Hated What He Had Created），《石英》（*Quartz*），2015 年 7 月，www.qz.com。

[3] 桑福德·克温特，引自沃尔，《维克托·格伦》，第 22 页。

刻意而为的创新：它们将消费者引诱至半迷茫状态，以心跳频率的降低，眨眼频率的减少，明显的记忆缺失或时间流逝感丧失为判定标准。帕卡德暗示，女性和儿童尤其会受到这种自动控制的影响（有关催眠威胁的心理恐慌感总会暗示这一点），但也警告说，广告商和商店设计师也已经触动了男性的神经，意欲减弱男性颇有理性的自主意识。拥护者和反对消费文化空间的人都在研究购物环境下"失去控制"的感觉。[1]威廉·科温斯基称这是"购物中心病"，有"失语"症状，人们"突然无法集中精力，言语或思绪通常会前后不继"。[2]约翰·波特曼（John Portman）在洛杉矶市中心建造的博纳文图尔酒店（Bonaventure Hotel），其大堂和购物空间有"令人迷醉的浸入感"，甚至连迷失其中的评论家弗雷德里克·杰姆逊（Fredric Jameson）都无不戏谑地说，"建筑空间本身的变异"构成了全新的后现代时代的到来。勒·柯布西耶的理想共居单元这一乌托邦计划已经远去。杰姆逊反而宣称，后现代主体的消亡是对资本主义超空间的包容，现在已无迹可寻。[3]

　　购物中心这种分散注意力的情况有时会被称为"僵尸效应"（Zombie Effect），显然是受乔治·罗梅罗（George A. Romero）的讽刺恐怖电影《活死人黎明》（*Dawn of the Dead*，1978 年）的影响。电影的背景为占地 102000 平方米的门罗维尔购物中心（Monroeville Mall）。这座购物中心于 1969 年开业，位于工业城市匹兹堡东部。匹兹堡在短短的时间内经历了煤炭和钢铁行业的灾难性崩溃，因此

---

[1] 请参见万斯·帕卡德，《隐形的说服者》（*The Hidden Persuaders*），伦敦，1977 年；雷切尔·鲍比（Rachel Bowlby），《无法自拔：现代购物的发明》（*Carried Away: The Invention of Modern Shopping*），伦敦，2000 年。

[2] 科温斯基，《美国的商场化》，第 401 页。

[3] 弗雷德里克·杰姆逊，《后现代主义，或晚期资本主义的文化逻辑》（*Postmodernism, or the Cultural Logic of Late Capitalism*），伦敦，1991 年，第 38、43 页。

想通过消费者革命实现经济的增长。《僵尸启示录》中幸存的一小波人从直升机上监视着购物中心，尽管购物中心周围的停车场和走廊都是缓缓移动、漫无目的的僵尸，但这些人仍将购物中心视为可提供保护的空间。在购物中心平坦的屋顶上一次著名的对话中，一个幸存者低头看着这群绝望的生物问道："他们在做什么？他们为什么会来这里？"这两个问题的答案是对空洞的消费者主观性，对格伦转移效应的辛辣反思："某种本能——关于他们之前所做之事的回忆。这是他们生命中重要的地方。"电影中有令人恶心的搞笑场景：有的僵尸拖着脚步在商场的中庭穿行，有的跌下电梯，有的倒在喷泉旁边，还有的趴在店面前。这引起了令人迷惑的镜像效果，对消费主义购物中心的批评吸引了一群喜欢购物且特立独行的年轻人，他们尤其喜欢在购物中心电影院里专门观看这一类型的电影。很多年来，门罗维尔购物中心里一直有一座僵尸博物馆，用来展示《活死人黎明》的全套周边，仿佛利用沉浸式复辟的消极力量获利就能满足所需。

在《活死人黎明》之后出现的僵尸题材电影中，会出现大批僵尸控制和汲取人类最后残余的场景，这种无情的力量通常会借助走廊来体现，因为狭窄的空间可以突出数量的优势，轻易胜过所有障碍物或枪战的场景。罗梅罗之后的电影《新丧尸出笼》（*Day of the Dead*，1985 年）以地下军事复合体为背景，走廊元素更是发挥了巨大作用。此外，在电视剧《行尸走肉》（*The Walking Dead*，2010 至今）中，废弃商场、办公楼和监狱中的走廊成了制造紧张感和恐惧感必不可少的空间，被少数衣衫褴褛的幸存者一一翻遍。医院走廊也是常见的僵尸出没之地。在《僵尸世界大战》（2013 年）中，高潮之战就在医院大楼中展开。在《生化危机》系列电子游戏里，玩家的选择因走廊而受到限制，因而可以释放更多内存，从而打造出一个沉浸式游戏世界。玩家经过每扇门时，走廊的存在也有助于放大人们对门后未知事物的恐惧感。

2008 年的金融危机刚刚过去，再加上网购的风行以及对集中式城市生活的新热情，"废弃商场"越来越多，这种流行于北美地区的现象越来越引人注目。"废弃商场"指的是人去楼空、年久失修的商场，它们被店铺租户和房地产开发商共同抛弃。数十年来，购物中心和商场的发展为大型综合建筑和住宅开发带来了可观的利润，不过，2008 年是自格伦北国购物综合体建成之后，全美完全没有新建购物中心出现的第一年。[1]2015 年，美国全境约有 1200 座购物中心，其中约三分之一是废弃或"行将就木"的状态。[2] 这些是现代新废墟，如 100 年前阿拉贡或本雅明对巴黎拱廊的详细描述一样，以同样的方式被强制编入 deadmall.com 等网站。然而，就如拱廊一样，商场也找到了生存的新方式，现代人对幽闭恐惧症和走廊监禁等想象就是重要的一方面。恐怖电视剧《迷雾》（The Mist，2017 年）的大部分场景都在新斯科舍（Nova Scotia）的一家废弃商场拍摄。废弃商场其实是另一个例证，走廊再次与乌托邦资本主义的梦想世界相关联，它将公民变成活跃的消费者，展现出黑暗的反乌托邦情调。

---

[1] 托尼·多库皮尔（Tony Dokoupil），《美国的购物商场死了吗？》（Is the American Shopping Mall Dead?），《新闻周刊》（Newsweek），2008 年 11 月 11 日，www.newsweek.com。

[2] 阿拉娜·塞缪尔（Alana Semuels），《废弃商场的新生命》（A New Life for Dead Malls），《大西洋月刊》（The Atlantic），2015 年 3 月 9 日，www.theatlantic.com。

斯塔特勒的"内部酒店"，1904 年为圣路易斯
世界博览会而建。其中的走廊总长达 9.7 千米

5 交流的狂喜：
酒店走廊

　　我总觉得，当我们离开大型现代连锁酒店的房间，关上沉重的防火门，俯视相同的房门自近向远渐渐消失的景象时，走廊就会清晰地出现在我们的脑海中。我们或许有片刻犹豫，因为左转或右转似乎都是一样的结果，电梯和出口的位置并不明显。两个方向都有相同的壁灯和无伤大雅的企业式抽象艺术。

　　这种经历的情感基调将迷失感与一种存在的焦虑感结合在一起，我后来将之定义为"走廊恐惧症"。毕竟，走廊呈现出很多个体生活的景象，这些景象因沿着半公开走廊的标准化空间分布而一致。无数门廊展示了一种瞬息万变，易于替换的感觉。服务车可能已经在工作，停在走廊的某个地方，清洁工埋头工作，清除上一位客人留下的所有痕迹。但这并非完全惹人反感的体验：很多人都认为不需要实名认证的酒店很自由，走廊上充斥着发生艳遇和其他事件的可能性，让人充满逃离日常自我的幻想。这就是充满交流可能的走廊和房间的狂喜。

　　当然，走廊的这个瞬间有其特定的历史。历经多个世纪的演变，现代酒店才从公共房间、共用餐桌，甚至是旅馆或路边酒馆中的公共卧室演变成型。19 世纪初，美国文化引入了法语"hôtel"一词，表示新建筑形式高贵宏伟的感觉。这种建筑比欧洲其他建筑的规模都要大：比如，1794 年在纽约百老汇建成的城市酒店（City Hotel）就有 5 层楼高，有约 150 个房间，基本上是小型空想共产村庄的大小。1829 年建在波士顿的特里蒙特酒店（Tremont House）最具影响力：这是一家大型专门酒店，周围都是波士顿最富裕街区的豪宅。酒店由波士顿婆罗门财团兴建，其豪华的设计意在宣称，波士顿是一座欢迎游客到来的国际贸易城市。酒店希腊风格的柱廊（37 根多立克式圆柱）通向一个穹顶大厅，这开辟了穹顶在酒店建筑中运用的先河。大厅也是一条长走廊的中心。60 多米长的走廊与酒店正立面平行，一层分布有大量精心区分的公共房间，另有男士酒吧和女士休息室。[1]

值得一提的是，酒店开业后的前几年，一个以其为背景的两卷集册《1832 年特里蒙特酒店里的言行》得以出版，包括故事、图稿、讽刺文等内容。"但每个美国人都知道特里蒙特酒店"，作品序言中写道，"每个来过这里的外国人都不得不坦率承认，酒店的舒适度、良好氛围及住宿条件属世界同类酒店之最，其他酒店最多只可比肩而已。"[2] 第二篇对话以"特里蒙特酒店中通往绅士餐厅的走廊"开头。此外，第二卷的最后一篇内容为《幽灵故事》（A Ghost Story），以 225 号房间里一个幽灵般的滑稽打鼾者为主角。酒店、情境小说，以及沿着一条叙事线索松散地彼此连结的多个独立故事，自一开始便相互交织，不可分割。

美国酒店中空间分布的规模和沿水平方向的扩展让很多评论家认为，建筑物自一出现就内在地反映了美国民主形式，无论好坏。在安

[1] 关于其历史，请参见莫莉·伯杰（Molly Berger），《酒店之梦：奢华、技术及美国的城市宏图，1829—1929 年》（Hotel Dreams: Luxury, Technology, and Urban Ambition in America, 1829-1929, 巴尔的摩，马里兰州，2011 年），其中有关于特里蒙特酒店的重要章节。
[2] 科斯塔德·斯莱（Costard Sly），《1832 年特里蒙特酒店里的言行》（Sayings and Doings at the Tremont House in the Year 1832），第 2/1 卷，波士顿，1832 年，第 9 页。

东尼·特罗洛普（Anthony Trollope）详尽的旅行记录《北美游记》（*North America*，1862 年）的结尾，这位英国作家觉得有必要单独增加描述酒店的章节，因为"在美国，酒店的规模很大。比起其他国家，酒店对美国社会生活的影响更大"。[1] 这位英国人发现，大厅和酒吧似乎可以作为镇上人们交流的场所，比卧室要大得多。但由于没有单独的女士更衣间和女士休息室，所以这位敏感的作家非常不满。特罗洛普还难以忍受的一点是公开度：到了酒店前台，你在账单上的签名就会成为在大厅里闲聊的人的谈资。几乎在同时，另一位作家威廉·钱伯斯（William Chambers）将宽敞的公共休息空间和其之间的走廊称为"调情长廊"，因为它们轻松的"特点，是一般的度假场所和两性对话的场所"。[2]

与欧洲豪华酒店不同，美国的酒店中并没有明显的社会差异和阶级等级感。大厅中混乱的社会融合和走廊中公开性和私密性并不明确的界限，是欧洲关于酒店的文学作品的永恒主题。然而，对美国而言，酒店对社会各阶层产生的调校效果是新商业资本主义的一种乌托邦式表现。在一个新的公共领域，这种表现与即将从年轻流动人口身上获取的财富相融合。

斯塔特勒和大型酒店走廊

打开酒店的门，看过去是没有尽头的走廊的设计方式，这在很大程度上归功于一个人的天才——大型酒店之父埃尔斯沃思·密尔顿·斯塔特勒（Ellsworth Milton Statler），他因"客人永远是对的"

---

[1] 安东尼·特罗洛普，《第三十四章：酒店》（Chapter XXXIV: Hotels），《北美游记》，纽约，1862 年，第 552 页。

[2] 威廉·钱伯斯，《在美国的事物》（*Thing as They Are in America*，伦敦，1854 年），引自伯杰，《酒店之梦》，第 68 页。

这一论断而青史留名。斯塔特勒的生平故事绝对是 19 世纪自立自强、白手起家的完美案例。他是一位德国移民牧师的儿子，1863 年出生于西弗吉尼亚州一个贫寒的家庭。12 岁时，他成了酒店门童，不过很快就成了夜间接待员，之后又当上了日间接待员。通过出租酒店台球室并将之打造成镇上的主要社交俱乐部，斯塔特勒赚得了第一桶金。利用这笔资金，他于 19 世纪 90 年代时在布法罗城（Buffalo）建造了一个能容纳 500 位客人的餐厅，使用新颖的广告方法和规模经济方式创造利润。1901 年，他借由在布法罗城举办的泛美博览会（Pan-American Exposition）转而进军酒店业。这一世界级的博览会旨在提高布法罗的城市形象。由于来自世界各地的数千万人都会参加这一临时展览，所以住宿是必然的需求。斯塔特勒用木头建造了临时酒店，这座酒店有 3 层高，占地 9 英亩，餐厅可以容纳 1200 人，8 千米的走廊上设有 2000 多间卧室。如第四章所述，世界博览会是典型的浸入式空间，大量人群可通过钢铁玻璃的走廊式建筑涌入。斯塔特勒只是在住宿方面采用了相同的空间利用方案。

布法罗博览成了一场著名的灾难：开幕之初，由于恶劣的天气，前来参观的人并不多；后来，麦金利总统在博览会现场被暗杀，这一事件使得情况进一步恶化。然而，在临时酒店中投入毕生积蓄的斯塔特勒仍设法有所盈余。1904 年在圣路易斯举办的路易斯安那交易博览会（Louisiana Purchase Exposition）上，斯塔特勒建造了一座更大的临时酒店。酒店位于博览会内部，因此被称为"内部酒店"。这座酒店有 2250 个房间，有"数英亩的公共房间，有些走廊甚至几乎有半英里长，[此外]大厅也有一百码长"。[1] 由于走廊太长，斯塔

---

[1] 鲁弗斯·贾曼（Rufus Jarman），《栖身之床：推送侍者、斯塔特勒及其非凡酒店》（*A Bed for the Night: The Story of the Wheeling Bellboy, E. M. Statler, and His Remarkable Hotels*），纽约，1952 年，第 102 页。

特勒甚至得在每扇门上安装一套旗语信号系统，旗帜竖起来代表需要服务。还有，负责大厅的男侍应生会出现在每个大走廊的交界处，确保能以最快的速度提供服务。

圣路易斯博览会上的一切注定都庞大无比：它的占地面积是1893年芝加哥世界博览会和1900年巴黎世界博览会的两倍。博览会上有10座巨大的宫殿，它们采用了改良的意大利文艺复兴风格，但更自由华丽，展示了各种商品和科技的进步。这些宫殿围绕直径达一英里的中央区域而建。中央区域被称为"派克乐园"（The Pike），其中的人工瀑布规模之大史无前例。内部酒店的规模确实与展览空间相匹配。由于酒店建在博览会的空间内部，所以本身也是一处景点（人们可以购买关于酒店的纪念明信片）。《科里尔周刊》（Collier's Weekly）称："内部酒店总能带给人快乐。它并非展区，但博览会上所有的展览都比不上它有趣，它是最特别的。"后来，美国历史学家丹尼尔·布尔斯廷（Daniel J. Boorstin）称这样的酒店是"普通人的皇宫"，是美国"国家级体验"的标志。[1]

在圣路易斯世博会开幕的第一周，斯塔特勒因酒店厨房的水壶爆炸而受了重伤，险些丧命。然而，博览会吸引了近2000万名参观者，世博会6个月中赚得的30万美元利润很快就让他得到了安慰。有了这笔资金，斯塔特勒便于1907年在布法罗城建造了第一座非临时性酒店。在这座酒店中，斯塔特勒做出了一系列沿用至今的创新之举：保证价格固定的价目表；每个房间中都有私人浴室、全身镜和壁橱；钥匙孔移至门把手上方，方便开门；门底开缝，方便服务生在不打扰客人的情况下在早上把信件、账单和报纸递进房间。酒店员工有

---

[1] 《科里尔周刊》（Collier's Weekly，1904年11月12日），引自贾曼，《栖身之床》，第105页。丹尼尔·布尔斯廷，《美国人：国家体验》（The Americans: The National Experience），伦敦，1988年，第144页。

严格的责任分级制度，全部遵循夸张的服务原则：客人**永远**是对的，哪怕做错了也是对的。此外，所有服务生都要随身携带写有斯塔特勒服务原则的卡片。

此外，斯塔特勒还开始筹谋之后众所周知的"斯塔特勒布局"，即基本沿用至今的酒店设计图。以中央服务区为核心，走廊以尽可能清晰可见的方式划分了房间。房间全部朝向较短的前厅，一边是浴室，一边是壁橱，这样就打造了缓冲区域，以免卧室因光线过亮或因公共走廊的噪声而受影响。相邻房间背靠背，呈镜面式布局，如此两间客房可以接入同一设施管道，使用同一水暖设备，易于维修。1919 年，斯塔特勒在其纽约酒店的每个房间中都安装了电话。到了 20 世纪 20 年代，斯塔特勒成为在客房内安装无线电话的第一人。

斯塔特勒在自己建造的一系列大型酒店（在布法罗城、克利夫兰、底特律、圣路易斯和纽约）中优化了上述细节。1917 年的《建筑论坛》（*Architectural Forum*）发表了一系列文章，称赞"斯塔特勒的酒店设计和设备理念"。其中有一篇对建筑平面图的评论："普通的酒店平面设计非常混乱，房间的安排如迷宫般让人迷惑，地板高低不平，空间安排纷乱错杂。与之相比，斯塔特勒的酒店中，每个……基本部分都完好无缺"，层层皆是如此。[1] 这也被视为标准化连锁酒店的开端。斯塔特勒匠心独运，无论某地当地环境如何，斯塔特勒在全国各地的酒店都"有意保持相似"："公共房间、走廊和客房在形式和布局方面有刻意为之的相似性，惊人地让酒店有了家的感觉。"[2]

---

[1]　西德尼·瓦格纳（W. Sydney Wagner），《斯塔特勒的酒店规划和设备思想 II：建筑平面图的发展》（The Statler Idea in Hotel planning and Equipment II: The Develoment of the Floor Plan），《建筑论坛》，1917 年，第 27/6 卷，第 166 页。
[2]　西德尼·瓦格纳，《斯塔特勒的酒店规划和设备思想 I：简介》（The Statler Idea in Hotel planning and Equipment I: Introduction），《建筑论坛》，1917 年，第 27/5 卷，第 118 页。

斯塔特勒的酒店规模进一步扩大，但在很大程度上，是高度的增加而非沿着走廊的水平式铺展。工程师们解决了限制建筑物高度的施工问题，也找到了使用电力而非复杂液压装置为电梯供电的方法。由此，美国进入了摩天大楼时代——建筑物不再沿水平方向扩张，而是往高层发展。1917 年建于圣路易斯的第四家斯塔特勒酒店占地 70 平方米，但有 16 层高，顶层的宴会厅可以通往屋顶花园。1919 年，斯塔特勒与宾夕法尼亚铁路公司合作，成功在纽约建造了当时世界上最大的酒店——宾夕法尼亚大酒店。这栋 27 层的建筑物位于宾州车站正对面，2200 个房间分布在四座相互联通的塔楼中。（与之竞争的纽约客酒店于 1930 年在附近开业，通过地下艺术装饰走廊与车站相连。经由走廊也可以到达其他建筑物。酒店目前仍然存在，只不过已沦为废墟。）[1]

后来，斯塔特勒在完美的服务标准中又增加了一些内容：这座酒店拥有最大的私人电话交换机，每个房间还有被称为"服务器"的服务舱口，方便服务生在不打扰客人的情况下从酒廊进入房间。第一年，宾夕法尼亚大酒店的入住率高达 99.4%，大笔交易赚得了巨额利润，这使得 32 号大街周围地区逐渐变成商业区。[2] 很快，宾夕法尼亚大酒店在规模上就被超越了。1927 年，芝加哥拥有 3000 间客房（每层约有 130 间客房）的史蒂文森大酒店（Stevens Hotel）成为当时最大的酒店。它有四座塔楼，由一条曲折复杂的走廊沟通。

---

[1] 请参见安东尼·法尔科（Anthony Falco），《纽约客酒店到宾州站地下隧道的再发现》(Rediscovering the New Yorker Hotel's Underground Tunnel to Penn Station)，《未开发的城市》(Untapped Cities)，2016 年 6 月 22 日，https://untappedcities.com，2018 年 5 月 24 日访问。

[2] 关于当代讨论，请参见爱德华·厄尔·普林顿（Edward Earle Purinton），《世界上最大的酒店和斯塔特勒巨大成功的部分原因》(The Largest Hotel in the World and Some Reasons for E. M. Statler's Spectacular Success)，《独立报》(The Independent)，1920 年 5 月 8 日，第 202—203 页；1920 年 5 月 15 日，第 237—239 页。

这座酒店被称为"城中城"，有保龄球馆、电影院、药店，屋顶上还有小型高尔夫球场。不过，1929 年大崩盘和随后的萧条为此类建筑画上了句号。拖垮了整个家族的史蒂文森大酒店宣告破产，最终于 1945 年被康拉德·希尔顿（Conrad Hilton）收购。然而，即便大型酒店的时代已经终结，但斯塔特勒依旧是人们心中的主要创新者：他于 1928 年去世，但 1950 年时，整个行业仍认为他是"上半世纪的酒店风云人物"。

通过纯粹水平和垂直方向的扩展，大型酒店平衡了人们的身份，促进了社会地位的平等，对走廊的文化共鸣产生了巨大影响。当然，这主要是阶层方面的平等：种族政策方面的问题只是偶尔会出现在斯塔特勒的酒店中。[1] 然而，这只是多元社会中的一点，我们仍需考虑走廊在奢华酒店中的另一种功能。

华尔道夫酒店的孔雀厅和《里兹风采》

19 世纪 90 年代初，为了报复富有的纽约亲戚和邻居，腰缠万贯的富豪威廉·阿斯特（William Astor）决定拆掉父亲在第五大道的豪宅，在原地址建造一家酒店。1893 年，威廉·阿斯特本人在伦敦定居时，13 层高的华尔道夫酒店（以阿斯特家族移民前居住的德国村庄为名）开业了。原本，酒店是为了打破附近的垄断局面，但实

---

[1] 请参见大卫·威特沃（David Witwer），《斯塔特勒酒店事件：第二次世界大战期间匹兹堡一名黑人卡车司机要求公平对待》（An Incident at the Statler Hotel: A Black Pittsburgh Teamster Demands Fair Treatment during the Second World War），《宾夕法尼亚州历史》（*Pennsylvania History*）1998 年，第 65/3 卷，第 350—367 页。本文涉及的黑人工会成员西奥多·约翰逊（Theodore Johnson）被禁止参加 1944 年 9 月在斯塔特勒酒店举行的工会会议。

际上，酒店经理乔治·博尔特（George Boldt）自酒店在宴会厅开业当晚，就将之变成了纽约精英阶层社交的必至之处。酒店也由此成为奢侈与放纵的代名词。著名的赌徒约翰·盖茨（John W. Gates）现身纽约，以华尔道夫酒店的酒吧和走廊为其社交中心后更是如此。"对于公寓较小的人来说，华尔道夫酒店提供了现代住宿条件，还带有娱乐和社交功能。对于不想购买豪宅的人们来说，精致的服务免除了他们操心自家宫殿的诸多麻烦。"[1]

尽管这家精英集体沙龙获得了巨大成功，神秘的威廉·阿斯特却只现身过一次。华尔道夫酒店黄金时代的传奇女主人奥斯卡·切尔基（Oscar Tschirky）曾有回忆："陪着阿斯特子爵走在酒店的走廊中。他一直往前走，个子很高，有点儿驼背，双手背在背后，低着头，我觉得他应该没有向左或向右看。"[2]

1897 年，威廉·阿斯特的姨妈在附近拥有的联排别墅也被推倒，阿斯特四世（J. J. Astor IV）在原址建造了 17 层高的阿斯托里亚酒店（Astoria Hotel）。这两座酒店分别由阿斯特家族中两个对立的派系所有，两栋建筑通过一条 90 米长的豪华走廊相连。这条走廊与 34 号大街平行。不过，家庭争端无法化解时，内置铁门就会关闭，两家酒店就会恢复独立的状态。

经济大崩盘之前，这条装修豪华的走廊本身就是纽约主要的社交空间之一。它被称为"连字符"（the Hyphen）："我去哪儿找你？""连字符。""什么意思？""啊，当然是华尔道夫和阿斯托里亚之间的地

[1] 雷姆·库哈斯（Rem Koolhaas），《疯狂的纽约》（*Delirious New York*），纽约，1994 年，第 135 页。

[2] 奥斯卡·切尔基（Oscar Tschirky），引自詹姆斯·雷明顿·麦卡锡（James Remington McCarthy），《孔雀厅：华尔道夫 - 阿斯托里亚酒店的浪漫》（*Peacock-Alley: The Romance of the Waldorf-Astoria*），纽约，1931 年，第 17—18 页。

方。"[1] 但由于酒店成为财富展示的灯塔,走廊也成了"富丽巷"(The Lane of Strut)或"孔雀厅"(Peacock Alley)。"时尚的女士们会盛装打扮,穿着精致的连衣裙,只为了赢得男士的尊敬和其他女士的嫉妒。"[2] 奥古斯都·托马斯(Augustus Thomas)的百老汇剧目《波塔基特伯爵》(*The Earl of Pawtucket*,1903 年)有一部分就是在这条走廊上拍摄的。此外,无声电影《孔雀厅》(*Peacock Alley*,1922年)及 1930 年的一部早期有声电影均由"丰唇女孩"梅·默里(Mae Murry)担任主演,两部电影中也都出现了这条走廊。难以界定的半

孔雀厅,即从前的"连字符",1897 年到 1929 年连接华尔道夫酒店和阿斯托里亚酒店的传奇走廊

---

[1] 阿尔伯特·克罗克特,《孔雀游行:特殊时期中美国社会历史及其最显赫的人物的描述》(*Peacocks on Parade: A Narrative of a Unique Period in American Social History and Its Most Colorful Figures*),纽约,1931 年,第 86—87 页。

[2] 克罗克特,《孔雀游行》,第 60 页。

公共酒店空间已经成了电影永恒的主题，想要表现大厅和走廊中各位女士不确定的性地位。

华尔道夫 - 阿斯托里亚酒店进行了两项关键创新：允许男士和女士在餐厅抽烟（消除了 19 世纪典型的空间和性别鸿沟）；酒店著名的双层餐厅棕榈厅（Palm Room）使用了落地窗。落地窗的存在意味着就餐成了一种表演，走廊上的人都可以看到。结果，孔雀厅不仅成了富有浪荡子，即"财富代言人"的空间，也吸引了大批人观看自己期待的社交场景，成为大众文化名流的新形式。[1] 结果，孔雀厅又有了"橡皮管小巷"这一别称。据估计，第一次世界大战前的鼎盛时期，每天有 25000 人从孔雀厅穿行。如果有某位总统或王子入住酒店，那么从孔雀厅经过的人还要再增加 10000 名。从孔雀厅一端的棕榈厅走到另一端的帝王厅（Empire Room），是纽约每位游客的必经路线。1903 年，一家圣路易斯的文学杂志评论说："这个地方就像吉卜林（Kipling）描述的塞得港（Port Said）：如果待得够久，绝对能看到世界上所有值得结交的人。"[2] "十多年来，"阿尔伯特·克罗克特（Albert Crockett）在 1931 年时回忆说：

> 这条走廊，以及从中通行的人——无论是第一次来还是经常来，都体现了美国生活的现状。经常变化，这是真的……在宽敞且深长的走廊中，随处可见从中穿行的男男女女，一眼望不到尽头。[3]

原来的华尔道夫 - 阿斯托里亚酒店于 1929 年关闭（土地被出售，

[1] 克罗克特，《孔雀游行》，第 98 页。
[2] 威廉·马里昂·里迪（William Marion Reedy），《华尔道夫里的西方人》（A Westerner in the Waldorf），《里迪论文》（Reedy's Paper），第 13 卷，1903 年，第 8 页，引自麦卡锡，《孔雀厅》，第 62 页。
[3] 克罗克特，《孔雀游行》，第 94、96 页。

用于建造帝国大厦），孔雀厅也随之成了纽约一个传奇故事。城市的面貌总在变化，很多作家都会为此感伤。对这些作家来说，黄金时代总是刚刚逝去，走廊总是"英年早逝"。克罗克特不禁感慨："1916年博尔特去世之前，孔雀厅就不只是一种传统了。"第一个十年即将结束时，黄金孔雀厅到处都是"跟女性眉来眼去的轻浮小厮"，麦卡锡（McCarthy）说，"看那些人的脸，根本没有丝毫喜悦，眼神和嘴唇满是难过。"

1904 年，在欧洲生活了 20 年后，亨利·詹姆斯（Henry James）回到纽约。这可能是"华尔道夫 - 阿斯托里亚酒店里无穷无尽的迷宫"让他震惊的部分原因。和特罗洛普一样，詹姆斯也觉得这座酒店体现了"美国精神"。借用轻蔑这一场景的小说家所言，那就是"巨大的乱交场所"，失去了"偏爱私人生活的鉴别力"，让人烦恼。詹姆斯厌恶地看着人们"带着伪装走过大厅和沙龙，艺术和历史几乎完全被扼杀……在他们假装高贵的织金锦缎中"。和美国其他地方一样，这里的鱼龙混杂已沦为所谓的"社会同一性"。[1]

斯塔特勒酒店沿水平方向的扩展体现了民主意识。与之不同，华尔道夫 - 阿斯托里亚酒店有意提供了一系列谨慎的区分。这一点昭然若揭，就算不是按照阶层区分，也是按照财富区分。在引人入胜的电梯文化历史作品中，安德里亚斯·伯纳德（Andreas Bernard）指出，由于 20 世纪左右电梯的逐渐普及，社会空间的分级也愈发明显。之前，财富意味着一个人可以住在公寓或酒店中较低楼层的房间，因为穷人才不得不爬楼梯。酒店底层的走廊非常宽阔，铺有地毯，光线充足，服务周到。楼层越高，走廊就越狭窄，装饰越简陋，

---

[1] 亨利·詹姆斯，《美国景象》（*The American Scene*），纽约，1968 年，第 99、102—103、104 页。

服务越差，房价也越便宜。酒店较低的楼层里都是常住之人、旅行推销员和酒店员工。往高处走，你就会看到阁楼中最贫穷的人。然而，电梯的出现让人们可以方便地到达各个楼层。19世纪末期，财富和特权就体现在一个人能住在高层，能俯视街道，看得更远，而服务功能则越来越多地位于无窗的地下室中。尽管偶尔会有些麻烦，但很快，纽约的专属酒店就为有钱有权的人设置了限制进入的楼层，还为他们提供额外服务。重建的华尔道夫-阿斯托里亚酒店位于纽约46号大街的麦迪逊大道上，那里曾差点出现重大外交事件。20世纪50年代冷战达到顶峰时，苏联领导人尼基塔·赫鲁晓夫（Nikita Khrushchev）从酒店顶层的高级客房乘电梯下楼，却被困在电梯中近半小时。等他终于从电梯中出来时，惊慌失措的警卫们已经拔出了枪。[1]

酒店的排他性和差异性功能起源于欧洲，与19世纪末至20世纪初时另一个关键人物凯撒·里兹（César Ritz）密切相关。和斯塔特勒一样，里兹为其他人管理酒店多年后，才终于能建造自己理想中的酒店，即1898年在巴黎建造的里兹酒店。里兹来自瑞士一户农民家庭，从最底层的学徒侍应生做起，通过领班的身份，他在巴黎、尼斯、芒通（Menton）、蒙特卡洛（Monte Carlo）、卢塞恩（Lucerne）和巴登巴登（Baden-Baden）等地新一批的奢华酒店中，毫不避讳地讨好奉承了许多欧洲贵族和名人，从而得以迅速平步青云。每年，威尔士亲王来到巴登巴登时，都会要求里兹服务。亲王之后一直都住在里兹酒店，还留下了一句名言："里兹在哪儿，我就住在哪儿。"1889年，里兹被带到伦敦，负责管理在斯特兰德新建的豪华酒店萨沃里酒店（Savory）。这次经历使他名扬天下。里兹带来了一位

---

[1] 安德里亚斯·伯纳德，《提升：电梯的文化史》（*Lifted: A Cultural History of the Elevator*），多伦迈尔（D. Dollenmayer）译，纽约，2014年，第227页。

厨艺精湛的法国大厨，还在餐厅中安排了乐队，掩盖英国人吃饭时少有交谈的情况。此外，里兹还经常和当时的重要政客一起吃饭饮酒，甚至引得这些人回到议会后修改了法律，允许餐厅在安息日营业。1896 年，里兹找人出资建造了辛迪加酒店（Hotel Syndicate）。1898 年 6 月，里兹终于在巴黎的旺多姆广场（PlaceVendôme）开设了自己的酒店。威尔士亲王跟着里兹到了巴黎，其他欧洲贵族的代表人物也很快将里兹的酒店视作自己的家。那里是"里兹的小普鲁斯特"最喜欢的餐厅，也是《追忆似水年华》一书作者完成部分章节的地方。普鲁斯特去世的时候，还在等仆人从里兹酒店带回自己最中意的酒。里兹酒店是 20 世纪 20 年代"垮掉的一代"最喜欢的聚会场所，这一点在欧内斯特·海明威和斯科特·菲茨杰拉德的小说中都有所体现。[1]1906 年，伦敦的里兹酒店开业，之前的酒店从未有过这么多楼层。1911 年，里兹 - 卡尔顿酒店在纽约的麦迪逊大道上开业。

巴黎里兹酒店的另一条走廊也非常著名，因为这里的里兹酒店实际上是必须相互联通的三栋独立联排别墅。1914 年，在康朋街（rue Cambon）上的扩建部分开业之后，一条 73 米长的走廊将之与旺多姆广场连接在一起。这条走廊很像巴黎的拱廊，两旁有 100 个闪闪发光的小玻璃柜，全城的奢侈品商店都会租用这些柜子展示商品。如此，里兹将必需的基础设施变成了另一个让消费者沉浸其中的梦幻世界。到了爵士时代，描写美国卡尔顿 - 里兹酒店（Carlton-Ritz Hotel）的歌曲《里兹风采》（Puttin' on the Ritz）表现了城市的富丽奢华，如同当年孔雀厅中出现的场景。最初，艾文·柏林（Irving Berlin）于 1929 年创作的歌词因弗雷德·阿斯特（Fred Astaire）而出名，该作品讽刺了华服美衣的可怜黑人

---

[1]　大多数细节来自史蒂芬·沃茨，《里兹酒店》（The Ritz），伦敦，1963 年。

在哈莱姆区莱诺克斯大道（Lenox Avenue）的游行。后来，歌词被悄悄调整，变成了现在人们耳熟能详的版本，表现的是公园大道（Park Avenue）上的白人。

与斯塔特勒酒店的清晰线条和平衡阶层关系的水平特征不同，小型豪华酒店希望能利用迷宫式的布局获利。里兹酒店刻意没有设计大厅，也没有毫无差别的粗俗公共空间，从酒店到酒吧的路线没有任何标志和方向牌，为的就是吸引误入酒店的人。史蒂芬·沃茨（Stephen Watts）描述了巴黎里兹酒店令人难以忍受的社交历史："要到达三个里兹酒店酒吧中最大最著名的一个……你得先穿过大厅和茶室，之后在餐厅右转，接着左转穿过展示有精美物品的长廊……"（描述还在继续，后面还有很长。）[1] 里兹酒店里的走廊蜿蜒曲折，上下错层，办公室和客房也会出现在意想不到的地方。这里更像是一个陷阱，用来检验穿行在走廊中的人是否真的对酒店有归属感。

这就是高端现代酒店和低端现代酒店的建筑和文化历史。在两次世界大战之间的 20 世纪 20 年代和 30 年代，这种新型社会空间的影响力达到顶峰。当时，文化评论、小说和电影经常对酒店进行深入探索。

走廊中的金发女郎：酒店侦探小说

20 世纪 20 现代，"风尚喜剧"造成了酒店这一新社交空间中混乱的社交状况。例如，伊丽莎白·鲍恩（Elizabeth Bowen）的第一部

---

[1] 沃茨，《里兹酒店》，第 16 页。

长篇小说《酒店》（*The Hotel*，1927 年）就是以意大利里维埃拉的一家酒店为背景。这家酒店的走廊"十分昏暗，铺着厚厚的地毯，两侧都是客房"。小说的开头所费笔墨不少：私人浴室的门朝公共走廊打开，对浴室的使用引发了一场误会。维基·包姆（Vicki Baum）的《大饭店》（*Grand Hotel*，1929 年）以柏林为拍摄地，也刻意使用了酒店表现社会的系统类型学。上映不久，这部电影就被引入美国，由葛丽泰·嘉宝担任主演。1945 年，这部电影的德国背景再次被本土化为适应美国文化的《琼楼风月》（*Week-end at the Waldorf*），该片以金格尔·罗杰斯（Ginger Rogers）和拉娜·特纳（Lana Turner）为主角。[1] 社会学家尤尔根·哈贝马斯（Jürgen Habermas）曾讲过资产阶级公共空间中的虚构功能，这些就是经典案例。这些案例影响了新兴中产阶级社会行为的塑造。由于酒店的公共空间和走廊既有私密性，又能表现混乱的社会交往，所以其中的不同为喜剧创造提供了丰富的素材，出现了《非常大酒店》（*Fawlty Towers*），甚至是《风月俏佳人》（*Pretty Woman*）等作品。

然而，从另一个更让人忧心的角度看，这也是酒店从一开始就与犯罪和侦查联系在一起的原因：酒店里的低层人士和高层人士共同生活，如近邻一般。酒店指南中通常会提醒客人注意保管个人财物，还列出了几条盗窃的惯用伎俩："大多数小偷……凌晨时分就会开始行动，从大厅走过，遇见门就会试试能不能打开。"小偷会趁着客人在浴室中时偷偷溜进房间行窃。指南中建议，客人发现重要物品遗失后应立刻"寻求帮助"，因为"小偷可能刚刚离开房间，能在走廊被捉住"。[2]《大饭店》中有这样的场景：飞贼手脚并用从窗台进入偷

---

[1] 伊丽莎白·鲍恩，《酒店》，伦敦，2003 年，第 26 页。另请参见维基·包姆，《大饭店》，克赖顿（B. Creighton）译，纽约，2016 年。

[2] 贾曼，《栖身之床》，第 114—115 页。

珠宝，而不经过走廊。在托马斯·曼（Thomas Mann）未完成的小说《大骗子克鲁尔的自白》（*Confessions of Felix Krull, Confidence Man*，1954 年）中，主角最初就是以在酒店偷窃谋生。在阿加莎·克里斯蒂（Agatha Christie）的《伯伦特酒店》（*At Bertram's Hotel*，1965 年）中，心思细密的马普尔小姐洞悉了绅士的虚伪，看到安静的茶室和周到的大堂服务背后潜藏着的犯罪阴谋。瓦尔特·本雅明曾说，房间里有各种物品，包括垫得又软又厚的沙发、波斯地毯和吊灯，资产阶级人士"歪坐在沙发上，等着无名杀人犯前来"。[1] 豪华奢侈滋生了犯罪，也要求对差异的管控。

当然，酒店也会雇用"酒店侦探"密切观察想要逃单的客人，留意可能盗窃的员工，或在低层公共空间或高层更私密的客房走廊中寻找不法进入者。酒店侦探本身地位较低，通常是被开除或退休的警察。20 世纪 30 年代早期，雷蒙德·钱德勒（Raymond Chandler）写了两个关于酒店侦探的故事，梦想有一天能像私人侦探菲利普·马洛（Philip Marlowe）一样出色。在《黄袍国王》（*The King in Yellow*）的开篇，卡尔顿酒店的酒店侦探史蒂夫·格雷斯（Steve Grayce）因在大堂无所事事而受人责备，并被告知须立即上楼，清理"房价适中的楼层"走廊里临时起意的聚会。到了楼上，格雷斯遇到了几个爵士乐演奏者、"一名金发女郎"和她的女性朋友。这两名女性"显然是骗子"，没被大厅里的夜审员发现，所以"趁机登记进来了"。[2] 由于她们出现在错误的楼层，价目牌也不对，所以才在极为有序的经济和道德世界中引起了注意。很快，反常的情况就使低端酒店周围的几具尸体和洛杉矶邦克山

[1] 瓦尔特·本雅明，《单向街》，杰夫科特及舒尔特译，伦敦，1997 年，第 49 页。
[2] 雷蒙德·钱德勒，《黄袍国王》，《故事及早期小说》（*Stories and Early Novels*），纽约，1995 年，第 418、427、428 页。

（Bunker Hill）的富豪们牵扯进来，最后引导读者回到 815 房间发生的自杀事件中。

钱德勒对侦探身上骑士般个人荣誉准则的经典表达，意味着格雷斯在《黄袍国王》中总会让敌人始料不及："我总觉得酒店侦探只是一群卑鄙小人，只知道收受贿赂。我想大概是之前没遇见您吧。"[1]《永远等待》（*I'll be Waiting*）中的托尼·雷斯克（Tony Reseck）也是一位酒店侦探，他反应敏锐，拯救了一名红发女郎：当时，她正在温德米尔酒店（Windermere Hotel）的大堂等待刚出狱的心上人。刚刚出狱的罪犯在楼上等着这名红发女郎，他的反应让读者明显地意识到，酒店侦探的任务就是阻止这次非法性接触："'差点儿死了，'他说，'我在垃圾场待了一个小时，酒店侦探现在还来烦我。好了，亲爱的，看看壁橱和浴室吧。但她刚刚走了。'"后来，这项工作被称为"翻转门把手"：他的行为举止和自己要在走廊上追踪的罪犯一模一样。[2]

荷兰心理学家范·伦内普（D. J. van Lennep）在短篇《酒店房间》（*The Hotel Room*）中谈到了不记名酒店带来的自由、冒险机会和"家庭"责任的暂时中止。[3]性幻想、暴力和酒店无疑会交织于悬疑电影之中——从充斥着硬汉电影的 20 世纪 20 年代，到希区柯克的《迷魂记》（*Vertigo*，1958 年）中由病态的绿色霓虹酒店标志牌照亮的斯考蒂（Scottie）的性爱迷恋场景，再到表现看护人乔治（George）的伤感天真本性的尼尔·乔丹（Neil Jordan）的电影《蒙娜丽莎》（1986

---

[1] 钱德勒，《黄袍国王》，《故事及早期小说》，第 463 页。

[2] 钱德勒，《永远等待》，《故事及早期小说》，第 579、582 页。

[3] 范·伦内普，《酒店房间》，于科克尔曼斯（J. J. Kockelmans）《现象学心理学：荷兰学派》（*Phenomenological Psychology: The Dutch School*），多尔切斯特，1987 年，第 209—215 页。

年）。在最后一部电影中，由鲍勃·霍斯金斯（Bob Hoskins）饰演的乔治开车带着高级应召女郎西蒙娜（Simone）访遍伦敦的酒店，他等在楼下的大厅，以免客户和酒店侦探找麻烦。乔治不知道迷宫般的街道和酒店会将自己带向何方。《巴顿·芬克》（*Barton Fink*，1991年）中也出现了短暂的性自由场景。这部由科恩兄弟制作的电影以好莱坞 20 世纪 40 年代的厄尔酒店（Hotel Earle）的宽敞大厅和恐怖走廊为拍摄背景，营造出了令人震惊的氛围。厄尔酒店破败的华丽装饰为约翰·休斯顿（John Huston）带有悲观色彩的电影《盖世枭雄》（*Key Largo*，1948 年）提供了灵感，电影中的酒店公共空间的装饰就取材于此。而在达西埃尔·哈米特（Dashiell Hammett）的硬汉派侦探小说中，私家侦探山姆·斯派德（Sam Spade）在旧金山的大厅和走廊里穿行，这些地方的破旧感也是受此启发。这些例子不胜枚举，比如，在约翰·休斯顿根据哈米特小说《马耳他猎鹰》（*Maltese Falcon*，1941 年）改编的电影中，主要场景都发生在市中心的皮克威克酒店（Pickwick Hotel）。

或许，走廊中最著名的金发女郎是比利·怀尔德（Billy Wilder）的邪典电影《双重赔偿》（*Double Indemnity*，1944 年）中的蛇蝎美人菲丽丝·迪特里希森（Phyllis Dietrichson）。电影中的经典场景是：菲丽丝的保险经纪人沃尔特·奈夫（Walter Neff）不幸被人骗了，她决定到其居住的廉价街区看她。在此过程中，菲丽丝差点被人发现她谋杀丈夫的企图。就在对其丈夫的人寿保险单心存疑虑的调查员准备离开时，她马上躲到了走廊某扇门的后面（这扇门刚好朝外打开）。这一场景并没有出现在詹姆斯·凯恩（James M. Cain）的原著小说中，而完全是电影剧本的发挥。在谈论不道德之事、不法阴谋和性腐败等内容的昏暗走廊上，芭芭拉·斯坦威克（Barbara Stanwyck）的浅金色头发就像是发出警

科恩兄弟的电影《巴顿·芬克》（1991 年）中厄尔酒店里可怕的走廊

《巴顿·芬克》中，其他看不见的客人的鞋

告的信号。

在雷蒙德·钱德勒细致的描述中，奈夫的公寓房间简陋而隐秘，所有的家居和设施都非常廉价。有人推测，奈夫的房间里之所以没有掺杂丝毫个人感情，是模仿了比利·怀尔德逃出德国的早期流亡生涯，他在坐落于好莱坞日落大道的著名酒店——夏蒙特酒店（Chateau

Marmont）有过自己的房间。[1] 邪典电影中体现的疏远和绝望通常会体现在城市街道宿命般的骗局中。《城市的呼喊》（*The Cry of the City*，1944 年）、《裸城》（*Naked City*，1948 年）、《四海本色》（*Night and the City*，1950 年）及《玉面情魔》（*Nightmare Alley*，1947 年）等电影都是如此。不过，电影中的室内空间、空荡荡的大厅和隐秘的走廊也强有力地证明，"已经类同的和正逐渐类同的抽象空间"是这类电影的典型特征。[2] 霍华德·霍克斯（Howard Hawks）根据钱德勒的小说改变的电影《夜长梦多》（*The Big Sleep*，1946 年）中就有两个例子：在乔·布罗迪居住的公寓楼里，子弹从走廊上的门缝中射出；在昏暗的走廊中，马洛威（Marlowe）不得不聆听贪污者哈里·琼斯（Harry Jones）被谋杀的过程。正如安德鲁·斯派塞（Andrew Spicer）所说，"邪典城市是无家可归的象征，城市里的人在公共空间——餐厅、酒吧、夜总会、汽车、街道、小巷、毫无个人特点的豪华酒店套房或单调难受的公寓中，上演着自己的生活"。[3] 邪典电影就是想向观众诠释现代性的新空间。

在阿尔弗雷德·希区柯克稍显乐观的彩色电影《西北偏北》（*North by Northwest*，1959 年）中，酒店也发挥了重要作用。以"乔治·卡普兰"（George Kaplan）为假名的广告主管罗杰·O. 索恩希尔（Roger O. Thornhill）从纽约的酒店走廊走过，打开 796 号房间门的一瞬间立刻变成了卡普兰。索恩希尔实际已经消失（"'O'代表什么？""什么都没有"），他成了这种在酒店和通廊列车上出现的完美外壳。他在那里见到的金发女郎（追到了另一家酒店）也是拥有另一个身份

[1] 有关这一点，请参见格尔德·格劳宾登（*Gerd Gemünden*），《外部事物：比利·怀尔德的美国电影》（*A Foreign Affair: Billy Wilder's American Films*），纽约，2008 年。

[2] 爱德华·迪门伯格（Edward Dimendberg），《邪典电影及现代空间》（*Film Noir and the Spaces of Modernity*），坎布里奇，马萨诸塞州，2004 年，第 15 页。

[3] 安德鲁·斯派塞，《邪典电影》（*Film Noir*），哈罗，2002 年，第 67 页。

在比利·怀尔德的《双重赔偿》（1944 年）中，索赔理算员巴顿·凯斯（Barton Keyes）提出自己的怀疑时，菲丽丝就藏在沃尔特·奈夫公寓外的走廊中

的躯壳。值得注意的是，卡普兰存在的证据仅仅是一张酒店预订单：其中之一是波士顿的一家斯塔特勒酒店。

德国评论家齐格弗里德·克拉考尔和同时代的瓦尔特·本雅明一样，都痴迷于城市犯罪的场面，看侦探小说像小孩子一样废寝忘食。20 世纪 20 年代，他开始研究侦探小说，但最后只完成了《酒店大厅》（*The Hotel Lobby*）这篇优秀作品的草稿。这篇文章以侦探小说的大众文化形式为开端，很快就进入了对异化自我深刻的哲学阐释。在克拉考尔看来，酒店大厅之所以在罪案小说中占有重要地位，是因为它是现代世界的典型空间：人们聚集在这里，但并没有太大意义。大厅是"漠然的空间"，人们相聚，但彼此孤独，彼此分离，彼此疏远。这种分离消除了自我本身，将人们降格为"伪个体"："面孔藏在报纸之后，人造长明灯照亮的不过是人体模型。"在克拉考尔的隽永之句中，人们沦为"令人无法忍受的扁平灵魂"。这些孤独的人物在克拉考尔看来就是"无所知觉地面对面"，听起来比马洛威这种廉价侦探可能说出来的话更显做作。[1]

1936 年出版的美国社会研究《酒店生活》(*Hotel Life*) 通过相对朴实的词句表达了对上述结论的认同。诺曼·海纳（Norman Hayner）认为，美国年轻的专业人士和临时工作者越来越将暂时性的酒店生活当成永久的生活方式，这就体现了道德自我的堕落，将会导致公民社会的衰落。"普通客人都是个人主义者，以自我为中心，对社会福祉完全没兴趣，无法接受……与陌生人甚至酒店员工的个人接触。"海纳认为，住在酒店构成了远离社会义务的"心理假期"，由于越来越多的人都会采用这种方式，它逐渐发展成"病态的一面"，会产生令人震惊的社会后果。海纳的结论是，酒店成为现代人相互疏远的典型空间：

> 在酒店中，夸张的城市生活成为现实。大城市中的问题突出表现出来……酒店中人身上的疏离、自由、孤独和对束缚的释放，其实是现代生活整体特征在较小程度上的表达。其实，酒店是改变的象征，这种改变不只出现在美国社会的风尚中，受机械工业影响的国家都会有所体会。[2]

酒店与机械现代性的麻木疏远存在联系。这种联系解释了相同

---

[1] 齐格弗里德·克拉考尔，《酒店大厅》，《大众装饰》(*The Mass Ornament*)，托马斯·勒文（Thomas Levin）译，坎布里奇，马萨诸塞州，1995 年，第 179、183、176 页。有关更多通往大厅空间的方法，请参见汤姆·阿韦马特(Tom Avermaete)及安妮·梅西（Anne Massey）编，《酒店大厅及休息区：专业服务的建筑》(*Hotel Lobbies and Lounges: The Architecture of Professional Hospitality*)，伦敦，2013 年。
[2] 诺曼·海纳，《酒店生活》，教堂山，北卡罗来纳州，1936 年，重印于帕克分校，马里兰州，1969 年，第 72、176、182 页。

的门沿着长长的走廊逐渐消失的景象为何会成为现代城市生活隐匿性的关键体现："对大都市的酒店来说，客人不过是一串数字。他的身份识别物就是一把钥匙而已。"[1] 在 20 世纪 20 年代和 30 年代，代表社会平等这一乌托邦梦想的大型酒店的走廊变成了这样一种空间，它夸大了对真实自我的扼杀，成为存在恐惧的反乌托邦空间。

酒店的存在

奇怪的是，酒店似乎的确徘徊在此时期的存在主义哲学的边缘。马丁·海德格尔（Martin Heidegger）重要的存在主义作品《存在与时间》（*Being and Time*，1927 年）使用了如 "Dasein"（存在）等情境词语表达自我，但这种自我因其真实存在而无根可依。现代科技世界将人们"围困"在人工打造的环境中，使之脱离了存在根深蒂固的真理。在战后发表的文章《筑·居·思》（*Building Dwelling Thinking*，1951 年）中，海德格尔利用概念将存在与居住内在地联系在一起，暗示电站、火车站、大坝或市场等现代建筑，以及在德国废墟中建造的社会住房，不过仅仅提供了庇护所这样的基本功能，远非真正的、正规的居所。此外，他还指出了古老黑森林中农舍的根基感和希腊神庙的神圣性——神殿可以使神明降临。相比之下，海德格尔将功能性和基础性与虚伪和失魂对等。因此，短暂、普通、毫无特色的酒店空间成了现代世界"真正居住困境"的典型例子，即"普通人重新寻找居住本质，必须学习**如何居住**"的问题。酒店只是临时性住所，

---

[1]　海纳，《酒店生活》，第 1 页。

揭示了人们**无家可归**的基本状况。[1]

或许值得一提的是，1929 年，海德格尔在达沃斯（Davos）贝尔维德雷酒店（Hotel Belvedere）参加了为期 3 周的寄宿会议，他挑战了人们对空间和时间形而上学方面广为人知的内容，让当时还是学生的哲学家艾曼纽·列维纳斯（Emmanuel Levinas）认为，自己曾经"见证了世界的创造和终结"。[2] 这座酒店建于 1875 年，至今仍是阿尔卑斯山一带有史以来最大的建筑，现常作为世界经济论坛年度闭门会的举办地而使用。

另一本重要的存在主义作品是让-保罗·萨特（Jean-Paul Sartre）的《存在与虚无》（*Being and Nothingness*，1943 年）。这本书将酒店的走廊作为最著名的例子之一。在《凝视》（*The Look*）这一章节中，萨特描述了这样的场景："让我们想象一下，出于嫉妒、好奇和恶意，我将耳朵贴在门上，通过钥匙孔往里看"，在"门里面，呈现出'有待观察'的场景"。这就将他者作为物品，尽然收入毫不避讳的目光之中。"但突然之间，"萨特继续写道，"我听到走廊里有脚步声传来。有人正看着我。"在被人发现的羞愧之中，"我作为我自己而存在……我看到了自己，因为有人看到了我……他者的目光让我超越自己在

---

[1] 马丁·海德格尔，《筑·居·思》，《基础写作》（*Basic Writings*），大卫·法雷尔·科雷斯（David Farrell Kress）编，伦敦，1993 年，第 363 页。更有用宽泛的叙述为克里斯蒂安·诺伯格·舒尔茨（Christian Norberg-Schulz）的著作《海德格尔的建筑思想》（*Heidegger's Thinking on Architecture*），《透视》（*Perspecta*），1983 年，第 20 期，第 61—68 页。

[2] 请参见彼得·埃里·戈登（Peter Eli Gordon），《罗森茨威格及海德格尔：犹太教与德国哲学之间》（*Rosenzweig and Heidegger: Between Judaism and German Philosophy*），伯克利，加利福尼亚州，2003 年，第 277 页。关于海德格尔及酒店的存在意义，有些有趣的、半虚构的思考，请参见韦恩·科斯滕鲍姆（Wayne Koestenbaum），《酒店理论》（*Hotel Theory*），纽约，2007 年；乔安娜·沃尔什（Joanna Walsh），《酒店》（*Hotel*），伦敦，2015 年。

世界上的存在，将我带进世界之中"。[1] 这个主要场景表明，在过渡性的走廊空间，我们进入了"为他人存在于世界上"的状态。接着，萨特讲到了卡夫卡小说中令人费解的迷宫，进一步说明了这种焦虑、妥协但基本的状态。萨特的这一基本场景是包含三方的性嫉妒（通过钥匙孔偷窥别人，却被他者发现），不可避免地会让人想到萨特与西蒙·德·波伏娃（Simone de Beauvoir）长期的三角恋关系：1929 年，在巴黎大学的一条走廊上，萨特第一次见到波伏娃时，就产生了触电般的感觉，对她一见钟情。[2] 诗人汤姆·冈恩（Thom Gunn）在诗作《走廊》（*The Corridor*）中引用了萨特描述的场景（"空荡荡的酒店走廊黑乎乎的。但钥匙孔中透出了光，意味深长的火花"）。[3]

不久之后，匈牙利马克思主义评论家乔治·卢卡奇（György Lukács）谴责"一大批德国先进的知识分子"，因为他们"住在'深渊大酒店'（Grand Hotel Abyss）……美丽的酒店，极为舒适，位于深渊边缘，位于虚无之中，位于荒谬之内"[4]，这一谴责非常出名。在 20 世纪 30 年代启蒙运动影响下的欧洲哲学界，在第二次世界大战刚刚结束之际，这一有力的形象引发了灾难的旋涡（他批评的是如西奥多·阿多诺一样的法兰克福学派思想家有意为之的悲观情绪）。但这一比喻再次强化了酒店走廊因何会在悲观色彩电影中频频出现。1946 年，人们认为带有悲观色彩的电影会产生"某种特殊的不适感"，

[1] 让-保罗·萨特，《存在与虚无：现象学本体论论文》（*Being and Nothingness: Essay on Phenomenological Ontology*），巴恩斯（H. Barnes）译，伦敦，1957 年。
[2] 卡罗尔·西摩-琼斯（Carole Seymour-Jones），《危险联系：西蒙娜·德·波伏娃与让-保罗·萨特的启示录》（*A Dangerous Liaison: A Revelatory Biography of Simone de Beauvoir and Jean-Paul Sartre*），纽约，2009 年。
[3] 汤姆·冈恩，《走廊》，《诗集》（*Collected Poems*），伦敦，1993 年，第 85 页。
[4] 乔治·卢卡奇，《小说理论》（*The Theory of the Novel*，1920 年）的前言；作为斯图尔特·杰弗里斯（Stuart Jeffries）《深渊大酒店：法兰克福学派的生活》（*Grand Hotel Abyss: The Lives of the Frankfurt School*，伦敦，2016 年）的决定性隐喻引用，第 1—2 页。

即"由于心理承受能力不足，观众心里产生的紧张感"。[1]

截至目前，我所描述的都是酒店走廊带来的幻灭感和不安。我们还没有说到完全的恐惧或战栗：从《闪灵》（1980 年）中瞭望酒店的电梯里流出的那片鲜血。鲜血沿着走廊汹涌而来，围困了观众。哥特式小说和恐怖电影中更具历史性的走廊恐惧需要一整个章节来叙述。

我要以三篇文章结束本章。这些文字以走廊为基础，基调更为安静，突出了微妙的生存不适——这种感觉渗入了战后作为乌托邦结构的走廊。

阿兰·雷奈（Alain Resnais）的电影《去年在马里昂巴德》（*Last Year at Marienbad*，1961 年）中，最大的特征就是其拍摄方式：镜头缓慢旋转，流转在欧洲某座酒店的巴洛克式走廊、宏伟的公共房间和几何形的法式花园中。在周围堂皇的巴洛克建筑的映衬下，这种高度对称的设计如同人物像模型一样僵硬。前 15 分钟，旁白的声音起起伏伏，如催眠般将"无尽的走廊"和"目光可及的空荡走廊"喃喃道来。这段叙述出自阿兰·罗伯 - 格里耶（Alain Robbe-Grillet）之手，他从对自己的小说和电影的迷恋里回到了深不可测的迷宫中。开头的独白徐徐展开，句子松散，没有终结，也无法终结：

> 再一次——我再一次从这些走廊中走过，穿过大厅，长廊和整栋建筑——从另一个世纪开始，这座庞大、奢华、巴洛克式的——悲情酒店，无尽的走廊陷入沉默——荒芜

---

[1] 雷蒙德·博德（Raymond Border）及艾蒂安·乔默顿（Etienne Chaumerton），《美国邪典电影全景》（*A Panorama of American Film Noir*），哈蒙德（P. Hammond）译，旧金山，加利福尼亚州，2002 年，第 13 页。

的走廊，到处都是昏暗冰冷的木艺装饰、灰泥、装饰线条、大理石、深色镜面、暗色画作、圆柱、沉重的挂饰——雕花门框，一条条门廊、长廊——横向走廊依次在客厅上打开……[1]

在《去年在马里昂巴德》中，无名无姓的男主角 X 一直试图说服冷漠、疑神疑鬼的 A 女士。两个人一年前在马里昂巴德的一家酒店相遇，男主角想再续前缘，但这位女士却说对过去没有印象。这时，屏幕上逐渐渗出一些画面，这可能是二人一年前的共同记忆（创伤性的记忆，或许是 X 对 A 有暴力性侵犯），也可能是一些虚构的幻想。但很快，观众就感到时间或空间的安全感、图像的状态或固定的视点渐渐消失。整部电影是无法解说的谜，望不到尽头的走廊中，根本没有任何清晰出口的标记。

《去年在马里昂巴德》是战后的现代主义电影，有冷漠的形式主义色彩，但充满了混乱。雷奈这部电影的拍摄地并非在捷克的温泉小镇马里昂巴德，而主要是在慕尼黑周围的多个巴洛克式广场，比如为路德维希一世（Ludwig I）建造的施莱斯海姆宫（Schloss Schleissheim）和巨大的宁芬堡宫（Schloss Nymphenburg）。宁芬堡宫的狭窄长廊与 1701 年在主建筑上增建的对称翼楼连接。电影中出现的著名的镜厅，就位于洛可可式建筑阿玛琳堡（Amalienburg）的地下狩猎小屋中。此外，影棚中完全由人工建造的场景也有出现。在走廊空间中平稳推进的镜头并没有展示出可以让观众找到方向的空间。相反，镜头将疯狂的梦幻空间拼凑在一起，令人困惑不已——这将启蒙运动的建筑秩序变成了另一种有魔力的空间。雷奈早前曾

---

[1] 阿兰·罗伯 - 格里耶，《去年在马里昂巴德：一部电影小说》（*Last Year at Marienbad: A Ciné Novel*），霍华德（R. Howard）译，伦敦，1962 年，第 17 页。

在慕尼黑郊区拍摄的另一部电影是《夜与雾》（*Night and Fog*），主要表现了发生在位于慕尼黑达豪（Dachau）的大集中营中的故事。这部电影的摄影师萨莎·维尔尼（Sasha Vierny）使用了与《去年在马里昂巴德》完全相同的摄像机滑动手法，这种重复暗示出酒店下潜藏的深渊。尽管我非常喜欢《去年在马里昂巴德》，但也不得不承认，每次看我都会睡着，因为电影中镜头推过走廊的场景让人昏昏欲睡，加上阴郁低沉的旁白，镜头移动的节奏让人有处在迷惘焦虑的梦境之感。

乍看上去，科恩兄弟的《巴顿·芬克》是对 20 世纪 40 年代邪

阿兰·雷奈执导电影《去年在马里昂巴德》，镜头在酒店的走廊中滑动

《去年在马里昂巴德》中，冷漠的形式主义走廊

典电影的空洞模仿，但实际上，这部作品和现代主义电影《去年在
马里昂巴德》让人一样费解。《巴顿·芬克》的中心人物是自欺欺人
的作家巴顿·芬克，他专写严肃正式的无产阶级戏剧。这一人物的
原型是克利福德·奥德兹（Clifford Odets）。奥德兹经人诱惑于 1935
年离开纽约舞台来到好莱坞，但等着他的是文思枯竭的窘境，是文
本重写的愤怒，是 1952 年在众议院非美活动委员会作证之后深深的
愧悔——因为之后，非美活动委员会就对电影行业中的共产主义进
行了调查。电影的时间背景为 1941 年珍珠港遇袭的前后几周。芬克
刚走进大厅，就迷失在评论家所说的厄尔酒店的"生存地狱"里，
一个建筑物如火焚身般的地狱之梦。[1] 这是一个乏味且令人窒息的空
间，芬克被安排在 6 层，作为"住户"而非"临时客人"——厄尔
酒店意义不祥的标语写着"一日或一生"。房间外的走廊铺着单调的
地毯。每天晚上，住在这里的人都会把鞋放在外面，等人将其擦干净。
然而，除了隔壁的查理·梅多斯 [Charlie Meadows，他的身形壮硕如
约翰·古德曼（John Goodman，美国演员，编者注），却被塞进如约
翰·特托罗（John Turturro，美国演员，编者注）一样瘦削的身体中]，
芬克根本没见过其他客人，也没听到过其他人的声音。

在疯狂的结局来临之前，电影展现出令人不安的基调和窒息感。
随着文思枯竭的压力越来越大，芬克房间的门"砰"地关上了，仿
佛要将他密封在里面；蚊子嗡嗡飞过，但怎么都抓不住；墙纸蜷缩
起来，渗进墙面；镜头漫无目的地移动着，从管道中跌撞而过。这
是精神分裂怪异的主观领域，科恩兄弟的这部电影深受罗曼·波兰
斯基（Roman Polanski）的《租户》（*The Tenant*，1976 年）的影响。

---

[1] 埃里卡·罗内尔（Erica Ronell），《无情的兄弟：伊森和乔尔·科恩的电影》（*The Brothers Grim: The Films of Ethan and Joel Coen*），兰纳姆，马里兰州，2007 年，第 124 页。

邻居查理是科恩兄弟电影里的无意识暴怒的另一体现。这个人物总是紧张地冒汗，汗水浸透他的衣衫，和整个酒店的氛围如出一辙。最后，他突然爆发，开始神经质般地使用暴力。在最后几个镜头中，查理将酒店点燃之后，大步走出火焰蔓延的走廊，逃脱了可怕的惩罚。他的真实身份是连环杀手卡尔·"马德曼"·蒙特（Karl 'Madman' Mundt，"madman" 作为单词，是 "疯子" 的意思，编者注），有砍下受害者头颅的癖好。这个人物与 1943 年到 1948 年在众议院非美活动委员会任职的一名共和党代表（后任参议员）同名。似乎正是芬克对 "精神生活" 的傲慢自大招来了报应。即便如此，这部电影对最终定性的拒绝令人迷惑，一名批评家提出，《巴顿·芬克》表现了海德格尔对说明阐释学相关问题的讨论（不过，我推测这并非科恩兄弟想向潜在支持者表达的内容）。[1] 我们现在知道，厄尔酒店作为《巴顿·芬克》的拍摄地并非偶然，因为它自始至终都能引起某种生存于世纪中期（mid-century）的不安。

最后要讲的是威尔·威尔斯（Will Wiles）的小说《路途客栈》（*The Way Inn*，2014 年）。这部小说升华了已有的酒店危机，将之进一步扩展到当代大型连锁酒店的兴起——如今，这些酒店在全球范围内精心复刻了同样的束缚型环境。相似空间的全球性扩展完全超过了斯塔特勒的意料。小说的剧情主要与专业参会员尼尔·杜布勒（Neil Double）有关。杜布勒会在全球出差，入住一个又一个匿名酒店，最后成了专家，能精确描述 "拿铁咖啡色的地毯" 和 "寡淡无味的抽象画"，还能对跨国酒店的装饰做出精辟分析："走廊靠近直梯旁边的地方有一张小沙发，这是酒店家庭化令人困惑的姿态。这张沙

---

[1] 马克·康纳德（Mark T. Conard），《海德格尔及〈巴顿·芬克〉中的翻译问题》（Heidegger and the Problem of Interpretation in *Barton Fink*），《科恩兄弟的哲学》（*The Philosophy of Coen Brothers*），康纳德（Conard）编，莱克星顿，肯塔基州，2009 年。

发不是让人坐的——只是摆在那里，让走廊显得有些家具，不那么凄凉空洞。"[1]

这本小说有着一个喜剧般的开头，主要表现对酒店及其临时居住人口的严谨观察。但随着情节的深入，小说进入了幻想阶段：主人公渐渐失去了企业的信任，不得不流连在酒店走廊，微弱地希望着能重遇那位红发美女：这位美人颇为神秘地谈论过自己在这些空间中进行的"现代风水"业务（她这样推测，或许墙上所有抽象画都是某幅巨型作品的一部分）。[2] 在一个关键的情节中，杜布勒离开了自己安全的房间，决定不使用平常最近的路线，绕过走廊，换一条路线去电梯。"我一直往前走，左转，右转，再右转，努力随机分配路线……放下所有合理的规划，随心所欲体验这栋建筑，把它当作森林，不掺杂任何欲望，不掺杂任何理性的选择。"[3] 让杜布勒迷惑的是，走廊似乎无限延展，看到相同的房间号时，他总是非常肯定自己没有来过这个地方，因为走廊有些许不同。小说讲述了100多页后，杜布勒才恍然大悟，这"不是一条单一的走廊，是多条盘根错节的走廊的交织"，是看似永无尽头的空间：

> 在她身后，走廊仍在不可思议地延伸着，直到视线凝聚到消失点处。但还没到达消失点时，总好像有对转折或空间的微弱暗示……在她身后，酒店仍在继续扩展。
>
> 它仍在继续。
>
> 酒店永远在扩展。[4]

---

[1] 威尔·威尔斯，《路途客栈》，伦敦，2015年，第25—26页。

[2] 威尔斯，《路途客栈》，第24页。

[3] 威尔斯，《路途客栈》，第95页。

[4] 威尔斯，《路途客栈》，第206页。

　　杜布勒发现自己已经进入酒店内部的秘密空间：这里是某条走廊的中心地带，通过神秘的方式将酒店的每一条走廊在超空间中联系在一起，似乎能带你去到世界上的所有地方。这条通道"总是如此，在各地都是如此，永远如此"。[1] 然而，这一发现让他付出了巨大的形而上学的代价，它逐渐揭示了杜布勒薄如蝉翼的企业形象，以及他与外部世界所有最终的依恋状况。

　　威尔斯对跨国连锁酒店空间的专业评论达到了焦虑的高潮。即使在 19 世纪和 20 世纪时，这些走廊因乌托邦的可能性而广受赞誉，但这不安总会徘徊在酒店的公共走廊中。因此，与社会住房的希望并行不悖的是，这种公共生活的方式似乎凝结在酒店的走廊空间中。

---

[1]　威尔斯，《路途客栈》，第 276 页。

CORRIDOR AT PENTONVILLE PRISON.

本顿维尔示范监狱（Pentonville Model Prison）
中的"走廊"，为亨利·梅休的《伦敦刑事监狱》（*The
Criminal Prisons of London*）绘制，1682 年

6 改革走廊：监狱、工作室、疗养院、医院、中小学和大学校园

　　1862 年，作为维多利亚时代最擅长描写伦敦人民和城市街头的新闻记者之一，亨利·梅休对首都监狱进行了一次调查。本顿维尔监狱位于国王十字街北边，投入使用 20 年来，这座监狱作为理想监狱而成为世界各处竞相模仿的"榜样"。梅休所做的并非列示枯燥的论点和数据，他带着首次步入这座监狱的视角，从不同维度对其进行了描绘。经由吊闸大门 [由国会大厦的建筑师查尔斯·巴里（Charles Barry）特别添加] 进入后，你会到达入监大堂，接着要穿过"长长的宽阔走廊，仿佛是去往某个政府办公室的漫长过道"。然而，这只是进入中庭的序曲。走到中庭，你会看到 4 座 3 层高，如风扇的扇叶般排布的大型翼楼。这些"隧道光线充足，挑高很高"，达 12 米，两侧是通往牢房的金属长廊。梅休说，这些都是"风格正统"的走廊——"正统"这个词用来形容监狱仿佛有些奇怪。白天，走廊中的自然光十分充足，晚上则由燃气灯照亮。"走进监狱通道，让人震惊的第一件事，"梅休解释道，"就是这个地方的整洁度让人惊叹，一种完美的荷兰式干净。"梅休还通过很多其他类比体现这座监狱的新颖独到，不同寻常。他写道："高高的走廊很长，屋顶上有天窗，在我们看来像是一系列伯灵顿拱廊。走廊的风格很像有无数个小门的歌剧院大厅。"接着，梅休又在下一页提到，本顿维尔监狱"有点儿像没有陈列物品的水晶宫"。他选择的类比参照物都是 19 世纪时

钢铁玻璃打造的现代沉浸式空间。书中《走廊》这幅插图表现了秩序井然、通透亮堂的空间，在画面的前景中，连最后一丝尘土也被清扫干净了。[1]

本顿维尔模范监狱出现之前，重犯监牢不是潮湿多菌的地下室，就是候宰栏。所以，这座监狱代表了改革时代的高潮，转变了一个世纪前典型重犯监牢的形象。纽盖特监狱（Newgate Gaol）在伦敦城古老的边缘运行了几个世纪，自建立之初，它就是定罪者沿着泰伯恩路（Tyburn Road）走向绞刑架的路途的起点。1767 年，纽盖特监狱由两位乔治·丹斯（George Dance，父子关系，二人皆为此名）再次改建，变成了低矮的塔楼。这座塔楼的 42 个房间的排布没有明显的规律，整座监狱如混乱的迷宫。当时的人们认为，监狱里腐败的风气之所以能慢慢发酵，完全是条件恶劣的缘故。恶臭有时会发展为致命的"监狱热"（斑疹伤寒症暴发），甚至会跨越监狱的边界，传染监狱外的人。1750 年，纽盖特监狱暴发的监狱热传染了老贝利街（Old Bailey）附近法庭里的所有人，还害死了当时的市长。中世纪时的纽盖特监狱于 1188 年建成，最终于 1904 年拆除。正因如此，梅休谈到本顿维尔监狱敞亮的新走廊时，才会说"这座监狱与我们以往对监狱的印象极为不同"。[2]

英国的改革时代以非国教徒在启蒙运动之初的努力为开端，但直到 19 世纪 30 年代才被纳入当时的国家政策。英国的改革体现在对大型机构的建设上：为犯人建造的新型监狱、为无赖建造的劳教所、为病弱穷人建造的济慈医院、为需要救助的穷人建造的工厂、为无须救助的穷人建造的贫民习艺所以及为疯癫之人建造的救济院

---

[1] 亨利·梅休及约翰·比尼（John Binny），《伦敦刑事监狱及监狱生活场景》（*The Criminal Prisons of London, and Scenes of Prison Life*），伦敦，1862 年，第 118—120 页。

[2] 梅休及比尼，《伦敦刑事监狱及监狱生活场景》，第 118 页。

均属此列。随着时间的推移，机构改革和重建之风扩展到学校、大学和政府办公大楼中。国家建筑风格独特，极具标志性：要么是新古典主义风格，要么是哥特式风格。不过，后期的寄宿学校偏爱更具有世俗气息的安妮女王风格的外墙。但无论装饰风格如何，所有机构对空间的分配基本都是走廊式的。

查尔斯·傅立叶曾围绕空想共产村庄的内部"街道廊道"打造自己的乌托邦。他的走廊旨在保证顺畅的通行，让人们摆脱异己。他怪异的设想没有得到任何人的支持，然而，与此同时出现的其他群体却大获青睐：他们认为，建筑空间可能对性格有一定程度的改造作用，但这种作用意义重大。建筑师厄尔诺·古德芬格（Ernö Goldfinger）曾指出："身处有限的空间的人们会体会到一种心理效应，即空间感。这是潜意识中的现象。每个人对此的感觉……随着封闭程度、封闭空间的大小和封闭空间的形状而变化。"[1]1750 年至 1850 年的改革者们清楚地理解这一点：他们认为自己的新结构能重塑人的性格，还由此创造了现代机构性公共建筑的类型学。借用罗宾·埃文斯的话说，这样做的目的是"塑造美德"，人们会"通过精心布局的建筑带来的管理逐渐达到完美"。[2]空间限制并（重新）塑造了人，反之则不然。

首先要求改革的是处于边缘的持不同政见者：自 18 世纪 70 年代起，贵格派（Quakers）首先行动，将监狱从惩罚犯人变成挽救犯

---

[1] 厄尔诺·古德芬格，《空间感》（The Sensation of Space，1941 年），《厄尔诺·古德芬格：作品 1》（Ernö Goldfinger: Works 1），伦敦，1983 年，第 47 页。

[2] 罗宾·埃文斯，《品德的编造：英国监狱建筑，750—1850 年》（The Fabrication of Virtue: English Prison Architecture, 750–1850），剑桥，1982 年，第 394 页。另请参见托马斯·马库斯（Thomas A. Markus），《建筑及权力：现代建筑类型起源中的自由与控制》（Buildings and Power: Freedom and Control in the Origin of Modern Building Types），伦敦，1993 年。

人的监牢。第一座现代监狱约克静养院（York Retreat）于 1795 年投入使用，旨在服务贵格派社区，后成为世界典范。早期出现的工厂学校要么是贵格派的实验品，比如在 17 世纪末，托马斯·菲尔曼（Thomas Firmin）曾负责管理伦敦包含学校、工厂和商店的综合体；要么就是罗伯特·欧文等改革者的怪异项目，比如他于 1816 年在新拉纳克建立了性格塑造研究所。此外，更具温和色彩的福音派基督徒也要求对残酷的、带有惩罚性的体制进行改革。舍夫茨别利伯爵七世（Seventh Earl of Shaftesbury）不仅为在工厂和矿场中工作的儿童争取到了劳动法的保护，还帮助建立了精神病人委员会，从而改善了疯人院的条件。

类似的改革项目通过功利主义者提出的较为世俗化的建议而被更广泛地接受。19 世纪 30 年代，功利主义者稳步获得了影响力较大的职位，有的则直接在政府任职。主要的功利主义哲学家杰里米·边沁（Jeremy Bentham）制定了"为最多数人追求最大利益"的演算法。1791 年，他公布自己的计划后，便开始为自己设计的"监视院"——圆形监狱（Panopticon）——的建设而不懈努力，四处游说。最终，边沁不得不亲自为伦敦米尔班克第一座实验性国家监狱（1816 年）提供资金。他想通过不断监控，将自己的改革方法扩展到所有其他建筑物，比如学校、工厂，甚至鸡舍。

边沁离政府的核心部门太过遥远，所以无法直接影响各种政策。不过，他在哲学方面的同道中人詹姆斯·米尔（James Mill）和约翰·斯图尔特·穆勒（John Stuart Mill）则在 19 世纪 20 年代引起了公务部门、教育和政府等方面的重大变化。边沁最后一任私人秘书埃德温·查德威克（Edwin Chadwick）之后被任命为委员会秘书。他重新起草了 1833 年的新《工厂法》（*Factory Acts*）和 1834 年《新济贫法》（*New Poor Law*），并于 1842 年为《英国劳动人口卫生状况报告》收集了数据，为 1848 年的《公共卫生法》（*Public Health Act*）相关的重大公共工程提供了基础。上述所有构成了国家机构网络，培养了检查者的队伍，这些人建立了统一标准、收集了数据、进行了人口普查并分析了统计数据，还计算了人口出生、寿命及死亡的基准和标准方差。这就是维多利亚时代的人被"强行纳入某个单一社会团体"的机制，是现代官僚主义国家到来的标志。[1]

在改革时代，最具有影响力的历史学家和理论家是米歇尔·福柯（Michel Foucault）。福柯推翻了辉格党进步和启蒙的历史（疯子不再被束缚，穷人也得以解放），认为诊所、收容所、监狱和管教所的出现是新型权力的具体体现形式。这种权力摆脱了外部暴力赤裸裸的威胁，变成了内化的政体，包含普遍且持续的自律和自我改造。自始至终，这种权力都不能用简单的压制或强迫来描述。它本身具有约束性、惩罚性，但与此同时，它也能让主体因成为新型社会的个体而满意，因遵守生物政治规范而获得奖励。这种新型机构是独特的惩教建筑，践行"新式权力的微观物理学"，保证权力渗入社会最精细的血管，直到完全被吸收。对自身进行分离、归类、辨别并划分层级后，改革机构不再将罪犯丢进毫无分别的监牢，也不再将疯癫之人扔进混乱的疯人院，而是根据空间的划分，根据对容纳大量人口的场所进行强制的空间分配及再分配的系列操作，对人们进行个人层面的筛查。福柯认为，这种"个体分布的伟大形式"可以深入"教室、走廊和庭院"。这样，建筑"才能在简单的封闭场所外改造个人"，表现出"对窗口、空或满的空间、走廊及透光

---

[1] 玛丽·波维（Mary Poovey），《建立社会团体：英国文化的形成，1830—1864 年》（*Making a Social Body: British Cultural Formation, 1830–1864*），芝加哥，伊利诺伊州，1995 年，第 106 页。

度的计算"。[1]

实践证明，这一方案不切实际，因此，采用这种方案建造的建筑屈指可数。即便如此，福柯仍将边沁的圆形监狱视为这种"微妙的、有计划的征服技巧"的理想形式。[2]尽管福柯宽泛的叙述令人信服，但从抽象的角度看，他的描述不够具体，尤其是涉及统一但独特的劳教机构所追求的建筑形式等方面。很多劳教机构确实看上去极为相似：外面是气派的高墙，里面是沿着长走廊分布的蜂窝式房间，然而，空间的内部分区可以发挥不同的作用。本章我将着重阐述，大型公共建筑中的走廊方案是如何通过在现代国家的建筑物中建造不同的通路来改造顽固的自我的。

"中心－走廊"式监狱

现代监狱改革运动始于18世纪70年代。当时，持不同政见的贵格派反对法院无情的惩罚，反对死刑、反对使用脚镣、反对地方监狱看守任意残害犯人的行为，也不认同整个体制反映的普遍身心扭曲的状态。为此，他们在英国掀起了改革的浪潮。此前，人们对监狱的分类较为随意松散（拘留所用来收押穷人，劳教所负责关押无赖，此外，债务人和重刑犯分别被关在不同的牢狱）。然而，由于当地监狱通常都是由酒馆下方的门房或封闭的死胡同改建而来，所以很难做到区分不同的犯人。

1773年，约翰·霍华德（John Howard）当选为贝德福德郡

---

[1] 米歇尔·福柯，《规训与惩罚：监狱的诞生》（*Discipline and Punish: The Birth of the Prison*），艾伦·谢里丹（Alan Sheridan）译，纽约，1995年，第146、172页。

[2] 福柯，《规训与惩罚》，第221页。

（Bedfordshire）高级警长，负责该地区的所有监狱。当时，监狱支出由各地收入自行承担，且由当地负责管理。监狱的条件让霍华德震惊不已，他马上着手组织了调查。后来，霍华德发布了一份报告，清晰简明地阐述了监狱里的可怕状况：有些所谓的监狱不过就是一堆囚犯挤在一起的房间；在另一些监狱中，犯人们被紧紧拴在一起，根本无法躺下。这份报告发布后，议会审查开始了。很快，全国性研究报告《英国及威尔士国家监狱》（1777 年）发布。这一切都是由霍华德亲自负责的。当时，美国已经独立，重刑犯无法再被送往美国，这与上述报告的证据基础相一致。监狱人满为患，导致致命的监狱热不时暴发，监狱改革的时机已然成熟。

单从 1779 年《监狱法案》（*Penitentiary Act*）的名称看，我们就可以发现，道德革命已悄然发生。[1] 如果不将犯人视为应永远受到惩罚的人，而将之视为忏悔者，视为有可能获得救赎的人，会怎么样？建筑本身能促进这种变革吗？法国僧侣让·马比荣（Jean Mabillon）去世后，他的一篇文章于 1724 年得以发表。这篇文章已经提出将加尔都西会修道院作为忏悔监狱的方案：每个犯人都被关押在单独的牢房里，不得与其他犯人有负面接触，要独自反思自己的罪恶，从反思中获得救赎和重生。1703 年，这一走廊及隔间计划被罗马的圣米歇尔收容所（Hospice of San Michele）采纳。圣米歇尔收容所是管教男孩的场所，沿着 3 层的长廊分布有 60 间牢房。此外，1773 年，根特的劳改所进一步优化了这一布局。在英国，从良妓女收容院（Magdalen Hospital for the Reception of Penitent Prostitutes）的联合创办人乔纳斯·汉韦（Jonas Hanway）将改革的大旗带到了监狱。他在《囚禁中的孤独》（*Solitude in Imprisonment*，1776 年）中阐述了对单独监禁的思考，并自信地预测道："牢房的高墙会将平和带到犯人的

---

[1] "Penitentiary" 可以表示"忏悔者"。——译者注

灵魂中。"[1]

另一位监狱改革者乔治·奥尼西弗鲁斯·保罗爵士（Sir George Onesiphorus Paul）同样认为，隔间的规划结构不仅能防止人身伤害的出现，也能阻止败坏道德的传播。1784 年，他写道："日夜之中皆单独隔离的方案是所有进步的原则……隔离的方案非常完美：它有利于所有改革。"[2] 牢房沿走廊分布，尽量隔绝所有沟通。有的时候，墙体会建在走廊中间，防止走廊两侧的人们进行交流。此外，有些狭窄的走廊会建在牢房外面，方便看守在观察点对所有犯人的情况一目了然。所有方案均旨在强化边沁所谓建筑的"内省力量"，将永远被观察、被评判的感觉内化。[3]

实际上，完全隔绝的监牢很少得以采用，因为这种安排有时不仅不会带来良好的宗教或社会德行，反而会让人发疯。其实，大多数监狱采用的都是"分隔制度"，即晚上把犯人关在独立牢房中，白天则严格将犯人进行分类，使之参与各种各样的集体锻炼或目的性的劳动。

《监狱法案》中的规定由工人阶级贵格派建筑师威廉·布莱克本（William Blackburn）变为现实。他设计了 17 座监狱，1790 年突然去世前，还在短暂的职业生涯中为多座监狱的建设提供了建议。

---

[1] 乔纳斯·汉韦，《囚禁中的孤独》，引自兰德尔·麦高文（Randall McGowen），《秩序井然的监狱，英格兰 1780—1865 年》（The Well-ordered Prison, England 1780–1865），《牛津监狱历史：西方社会的惩治实践》（The Oxford History of the Prison: The Practice of Punishment in Western Society），诺弗尔·莫里斯（Norval Morris）及大卫·路特曼（David J. Rothman）编，牛津，1995 年，第 81 页。

[2] 保罗（G. O.Paul），《监狱缺陷的思考》（Considerations of the Defects of Prisons），引自埃文斯，《品德的编造》，第 169—170 页。

[3] 杰里米·边沁，《圆形监狱；或，检查所》（Panopticon; or, The Inspection House），都柏林，1791 年，第 19 页。

在 1782 年监狱管理委员会组织的比赛中，布莱克本的设计脱颖而出，他本人因此很快成为改革者约翰·霍华德的得力助手。布莱克本负责建造的英国第一座辐射型监狱，显然对边沁之后的圆形监狱的形状产生了影响。以 1792 年由乔治·奥尼西弗鲁斯·保罗爵士在格洛斯特（Gloucester）完成的诺斯里奇教养院（Northleach House of Correction）为例，布莱克本在半圆形的"D"形平面图中设计了 5 座独立大楼，它们全部面向监狱长的住宅和教堂。大楼有 2 层高，两端设有楼梯，单独的牢房可以通过内部的铁质走廊到达。此外，大楼 2 层增设了外部走廊，方便对外部空间和运动场的监视。在之后出现的设计图中，大楼会变成中心辐射型，站在中心点的监狱长可以将每栋大楼里的各层长廊一览无余。这种安排一劳永逸，提高了对监狱牢房内外空间的监视效率。独立的监狱大楼可以用来区分不同类别的犯人。走廊光线充足，保证了视线的清晰，从控制犯人相互接触过程和避免不良道德影响扩散的角度看，这一点具有重要意义。为了避免疾病的蔓延，布莱克本还尝试了新型通风系统。

道德教化需要独立的封闭空间，身体健康则需要开放的环境和流通的空气，二者之间的矛盾在改革期间困扰着所有意识形态下的监狱设计师。无论采用何种设计，狡猾的犯人、拥挤的状况、资金的匮乏、理念或职能的变化通常都会扭曲良好的本意，带来无穷无尽的重组工作和重新设计的需求。

整个 19 世纪，从神学角度看待监狱救赎犯人的希望始终存在。其实，贵格派在刑事政策方面的影响流传至今。然而，剥夺权力和惩罚的声音也从未远去——监狱中恶劣条件的广泛传播将成为震慑罪犯、防止犯罪的主要手段。其实，监狱空间的内部布局发生变化后，我们之所以还能由此想到哥特式的恐怖，部分原因在于监狱大门和围墙的锯齿形状。19 世纪 10 年代，保守党政府、对外战争和经济萧条导致人们对改造的积极作用越来越悲观。相反，半军事化的管理方式更受人青睐，克莱肯韦尔（Clerkenwell）的冷浴场监狱（Cold Bath Fields gaol）就采用了这种管理方式，其单独监禁的实验于 1816 年宣告终结。

　　然而，改革的第二波浪潮来自费城的贵格会教徒。这一社群由威廉·佩恩（William Penn）于 1682 年建立，由于佩恩本人在英国发表异见而被判入狱后的惨痛经历，该社群以刑法改革为核心。一个世纪后，美国独立，费城很快便成为新共和国逐渐扩张的枢纽之地。在费城减轻公共监狱中的各种困苦方面，贵格派成员始终冲锋在前，开国元勋、慈善家和改革家本杰明·拉什（Benjamin Rush）就是其中之一。他们不辞劳苦，反对当时费城唯一的惩罚方式——苦役制度。此外，拉什还密切关注英国监狱改革者约翰·霍华德的诸多工作的开展情况。1790 年，费城贵格派人士在沃尔纳特街监狱（Walnut Street Gaol）建造了一个小型的实验性监狱大楼，对单独监禁进行实验。监狱大楼有 2 层高，每层设有 8 间牢房，牢房中有床垫、水龙头和位于高处的窗户。为防犯人们相互交流，中央走廊中设有隔墙。犯人们任何时候都不得离开牢房。这种牢房旨在隔离监狱中破坏性最强的犯人，可正如在纽约奥伯恩进行的大型试验一样（将犯人安排在 1.2 × 2.4 米的小牢房中），纯粹的隔离监禁太过严苛，无法达到理想的性格改造的目的。

　　几年之后，19 世纪监狱改革中最具影响力的"隔离制度"出现在樱桃山（Cherry Hill）的费城东部州立监狱。监狱由年轻的建筑师约翰·哈维兰德（John Haviland）设计。这位建筑师此前在伦敦学习，师从一位有按照霍华德改革思想建造监狱经验的建筑师，最近刚刚移民到美国。东部州立监狱于 1821 年开始建造，第一部分于 1829 年投入使用。在此后几十年中，这座监狱的设计被世界各地的监狱模仿，并迎接了多次外国参观者的考察。其实，本顿维尔模范监狱正是以此为原型。除此之外，德国、法国、俄罗斯圣彼得堡及阿根廷布宜诺斯艾利斯等地的监狱也参考了这座监狱的设计。最后，监狱的设计图还传播到了远东地区，这包括中国和日本在内的 30 多个国家："牢房和走廊的细节、外部风格和监狱建筑的几种基础布局，无数次在 19 世纪全世界范围内的监狱建设中出现。"[1]

外墙高达 9 米的樱桃山监狱建在略呈上坡的地面上，其拐角处有堞形塔楼，还有边缘呈雉形的女儿墙。监狱大门上建有八角形塔楼，下方有华丽的吊顶。大门高 8 米，沉重的木门在夜间通过门后的铁质铆钉闭锁。这种方式借鉴了英国哥特式地方建筑的特点，旨在唤起残暴和恐惧，以便"人们将之铭记于心"。警监们还说："阴暗的空地表明，不幸走进高墙之内的人，等着他们的只有苦难。"[2] 要知道，单单监狱外墙的建造成本就高达 200000 美元。然而，一旦不在围墙和塔楼威慑作用的范围内，改造的原则就毫无作用。长长的入监走廊通往中央八角圆形大厅。7 座独立大楼自大厅如辐条一样分散至各个方向（1836 年全部完工后如此）。站在中央圆形大厅的高处，守卫可以将各条走廊和地面情况尽收眼底。后来，由于新建筑物的增设，监狱引入了镜面及反光镜系统，"方便站在圆形大厅中间的守卫观察所有走廊"。[3] 以下平面图展示了枢纽走廊辐射状监狱的经典形状。

---

[1] 请参见诺曼·约翰逊（Norman Johnson），《约翰·哈维兰德，世界的囚徒》（John Haviland, Jailor to the World），《建筑史学家协会杂志》（*Journal of the Society of Architectural Historians*），1964 年，第 23/2 期，第 105 页。

[2] 诺曼·约翰逊等，《东部州立监狱：善意的严酷考验》（*Eastern State Penitentiary: Crucible of Good Intentions*），费城，宾夕法尼亚州，1994 年，第 36 页。

[3] 尼格利·提特斯（Negley K. Teeters）及约翰·希勒（John D. Shearer），《费城监狱，樱桃山：刑事处罚的独立系统，1829—1913 年》（*The Prison at Philadelphia, Cherry Hill: The Separate System of Penal Discipline, 1829–1913*），纽约，1957 年，第 67 页。

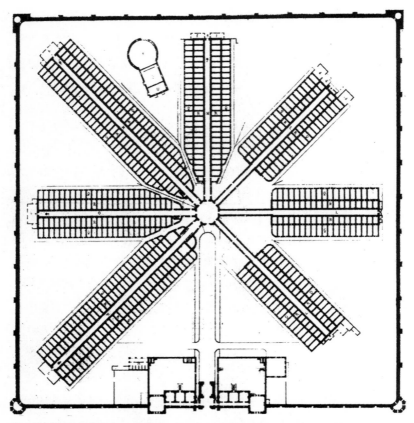

宾夕法尼亚州费城东部州立监狱 1836 年的翼楼平面图。当监狱于 1970 年关闭时，翼楼数量增加了一倍

    然而，在哈维兰德第一份监狱设计平面图落地建设的过程中，建筑师也不得不适应不断变化的监禁理念。首先建成的 3 栋大楼都是单层的，牢房非常宽敞（3.7×2.5 米），配有单独的封闭式活动场地，与孤独的加尔都西会修道士期望中的虔诚精修所如出一辙。此外，牢房还有传菜口、单向窥视孔和独立水管设施。这些都被天花板上哈维兰德所谓的"死亡眼孔"（deadeye）照亮。此外，监狱中还有通风机和反光镜，大约是象征着贵格派全视的"光之父"。前述所有要素，

都旨在通过单独监禁对人进行改造。

但到了 1829 年，宾夕法尼亚州通过立法废除了上述方式和隔离系统，该系统曾是监狱内集体劳动的强制元素。自此，犯人们可以在牢房外走动，走廊成了监狱空间的中心。牢房的门从牢房后面改为朝内部走廊打开。为了防止犯人相互交流，也为了让其身处公共空间或劳动时弱化被监禁的感觉，监狱逐渐发展出犯人需戴面罩和帽子的制度。这种建筑传达了改变的信号：监狱要向内部转移，关注其内部长廊、通道和走廊。政府也必须马上采取行动，因为城市的人口迅速增长，更多的人可能会被送往监狱。

因此，之后的增建建筑都有 2 层高——高层牢房的面积最初更大，以弥补外部锻炼空间的缺失。这种变化要求对外部运动场进行监督。由于高窗的存在，牢房之间的沟通更容易实现了，这从根本上削弱了通过静默反思而悔罪的核心原则。后期建成的大楼长度也有所增加，进一步对理想中的对称设计进行了破坏。其实，新增建筑将东部州立监狱的理想设计图变成了混乱、随意的迷宫：1877 年 3 栋建筑得以增建，1894 年建成了第 11 栋新增建筑，1911 年第 12 栋 3 层的新增建筑也完工了。几年之后，第 13 栋建筑建成，里面都是为单独监禁建造的无窗牢房。这栋建筑见证了改革方法的讽刺性回归，兜转之后，牢房现在纯粹用于惩罚和监禁最不受管教的罪犯。第 14 栋建筑于 20 世纪 20 年代建成，设有地下惩罚牢房。此外，第 15 栋建筑于 20 世纪 50 年代建成。原应容纳 250 名囚犯的模范监狱变成了拥挤的迷宫，硬塞进了 900 名犯人。东部州立监狱一直运行至 1969 年，最后以一美元的价格卖给政府。被关闭后，它以亚文化废墟的特性受到追捧，并被看作国家历史地标而得以保留——不过，主要是因万圣节的幽灵之旅和恐怖活动。被装饰过的哥特式外墙渲染了整座监狱的气氛，使其充满令人不寒而栗的恐

1836 年，东部州立监狱辐射状翼楼中的一名守卫

惧——然而，它们建造的目的，却是用改革的愉悦和光明来驱散这种感觉。

在其影响最盛之时，东部州立监狱是重要参观者的必到之处。1831 年，法国外交官及热忱的政治改革家亚历克西斯·德·托克维尔 (Alexis de Tocqueville) 受贵格派理事会会长罗伯特·沃克斯 (Roberts Vaux) 的邀请，在东部州立监狱待了整整一周。托克维尔对监狱的调查通过发表著名研究《美国民主》(*Democracy in America*, 1835 年)

而公开。监狱投入使用仅 2 年，托克维尔就参观了带有宽敞牢房的小监狱，那里的犯人们基本都会被单独监禁。他选择在没有监狱人员陪同的情况下单独探视每位囚犯，并惊讶地发现犯人们对这种独立制度的支持全部出于自愿（很多犯人都是从沃尔纳特街监狱转移而来，那里施行"集中制度"，拥挤不堪）。托克维尔总结说："有一点无可争议，完美的隔间可以让犯人远离所有不良影响。"然而，他还指出，伴随着孤独的是"充满幻想的日子"，只有公共劳动才能稍微缓解这种情况。周日是宗教休息日，犯人们要完全待在牢房中进行精神反思。讽刺的是，所有犯人都认为周日最难以忍受。[1] 托克维尔公开称赞了这种制度，不过，他认为建造这种监狱的成本太高，无法在法国实现。

10 年之后的 1842 年，查尔斯·狄更斯（Charles Dickens）来到了费城。在紧张的行程中，他唯一参观的机构就是东部州立监狱。他对热情的警监们很有礼貌，还抽时间探访了被关在著名独立牢室中的犯人。不过，之后在《美国杂记》（*American Notes*）中，他对这一制度进行了长篇大论的野蛮谴责，因而招来了不少攻击。诚然，狄更斯小时候，他的父亲入狱，他本人在债务人监狱中的经历给他留下了心理阴影。在债务人监狱里，监狱的界限非常模糊。犯人与家人同住，家人们在白天规定的时间内可以自由出入监狱。在监狱中，狄更斯认为，独处"非常残忍，不合常理"。他站在位于中间的圆形大厅，"也就是七条长走廊汇聚的地方"，觉得"可怕的通道中"弥漫着"沉闷和寂静"，一想就让人毛骨悚然。犯人们四处走动时要带着黑色帽子，简直是"黑乎乎的裹尸布，像窗帘，是象征着将犯人与鲜活世界隔绝的幕帘"。这是个将人"活埋"的地方。他探访犯

---

[1] 引自乔治·威尔逊·皮尔森（George Wilson Pierson），《美国的托克维尔和博蒙特》（*Tocqueville and Beaumont in America*），牛津，1938 年，第 471 页。

人的时候，发现犯人们的表情都带着"某种恐惧，好像一直被看不见的东西惊吓"。狄更斯觉得短期待在独立的牢房可能会带来某些效果，但长期如此的话，那一定不是对灵魂的改造，而是对灵魂的毁灭。参观之后，狄更斯私下给朋友写了一封信。信中称："监狱环境不错，美丽精致，并且管理完善：但我在一生之中，为他人而感到痛心的情况中，最甚也不过如此。"[1] 不过，我们之后将看到，狄更斯对伦敦圣卢克贫民疯人院中走廊空间的公共用途持不同态度。

尽管有不同的声音，但隔离制度或"费城制度"及其辐射状设计仍被引入 1842 年投入使用的英国本顿维尔模范监狱。英国在伦敦米尔班克建造的第一座国家监狱被公认为代价昂贵的失败。监狱自1816 年开放，按照边沁的精心设计，6 座相互连接的六角形大楼围绕中间的检查室呈花瓣状分布。这种设计花费了数百万英镑，迷宫般的走廊总长超过 5 千米。梅休称之为"巨大的拼图""笨拙不雅"。最终，这座国家监狱于 1893 年被拆除。[2] 相较而言，本顿维尔监狱借鉴了费城监狱辐射状的简约感。本顿维尔监狱由新监狱委员会的测量总监约书亚·杰布（Joshua Jebb）设计，监狱为 3 层建筑，有 4座呈辐射状的翼楼，铁质走廊上方是拱形天花板，设有 520 间独立牢房。因为有跟教堂一样的窗户，建筑中的光线十分充足，从中间的检查站向各条走廊望去，视线清晰，四处一览无余。在接下来的几年中，杰布在英国 60 多座新建监狱中都使用了这种设计。后来，他的设计方案还传播到了欧洲全境。

---

[1] 查尔斯·狄更斯，《美国杂记》，通用流通本，伦敦，2000 年，第 111—112、121页。给大卫·科尔登（David Colden）的一封信（1842 年 3 月 10 日），《查尔斯·狄更斯信件集》（*Letters of Charles Dickens*），第 3 卷，豪斯（M. House）等编，牛津，1974 年，第 111 页。

[2] 梅休，《伦敦刑事监狱》，第 234 页。

在本顿维尔监狱的囚犯遵守条例中，第一条就是 18 个月的严格独立监禁，监禁结束后的奖励是禁声的集体工作。"在牢房中，"本顿维尔监狱的一名牧师写道，"罪犯的痛苦因**反思**、沉痛的回忆和期望而加重。"[1] 犯人们没有姓名，身份用一串数字表示（如果监狱领导听到名字，那监狱守卫就会被扣薪水）。在走廊中，犯人们会用麻布面罩和尖顶帽遮住面部，只有眼睛处有开孔。晚上，守卫要用麻布包住鞋子，在保持绝对安静的情况下沿着煤气灯点亮的昏暗走廊巡视。梅休说："九点整，走廊中的一切声音都会消失，寂然如地下墓穴。"[2] 周日，监狱强制要求犯人们到监狱小教堂去。小教堂里有设计精巧的空间，里面有分层排列的木质长凳和相互隔开的一系列小房间。每个囚犯都被关在单独的狭小房间内，只能与牧师见面。如果有囚犯强烈抗拒改造，那就会被关进地下室著名的"重造工厂"或"暗室"。梅休说，那些监牢没有窗户，"非常可怕"，在"绝对黑暗中，总有让人寒毛直竖的恐惧感"。[3]

本顿维尔的警监们都极其信任隔离制度。他们在年度报告中对隔离制度进行了有力支持，认为这种制度能让每个囚犯感受到"关爱的神圣法则"，建筑终于与性格再塑的原则形成了和谐统一。在遥远的大洋另一端，费城改革者们宣称，伦敦的模范监狱"有力驳斥了反隔离制度的论调"。[4]

---

[1] 伯特（J. T. Burt），《单独监禁制度的结果，本顿维尔监狱管理》（*Results of the System of Separate Confinement, as Administered at the Pentonville Prison*），伦敦，1852 年，第 47 页。

[2] 梅休，《英国刑事监狱》，第 147 页。

[3] 梅休，《英国刑事监狱》，第 136 页。

[4] 对本顿维尔警监第二份报告的评论，《宾夕法尼亚州监狱纪律和慈善杂志》（*Pennsylvania Journal of Prison Discipline and Philanthropy*），第 1 卷，1845 年，第 132 页。

然而，犯人痛改前非的诸多证据都是表面文章，因为本顿维尔最初只收容等待转移的囚犯。犯人们洗心革面的程度决定了他们会被送往哪个地方，是殖民地的监狱，还是进入社区。其实，能证明犯人改过自新的客观数据很少，更多的是主观意见。1847 年，英国刑事政策中隔离制度理念的主要倡导者威廉·克劳福德（William Crawford）和惠特沃斯·罗素（Whitworth Russell）双双离世，再加上监狱人数增加持续带来的不可避免的压力，本顿维尔监狱中严格执行的制度在投入使用尚不足 5 年时被迫放宽。因此，本顿维尔的助理牧师约翰·伯特（John Burt）不得不写下一篇文章，谴责监狱将单独监禁的时间减少到 9 个月的规定，还谴责了各种破坏性的交流和沟通的增长。伯特认为，本顿维尔自大张旗鼓地投入使用到 10 年后的现在，已经破败溃散，根本无法继续承担"全面革新道德品质"的任务。相反，这座监狱只会造就"执迷不悟或未能完全悔过的"人。[1]

之后，严刑峻法的理念逐渐盛行，"中心－走廊"式监狱改革的基础——将神学及功利主义混合的思想很快消失了。1865 年的《监狱法案》最终将英国监狱移交给内政部集中管理，并进一步规范了新的惩罚体制。为了让最初的短暂隔离期更为充实（当时只有 1 到 3 个月），独立系统中刻意安排了毫无意义、纯粹消耗精力的体力劳动：每天，犯人们要花好几个小时劳动，不是踩踏车就是摇手柄。此外，精心设计的"科学饥饿"方案，也使得犯人们常常食不果腹。"劳动要辛勤！表现要努力！床板要坚硬！"这就是偏爱威慑逻辑的人发出的呐喊。[2]1876 年，塞萨尔·隆布罗索（Cesare Lombroso）完全扭曲的《犯罪人》（*Criminal Man*）出版，这一理论的影响力越来越大。

---

[1]　伯特，《单独监禁制度的结果》，第 24 页。

[2]　请参见肖恩·麦康维尔（Sean McConville），《维多利亚时代的监狱：英格兰，1865—1965 年》（*The Victorian Prison: England, 1865–1965*），《牛津监狱史》（*The Oxford History of the Prison*），第 117—150 页。

19 世纪末，生物学决定论关于"犯罪人类学"的新理论认为，犯罪其实是生物遗传问题。犯罪根深蒂固在大脑，深入人的骨血肌肉中——在这种思想的指导下，改造根本无法实现。

然而，即使建筑与悲观哲学的步调并不一致，监狱的形状仍没有改变。很快，由于沟通不受管控，仍用来分离并区分犯人的走廊也成了不受管制的交流的主要场所——可最初，建造走廊的目的就是避免犯人与他人的接触。与人接触的恐惧和羞辱使得奥斯卡·王尔德（Oscar Wilde）1895 年先被送进了本顿维尔监狱，之后又乘坐公共火车被转移到了哥特式雷丁监狱（Reading Gaol），这座监狱是乔治·吉尔伯特·斯科特（George Gilbert Scott）于 1844 年根据同一辐射平面图建造的。雷丁监狱的劳动单调无聊，这本来就是其意义所在。王尔德的健康因此大受影响，出狱后不到 3 年就去世了。1903年，纽盖特监狱被拆除后，本顿维尔监狱也承担起处决犯人的职责。1916 年，复活节起义（Easter Rising）后，罗杰·凯斯门特爵士（Sir Roger Casement）就因叛国罪被处决于此。

2015 年，将近 1300 名犯人挤在本顿维尔监狱的恶劣环境中。监狱首席检查员每年都会在报告中谴责此地。霍华德监狱改革联盟（Howard League for Prison Reform）继续为起源于贵格派的改革原则四处游说，而政治家们则持续平息民粹主义小报反对改革的要求。2015 年，司法部长公开表示，曾是理想范本的本顿维尔监狱已沦为"监狱界最典型的失败案例"，那里已不再是走廊构筑的充满神圣光芒的世界，而是充满了"阴暗的角落"，毒品恣意流通，暴力事件也时有发生。[1] 这就是很多维多利亚式改革主义机构的发展轨迹，它比设计

---

[1] 艾伦·特拉维斯（Alan Travis），《迈克尔·高夫见到的本顿维尔监狱销售会》（Michael Gove Eyes Pentonville Sale），《卫报》，2015 年 7 月 17 日，www.theguardian.com。

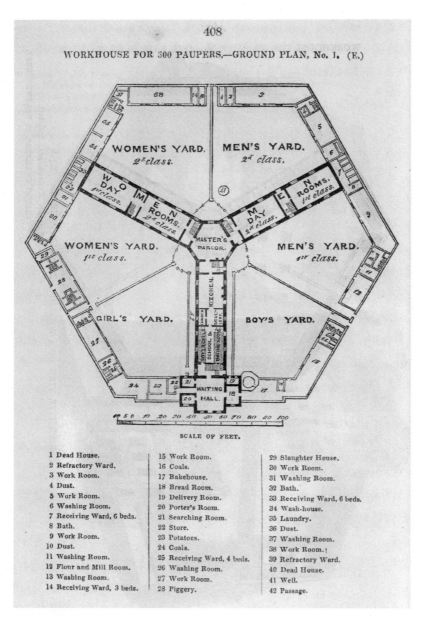

桑普森·肯普霍恩（Sampson Kempthorne）在 1835 年《济贫法法案专员的报告》（*Report of the Poor Law Commissioners*）中准备的六角形感化院平面图

思想流传得更为久远。由于新机构的建造费用不再由公民提供，所以尽管很多维多利亚时代监狱的不尽合理的走廊改革形式得以保留，但感化院（workhouse）在集体想象中仍是可怕的地方，它们很少留存至今，留下来的也已面目全非。

感化院：走廊及反走廊计划

边沁的前秘书埃德温·查德威克精心编纂了一份报告。此后，英国在 1834 年的《新济贫法》中的诸多举措，都最大化地体现了英国政府对性格再塑造的决心。对穷人的救济由地方政府委员会组织网络负责管理，救济在全国范围内平均分配，覆盖全国人口。不到 10 年，英国成立了近 600 个济贫工会，每个工会都必备中央感化院。按照这一体制的要求，施舍只能通过感化院这一入口进行管理，但为了保持强大的威慑力，让这里变成较不符合的选项，所以当局故意让此地的生活条件、睡眠条件以及食物质量比外界更差。查德威克负责的皇家委员会表达了这样的观点："工作、监禁和纪律会威慑穷人和无赖。"受人仇视的《新济贫法》实验成为一种工具，将真正的穷人与因懒惰而致贫的人区分开来，将值得帮助的人与不值得帮助的人区分开来。

这项改革的目的自始至终是将贫困人口重新集中在生产性劳动的范围内，进而管控罪犯的流窜。甚至如社会主义者罗伯特·欧文一样表面开明的人都会认为自己的工厂和公共住宅的环境是其所谓对劳动力进行微调的"工具"。但是，威廉·科贝特（William Cobbett）等工人阶级的煽动者都戏称这种管教的新建筑为"巴士底"——法国大革命的开端，就以攻占巴士底狱为标志。1945 年，粮食配给减少丑闻案的细节浮出水面：英国阿宾顿（Abingdon）某个工会的劳动者不得不以腐烂的动物骨头为食，而这些骨头原本是他们碾碎后用来做骨粉的。由此，人们对这一体制越发恐惧和厌恶。[1]

1782 年《吉尔伯特法案》（Gilbert Act）颁布后，法律允许教区成立工会，分担穷人住房方面的基础设施负担，所以大型工厂建筑得以建立。1834 年，第一批"联盟建筑"建成（1840 年前兴建的联盟建筑有 300 多栋），状如监狱的形式以恐吓、胁迫、威慑为目的。有些建筑有哥特式外墙，它们耸立在贫民窟中，彰显着对平民百姓的无情统治。出于意识形态的原因，功利主义建筑中轻浮的装饰遭到强烈反对，所以大多数早期联盟建筑都是实用且朴素的。联盟建筑的内部空间按照性别及年龄划分，夫妻、父母子女都相互分离。如监狱一样，为了做到分离，人们偏爱有翼楼的设计，这些翼楼通常采用十字形或辐射形结构。如营房一样的生活区和工作区使集体联合成为必然，但其基础并非真正的改革原则，显然也不是为了实现塑造空想共产村庄内部结构的社会主义思想。然而，中产阶级法律制定者能想象出来的最严厉的惩罚方式就是公开地共同居住。在大厅、宿舍和走廊生活，本身就是一种"耻辱"。

1835 年，皇家委员会提出了四种联盟感化院的设计模型。[2] 弗朗西斯·海德爵士（Sir Francis Head）提供了庭院的样式，这种庭院与封闭的中世纪回廊非常相似，可以容纳 500 名农村贫困人口，将睡眠空间的大小设定为 3×5 米，每间宿舍供 8 个人共用。房间的尺

---

[1] 伊恩·安斯特鲁瑟（Ian Anstruther），《安多弗感化院的丑闻》（The Scandal of the Andover Workhouse），伦敦，1973 年。
[2] 最详细的可用调查报告为凯瑟琳·莫里森（Kathryn Morrison），《感化院：英格兰济贫法建筑研究》（The Workhouse: A Study of Poor Law Buildings in England），伦敦，1999 年。该著作旨在对所有幸存的英国遗产建筑进行分类。我还查阅了 www.workhouses.org.uk 网站上详尽的目录以及大量支持文档。

寸不得超过工人村舍的大小，"如果建造精良，空间宽敞的话，就太过奢侈了"。[1] 最终，采用这种设计的只有海德当地的肯特联盟建筑。其他三种设计均出自桑普森·肯普索恩之手。肯普索恩非常年轻，设计经验不足，他能得到这份工作，完全是依靠家族与《新济贫法》委员会的裙带关系。肯普索恩提出的第一种是"Y"形辐射状设计，将六边形的楼层图分为 6 个区域，完全符合《新济贫法》中规定的隔离类型的要求（3 个区域分别供老弱妇女、健康妇女和年轻女孩使用，另外 3 个区域分别供病弱男人、男性工人和年轻男孩使用）。1836 年，肯普索恩在阿宾顿建成了第一座采用该设计的建筑。肯普索恩的第二种设计呈十字形，由 4 座翼楼组成。这种方案方便增加或减少楼层数，也方便在极贫人口增加时增建副楼，所以很快就得到广泛应用。肯普索恩的第三种设计是只能容纳 200 人的小型感化院。由于 1837 年开始的经济衰退因"大饥荒"[2] 更为加剧，且到感化院中寻求解脱的人越来越多，所以这种设计极少得到采用。肯普索恩因对辐射状监狱设计漫不经心地使用而受人批评（可能是 1846 年查德威克本人在《伦敦新闻画报》上一篇匿名文章中进行的谴责）。此外，由于他 1841 年决定移民新西兰，其影响力变得十分有限。

在接下来的 20 年中，大型独栋感化院建筑主要出自两位建筑师之手。乔治·威尔金森（George Wilkinson）负责设计了牛津周边的几座感化院，之后移居爱尔兰，受命建造由近 130 个感化院组成的建筑网——最终，所有建筑在 1838 年到 1843 年之间完工。肯普索恩的助手是年轻的乔治·吉尔伯特·斯科特（George Gilbert Scott），他与威廉·邦尼顿·莫法特（William Bonython Moffatt）共同开办了事务所。19 世纪 40 年代，斯科特和莫法特建造了 50 多间感化院，

---

[1] 对海德的"乡村感化院平面图"的注释，引自马库斯，《建筑与权力》，第 142 页。

[2] 原文为"Hungry Forties"，表示 1840 年左右的大饥荒。——译者注

后期建造的某些并没有使用当地委员们要求的严格的功利主义建筑形式，反而在更靠近农村的地方探索了"伊丽莎白式"风格（比如邓莫联盟和阿默舍姆联盟）。在城市中，教区贫困人口和游手好闲者数量增长带来的巨大压力促使大型建筑出现。马克思的盟友弗里德里希·恩格斯谴责了英国曼彻斯特"济贫巴士底"的恶劣条件——1845 年时，那里竟挤着 1200 个人。1844 年，一座为格林威治联盟（Greenwich Union）建造的大型建筑完工，为了保证不同阶层的犯人相互分离，建筑中央大走廊上的门不得不定期关闭。众所周知，伦敦旧城到处是慈善机构，所以深受游手好闲者的困扰。这些人四处寻找食物，在首都过夜，且这一情况在寒冬时节更为突出。为了解决这一问题，伦敦在贫困地区佩卡姆建造了长度超过 6 公里的感化院，安置这些毫无规矩、性格暴躁到惹人担忧的人。之后，政府在堡路（Bow Road）东端建造了伦敦城市联盟。一位历史学家讽刺地说："至少从外面看，还和意大利宫殿差不多。"[1] 这座建筑可以容纳 800 人，但有严格的准入限制，只接受年老体弱者，身体强壮的人不得入内。

功能的细分是 19 世纪 60 年代时的关键转变。1834 年出现的设计图都是分隔得非常复杂的单体建筑。这样就带来了一个问题：建筑相对固定的形式根本无法满足不断变化的穷人分类方法。除了最初的类型，小孩很快被分为婴儿和儿童（7 到 13 岁），之后又增加了"无攻击性的疯子和智力低下者"、病人、应住在一起的老年夫妇、缓刑犯、临时工或闲人等其他类别。因此，为了惩罚需要被重塑的人，相互分离的单间成为必需：这项措施主要是针对改革中不知感恩的抗拒者。

---

[1] 安德里亚·坦纳（Andrea Tanner），《不定期领取救济的贫民与伦敦济贫法联盟，1837—1864 年》（The Casual Poor and the City of London Poor Law Union, 1837–64），《历史杂志》（Historical Journal），第 42/1 卷，1999 年，第 200 页。

1889 年，《奈特指南：感化院建筑安排及建造手册》出版，涉及对该建筑形式 50 年来的历史调查。在简单将感化院扩展为大型建筑的时代，这本书意义重大。1850 年至 1870 年，宿舍中双侧通风窗的设计规模进一步扩展，"牢房和宿舍位于中央走廊的两侧"。由此，通风情况和人们的健康状况受到了严重影响：

> 较低楼层的走廊照明不足。为了使低层走廊中光线充足，高层走廊采用了格栅地板，然而这一方案使空气中的杂质更容易扩散到整栋大楼中……很难想象建筑物的布局……能更好地为囚犯的健康服务。[1]

因此，在 19 世纪 60 年代《济贫法》修订之后，很多功能从感化院中分离了出去。身体虚弱、好逸恶劳的疯子们都被安排在单独的医院或疗养院中；孩子们也有了独立的学校（不过由于环境不够健康，很多孩子都患有眼疾）。更有甚者，专门收容"脆弱、堕落儿童"的学校竟位于赫恩海湾（Herne Bay）和布罗德斯泰（Broadstairs）等海边小镇。流动人口的问题由其他法律规定和机构负责处理。在人口密集的城市中，如果不同的感化院建筑位于同一地址，那么不妨参照《奈特指南》中的实用提示，这样就既可以连接不同的建筑物，也可以保持相对的独立。要做到这一点，"带顶走道"必不可少，如果有条件，可以采用列柱廊一样敞开的形式。"几栋建筑之间不应建造封闭的走廊或亭台。"[2]

1866 年，爱德华·史密斯（Edward Smith）撰写了一份有关感化院医务室的报告，这份报告影响很大。他在报告中提出，所有走

---

[1] 《奈特指南：感化院建筑安排及建造手册》(*Knight's Guide to the Arrangement and Construction of Workhouse Buildings*)，伦敦，1889 年，第 7 页。

[2] 《奈特指南》，第 18 页。

廊都应做到"光线充足，通风良好"，应"在一系列病房的尽头与外界相通"。[1] 感化院设计有独立的"阁间"，旨在保证病房内健康空气的流通，这是弗罗伦斯·南丁格尔（Florence Nightingale）为医疗改革不懈努力的结果。

我们在此理应简要介绍弗罗伦斯·南丁格尔的《医院札记》（*Notes on Hospitals*）。这本小书出版于 1859 年，包含 2 篇论文，对医疗机构产生了无与伦比的影响。在克里米亚战争中，南丁格尔不顾土耳其陆军医疗队的保守，自愿组织了护士队伍治疗伤患，因此成为英国的女英雄，被誉为"提灯女神"。克里米亚战争战况惨烈，但部队建立的医院为了防止传染病的扩散，竟杀死了 19000 名英国军人。通过对死亡率严谨的统计学分析，南丁格尔认为，与其步入斯库塔里医院（Scutari Hospital）这个死亡陷阱，不如让士兵们在临时搭建的阁式医院中接受治疗。于是，南丁格尔发布了紧急建设健康医院的命令。

南丁格尔的阁式医院的设计方案分离了每个病房。这些病房沿长走廊呈直角分布，而这些走廊唯一的作用就是严格管控进入病房的人。这就意味着，每个病房两侧均需要安装窗户，保证健康的交叉风，并让病床与窗子相间分布。之所以有这种安排，完全是因为南丁格尔对"瘴毒"疾病论（疾病是由不良空气带来的）的错误坚持，但无论如何，这种方式做到了对疾病病原体的分离。南丁格尔的计划完全是反走廊式的，她认为走廊除了作为通路的功能外，其他作用都非常危险，是健康的大敌。南丁格尔说："如果没有良好的通风，臭气就会因空气的流动带来更大威胁，在大病房的某个地方集聚。

---

[1] 爱德华·史密斯，《关于大城市感化院医务室和病房的报告》（*Report on the Metropolitan Workhouse Infirmaries and Sick Wards*，1866 年），引自莫里森，《感化院》，第 98 页。

这就是出现在斯库塔里医院的长走廊中的情况。"[1]通过对政府不断地游说，在19世纪60年代，英国本土医院的建筑逐渐采用了南丁格尔的设计。最著名的综合阁式医院是圣托马斯医院。这座医院位于泰晤士河河畔议会大厦对面，于1871年投入使用。圣托马斯医院有6个阁式建筑，每个有4层楼高，全部采用同样的交叉通风设计。整座医院有274米长的走廊，是令人迷惑的医院"连接式"长走廊的起源。这种阁式建筑主宰了之后的30年，之后，钢架及电梯技术的出现，使得病房可以呈塔状堆叠。[2]

最早的一些连接型阁式医院应《新济贫法》的要求而出现，目的是服务穷困之人。曼彻斯特市的乔尔顿工会感化院（Chorlton Union Workhouse）就是其中之一。围绕着中央的十字形建筑，人们建造了一系列独立的阁式医院，能容纳1500名需要改造之人。然而，当地不断降低建筑成本的压力，导致原本的设计变成了体形庞大、楼层低矮、迷宫般的单体建筑，反而为医疗改革者平添了更多烦恼。

对《济贫法》的各项制度的功能进行分离并详细说明的做法，揭示了《新济贫法》在推动大型公共机构网络发展方面的作用，这些机构包括疗养院、养老院、学校、疗养院、医院和廉价客栈等。1948年，战后工党政府颁布了《国家援助法》（*National Assistance Act*），废止了《济贫法》的残余条款。因此，上述很多建筑要么变成了议会大厦，要么被划归入国家医疗服务系统。如果不是被拆除，

---

[1] 弗罗伦斯·南丁格尔，《医院札记：两份在国家社会科学促进会宣读的文章》（*Notes on Hospitals：Being Two Papers Read before the National Association for the Promotion of Social Science*），伦敦，1836年，第61页。

[2] 请参见亨利·博德特（Henry C. Burdett），《医院建筑，及平面图》（Hospital Construction, with Plans），《全世界的医院及疗养院》（*Hospitals and Asylums of the World*），4/4卷，伦敦，1893年。博德特详细地将医院分为阁式医院、楼式医院和走廊医院，并尽量避免最后一种。

而是通过扩建或改建的方式进行重修或改造，那么感化院的实际存在形式就会退出世界舞台。幸存下来的是对某种建筑强烈的文化记忆，羞辱、恐吓和威慑就是设计这种建筑的主要目的。与这种预期效果形成鲜明对比的，莫过于改革主义者对新疗养院的改造目标。

疗养院的改革：约克静养院的走廊

在此时间，为精神病患者建造的疗养院也遵循了与监狱类似的改革方案：18 世纪时，私人和慈善机构几乎完全不受监管，对待其中囚禁之人的方式也毫无差别。到了 1850 年，这些地方得到了精细的划分，成为大型公共建筑组成的网络。在新静养院中，治愈效果最初完全依赖于"建筑本身、空间的组织、个人在空间中被安置的方式以及个人在空间中运动的方式"。[1] 在监狱或感化院，改造是通过人们在隔离房间内独自反思的方式完成的，而这些地方的走廊，只起到将人们分布到各个隔间的作用。静养院中的走廊，作用却不止于此，它自身常常就是通向健康的通道，如果得以恰当利用，它可以变成一项能让静养院中的人重回社会的技术。

整个机构改革时代可以用一个标志性事件概括，这件事恰好发生在疯人院中。1797 年，菲利普·皮涅尔（Philippe Pinel）医生破除了枷锁，解放了被圈禁在巴黎比塞特尔医院（L'Hôpital Bicêtre）精神病病房的 200 名患者。皮涅尔肩负后改革时代的重任，负责对大型医院的混乱局面进行整改。尽管这项任务需要无数医生共同努力，

---

[1] 米歇尔·福柯，《精神力量：在法国大学院的演讲，1973—1974 年》（*Psychiatric Power: Lectures at the Collège de France, 1973–74*），波切尔（G. Burchell）译，伦敦，2006 年，第 101 页。

但皮涅尔解放病人的举动被认为起到了最关键的作用，甚至可以与攻占巴士底狱解放犯人相比。惯常以来，人们将精神病患者看成是拥有满腔怒火的人，他们只能和犯人关在一起。皮涅尔努力推翻了人们的这种认识，还说要"欣赏精神病患者所具有的道德品质"和其"值得尊敬的美德"。[1]

前一年，在英国，为了治疗心智有损的教友会（Society of Friends，即众所周知的贵格派）成员，一群以塞缪尔·图克（Samuel Tuke）为领导的贵格派改革者建造了约克静养院。在一个名为奎克·汉娜·米尔斯（Quaker Hannah Mills）的疗养者在入住当地疗养院6周后便去世，且所有为其进行临终关怀的请求都遭拒绝的情况下，人们终于发现了这个疗养院令人震惊的恶劣条件。约克静养院的建造正是对此事件的回应。约克静养院标志着"道德疗法"的诞生，这同样来自贵格派这个颇受争议的宗教边缘团体。在接下来的50年中，这种疗法成了疗养普遍采用的治疗方案。1838年，林肯疗养院率先解除了对病人的"器械束缚"。第二年，约翰·康诺利（John Conolly）出任当时英国最大的机构——汉威尔米德尔塞克斯郡疗养院（Middlesex County Asylum）的负责人后，这种做法就更广为人知了。每个县郡都有一家大型疗养院。1845年，对大型疗养院中的束缚疗法和道德疗法的终结被写进了英国《精神病人法》（*Lunacy Act*）和《地区收容法案》（*County Asylums Act*），作为法律条款得以确立。新的医疗规范在19世纪末出现之前，这就是主要的治疗方式。19世纪时，道德疗法也是美国州立疗养院中采用的主要方法之一。疗养院以先驱托马斯·科克布莱德（Thomas Kirkbride）的模型为基础，走廊在

---

[1] 菲利普·皮涅尔（Philippe Pinel），《关于神经错乱的论文》（*A Treatise on Insanity*，1806年译），《精神病学三百年，1535—1860年》（*Three Hundred Years of Psychiatry, 1535–1860*），理查德·亨特（Richard Hunter）及埃达·麦卡尔平（Ida MacAlpine）编，纽约，1982年，第606页。

其中具有重要地位。与辐射状监狱一样，大型公共疗养院在其建造的基础理念消失后仍然存在。尽管这些建筑的治疗价值遭到了公开质疑，但数十年来一直为人所用，直到 20 世纪 80 年代时才逐渐关闭。之后，人们任由建筑失修，成为城镇边缘令人害怕的废墟。

让我们从著名的约克静养院开始讲起。1796 年，疗养院正式开放。汉娜·米尔斯在约克郡条件恶劣的公共疗养院的监禁中去世后，教友会筹措了资金，以再塑造的原则为基础，建立了这座具有塞缪尔·图克口中的"更为温和的疗养系统"的机构。[1]《静养院说明》（Description of the Retreat，1813 年）对这栋建筑进行了详细描述，其中不带栅栏的大窗户消除了与监狱的相似性，可让人们将花园的景色尽收眼底。主建筑为双重对称式，其核心为行政中心，另有两栋翼楼沿笔直的走廊建造（1813 年时，尽管文本所表达的是"长廊"，但平面图中使用了"走廊"一词，十分少见）。男性住在一层，女性住在二层。此外，根据分类，"地位较高的"病人的房间靠近建筑中心，远离大走廊。为大部分普通病人准备的房间分布在大走廊两侧，为了消除所有束缚感，这些房间同样没有带栅栏的窗户、经过伪装的锁和简约的床头。走廊两端设有休息室，如户外花园一样，休息室按照性别区分。双重装载走廊的形式让图克有些遗憾，"因为尽管建筑物两端的窗户使得透光良好，但一层的长廊仍比较阴暗"。[2]

静养院的"道德疗法"中没有任何胁迫，没有体罚措施，没有恐惧或威胁，反而实践了贵格派的原则，紧紧把握了人们在疯癫时残存的道德和理性的核心。"精神病患通常都对自己任意妄为的倾向

---

[1] 塞缪尔·图克，《静养院说明：约克附近的机构，服务于基督教公谊会人士》（Description of the Retreat, an Institution near York, for Insane Persons of the Society of Friends），约克，1813 年，第 7 页。

[2] 图克，《静养院说明》，第 106 页。

有一定程度的控制。他们的智力、运动和精神力量通常只是遭到歪曲，并非完全泯灭。"[1]教导的策略，即唤醒犯人心中"对自尊渴望"的策略，来源于治疗的局限。对建筑的空间、建筑对公共休息空间中社会同一性的关注或在主楼中与管理者一起用餐的奖励，都旨在帮助病人回归正常。在静养院的管理者们筹集了更多资金，在当前建筑上增建了一座被称为"副楼"的独立建筑后，很多人都默默发现，拒绝接受治疗的顽抗病人有很多。要想将尚有挽救可能的人诱导回正常状态，就需要让他们远离无药可救或负隅顽抗的患者。对于传统精神病院漠然的灾难性混合管理，约翰·康诺利在职业生涯初期就已批评过。这种早期静养院已经在其空间设计中体现了通往理智的改革思路：拒不改造或无法治愈的人住在最远处。沿着走廊，越靠近

约克静养院，1796 年投入使用的贵格派静养院。朝北的正面视图来自塞缪尔·图克的《静养院说明》（1813 年）

---

[1]　图克，《静养院说明》，第 133 页。

理性的行政中心，就表明病人越接近正常。在静养院中，走廊是非常有说服力的配置，它们井井有条、设计合理，其带来的社会压力几乎比病人睡觉的病室更为重要："建筑本身就被道德化了。"[1]

尽管静养院极具影响力，但只能容纳 30 位病人，且只接纳贵格派人士。塞缪尔·图克的原则在更大的韦克菲尔德疗养院（Wakefield Asylum）得以实践。韦克菲尔德疗养院于 1819 年建成，共有 3 层，设有 8 条长廊，是改革者对精神病院进行扩建的早期模型。

19 世纪初，特权阶级长期阻挠这一模型的扩展，废除盈利性私人疗养院系统中的残忍和冷漠也受到阻力。1828 年的《疯人院法案》（*Madhouse Act*）首次引入了检查机制，但只在伦敦及其周边实行。此外，医生都绝非"两袖清风"之人，腐败之风盛行。1845 年，在身为福音派改革者的第七任沙夫茨伯里伯爵（Earl of Shaftesbury）的压力下，国家精神病院委员会得以成立，建造大型县郡疗养院的需求也随之出现。伯爵在接下来的 40 年中一直是委员会的领导，他极其信奉道德疗法，经常抵制关于精神错乱的医学新理念。

在县郡资助的疗养院于改革时代兴起之前，这里还有治疗精神病患的大型慈善医院网络体系。大型慈善医院中最著名的是伦敦伯利恒（Bethlem）的圣玛丽医院（Hospital of St Mary）。这栋建筑最初是在毕晓普盖特（Bishopsgate）中世纪修道院的基础上进行修建的，后来搬到了伦敦市区外穆菲尔兹（Moorfields）的大型建筑中。

---

[1] 安德鲁·斯库（Andrew Scull），《地点的精神错乱/精神错乱的地点》（*The Insanity of Place/The Place of Insanity*），阿宾登，2006 年，第 20 页。另请参见巴里·埃丁顿（Barry Edginton），《约克静养院的道德建筑设计》（The Design of Moral Architecture at the York Retreat），《设计历史杂志》（*Journal of Design History*），第 16/2 卷，2003 年，第 103—117 页。

医院于 1676 年建成，于 18 世纪 20 年代增建了翼楼。建筑的正墙采用了经典的希腊风格，207 米的长度与巴黎杜伊勒里宫（Tuileries Palace）相呼应。医院中还有据说可以引来"阵阵微风"的单条横

约克静养院的第四条长廊（于 1887 年展示）

向长廊。[1] 然而，有序建筑的背后隐藏的是冷漠监禁带来的混乱。付出一小笔费用，人们就可以参观其中的疯狂景象，就像参观动物园的动物一样。"病室朝宽敞的长廊打开，参观者会戏弄患者，让他们凑到病室门前，以此取乐。"[2] 作为堕落之地，伯利恒疯人院出现在威廉·荷加斯（William Hogarth）1733 年的系列画作《浪子生涯》（*A Rake's Progress*）之中（后出现在两年后的版画中），成了人们心中可怕的死亡之地——画作描绘的是毫无秩序的噩梦空间。这种形式的疯人院先天基础不足，很快就开始衰落，渐渐沦为伦敦城中的废墟。

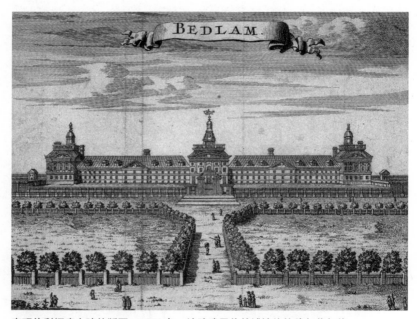

表现伯利恒疯人院的版画。1676 年，该院建于伦敦城墙外的穆尔菲尔兹

[1] 卡拉·亚尼（Carla Yanni），《疯狂的建筑：美国疯人院》（*The Architecture of Madness: Insane Asylums in the United States*），明尼阿波利斯，明尼苏达州，2007 年，第 18 页。

[2] 弗兰奇（C. N. French），《圣卢克医院的故事》（*The Story of St Luke's Hospital*），伦敦，1951 年，第 3 页。

表现建于 1751 年的圣卢克疯人院的插图，作于 19 世纪中期

为了建立另外的慈善待遇，一群改革者开始于 1750 年筹措资金，为新型慈善机构圣卢克穷困精神病医院（St Luke's Hospital for Pauper Lunatics）做准备。医院最初的位置非常明显，就在伯利恒疯人院旁边，但 1786 年搬到了巴特医院（Bart's Hospital）位于老街（Old Street）的一栋大型功能型建筑中。在这里，身体束缚减少，公众禁止入内，病人治疗的费用也比伯利恒疯人院低很多。老街上建有高高的围墙，但在约翰·索恩（John Soane）的帮助下，乔治·丹斯（George Dance）在围墙内建造了一座优雅古典的砖石建筑，其希腊式前廊和对称的翼楼将男人和女人区分开来。此外，老街上长达 152 米的临街立墙也非常宏伟。这座建筑可以容纳 300 名患者。

为病房设立的宽敞走廊是精神病医院内部空间的显著特征。每个单独病室的高窗都非常小，窗户外还有铁丝，所以室内光线非常昏暗。相比之下，长廊则充满了从高窗透进的光线（不过，其他报道还是坚持使用"阴暗"这个形容词）——至少鲁道夫·阿克曼（Rudolph Ackermann）在《伦敦微观世界》（*The Microcosm of London*，1808—1810 年）的第三卷是如此描写的。男病室正好位于医院的贫民墓地边上的小细节处，让病房外的景色显得有些暗淡。

在 1852 年 1 月的《家常话》（*Household Words*）中，查尔斯·狄更斯记录了节礼日（Boxing Day）到医院参观时看到的长廊。高墙和"令人沮丧的小铁窗"让他想到了阴暗的监禁，那让他心惊的东部州立监狱的独立囚禁牢房。狄更斯写道，牢房的地板上仍有凹槽：为了控制住病人，椅子要被钉住，现在墙面上还留着当时的痕迹。不过，1845 年精神病人委员会开始定期巡查后，被废除的体制就只有这些余迹了。在男女病房"长长的走廊"中，狄更斯看到的是有奇怪共性的社会空间：

> 我走进男病室。三个人正在玩儿弹子游戏；有个人跪在地上，显然是在认真祈祷；两个人手挽着手，沿着长长的走廊快速走来走去……还有一个人，胳膊夹着报纸，沿着走廊飞快地从这头走到那头。[1]

狄更斯继续往前走，看到了病人表演的圣诞颂歌音乐会。于是，狄更斯认为，这些本质上都是体现了社交疗法，而非单独监禁的疗法。19 世纪 40 年代前，圣卢克医院是慈善精神病院的典范，其显然对改革机构设计图有着重大影响。众所周知，塞缪尔·图克在建造约克静养院前参观过圣卢克医院。1837 年，布朗（W. A. F. Brown）在《疗养院的过去、现在和未来》（*What Asylums Were, Are, and Ought to Be*）一书中写道，"宽敞的长廊"应该"用作公共大厅和工作间，或

---

[1] 查尔斯·狄更斯，《围着奇怪的树跳奇怪的舞》（A Curious Dance around a Curious Tree），《家常话》，1852 年 1 月 17 日，以法语重印，《圣卢克医院的故事》，第 61—63 页。

作为守夜人或护士的观察站"，它是"完美疗养院"的核心所在，是可以实现的乌托邦。[1]

托马斯·科克布莱德的走廊计划疗养院

到了 19 世纪中叶，疗养院显然和其他改革性建筑一样，在规模和范围方面都发生了变化，但仍旧强调走廊在治疗方面的重要性。在这方面，最有影响力的人物是美国医生托马斯·科克布莱德。他负责沿着线性走廊设计方案大规模扩展疗养院。和监狱改革者一样，科克布莱德也是贵格派教徒。他在费城接受过医学训练，擅长心理学，当时帮助设计并建造了宾夕法尼亚州疯人院。该院坐落于宽敞优美之地，为对称的新古典主义建筑。人们认为这是一座道德建筑，1841 年对外开放时获得了广泛好评。建筑是对约克静养院的扩大，有着合理的行政中心和宽敞的入口。此外，对称的线性翼楼沿着 3.7 米宽的横向走廊建造，走廊是两侧均设有房间的双载走廊。和约克静养院一样，这栋建筑之后增建了单独的大楼，它们与主楼相隔一段距离，目的是关押无法治愈（或无法矫正）的患者。

科克布莱德成了可用医学术语形容的疗养院疗法的新的专业化代表。19 世纪 40 年代，科克布莱德帮助创立了新的医学督导协会（Association of Medical Superintendents），还创办了《美国精神病人杂志》（*Ameirican Journal of Insanity*）。现在，将病人分配到不同病房的依据是新的精神病学家对精神症类型的差异性诊断，而非仅仅

---

[1] 布朗，《疗养院的过去、现在和将来》（*What Asylums Were, Are and Ought to Be*，1837 年），《疗养院乌托邦：布朗及 19 世纪中叶精神病学的巩固》（*The Asylum as Utopia: W.A.F. Browne and the Mid-nineteenth Century Consolidation of Psychiatry*）全文转载，安德鲁·斯库编，伦敦，1991 年，第 186 页。

是性别、阶层或财富的一般性分类。实际上，科克布莱德认为疯狂是会影响所有阶层的"平衡社会所有人为差异的最伟大工具"，除了会带来"文明的高级状态"会导致精神失常这种模糊的感觉之外，一切无可指摘。[1] 疗养院治疗的关键在于坚持让患者离开其所处的社会环境和家庭环境，和其他精神失常程度相似的病人一起住在疗养院。治疗的不同阶段可由其在走廊的位置划分。病情转好的过程是沿着走廊进行的渐进运动：病人从最远端的精神病病房搬到一般性麻痹症病房和痴呆病房，之后再转移到轻度神经障碍病房。沿着走廊路过各个病房，你逐渐可以看到更多特权和私人空间。越靠近主管的房间，就说明病人越遵守社交规范和理性，也就越接近医院的出口。惩罚可能意味着重回走廊的尽头。玛丽·简·沃德（Mary Jane Ward）被改编成著名好莱坞竞选情景剧的自传体小说《蛇穴》（*The Snake Pit*，1947 年）记载了她在精神病院的经历，她在小说中称，20 世纪 40 年代时还在施行这种惩罚制度。

与建有县郡疗养院的英国一样，美国也有州立疗养院制度，每个州都会设立一家大型疗养院。这些建筑遵循了科克布莱德于 1854 年首次出版的《疯人院建设、组织和总体安排》（*On the Construction, Organization and General Arrangements of Hospitals for the Insane*）中的线性走廊原则，所以体积庞大。科克布莱德提议在 40 公顷的土地上建造疗养院，这样便可容纳 250 名患者。疗养院位于城市范围内，乘坐公共交通即可到达。此时，按照科克布莱德的分类，为划分不同病房，中央行政大楼两侧按性别区分的大楼各需要 8 条走廊，这就意味着沿着巨大的墙面需要建造 16 条分布着病房的走廊："房

---

[1] 托马斯·科克布莱德，引自南希·托姆斯（Nancy Tomes），《慷慨的信心：托马斯·斯托里·科克布莱德与疗养院管理的艺术，1840—1883 年》（*A Generous Confidence: Thomas Story Kirkbride and the Art of Asylum-keeping, 1840–83*），剑桥，1984 年，第 134—135 页。

间位于走廊两侧，12 英尺宽，大部分最里面都有玻璃窗。"[1] 为了保证走廊两端的光照和通风，科克布莱德的设计通常会采用"人"字形方案（有时也会被称为"大箭头"方案）。如此，新增病房在增建时可以内嵌，扩展的线形设计就不会呈直线，而是折线。翼楼通常只有两层高，风格朴实无华，但科克布莱德确实提出要建造宏伟的中央大楼，以彰显医疗及行政中心的权威性。中央大楼通常采用哥特式风格，是疗养院作为劝教机构的原型建筑，有些甚至在规模最大的改革建筑中占有一席之地。这种医院在美国遍地开花，在接下来的 30 年中逐渐成为疗养院建筑采用的主要形式。热忱的疗养院建筑活动家多萝西娅·林德·迪克斯（Dorothea Lynde Dix）进一步推动了科克布莱德的思想：巨大的特伦顿新泽西州州立医院于 1848 年建成；位于纽约州北部的波基普西（Poughkeepsie）哈德逊河州立

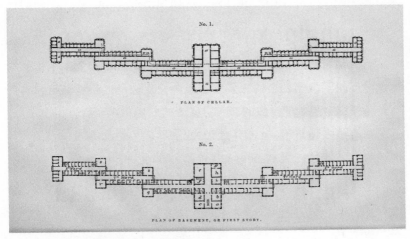

新泽西州特伦顿精神病院，1848 年对外开放

---

[1] 托马斯·科克布莱德，《疯人院建设、组织和总体安排》（*On the Construction, Organization and General Arrangements of Hospitals for the Insane*），第二版，费城，宾夕法尼亚州，1880 年，第 118 页。

科克布莱德楼，建于 1883 年，位于塞勒姆的俄勒冈州立医院

医院于 1873 年投入使用；弗雷德里克·克拉克·威瑟斯（Frederick Clarke Withers）用高级哥特式风格设计了全长超过 457 米的哈德逊河州立医院。疗养院规模的巨大使得周围出现了很多村庄，它们可为疗养院输出员工，并提供各种服务。

历史学家南希·托姆斯（Nancy Tomes）认为，科克布莱德的线形设计反映了美国社会的无阶级本质——或许，它们可以与同时代建造乌托邦空想共产村庄的联合主义者的期望不谋而合。相比之下，英国则有更多适用于"特定阶级的建筑形式和管理方式"。[1] 然而，这种分类方式可能太过粗糙，因为在 19 世纪 40 年代，县郡疗养院系统都采用了同样的单体主建筑形式，它们都具有纪念碑的规模。在英国，最重要的人物是专业疗养院的主管人——约翰·康诺利。

在 1839 年被任命为汉威尔米德尔赛克斯郡疗养院（Middlesex County Asylum）的住院医生前,康诺利一直是沃里克郡（Warwickshire）疗养院的一个普通医生兼检查医师。康诺利之所以被任命为主管，是

---

[1] 托马斯，《慷慨的信心》，第 282 页。

因为他是第一个将皮涅尔的思想带到英国的人，不过，他之前在林肯疗养院跟随罗伯特·加德纳·希尔（Robert Gardiner Hill）时，就已经掌握了把病人从器械束缚中解脱出来的措施。康诺利的"治疗手法温和且人性化"，而且他还大胆地决定，在讲授关于精神病的课程时，要和病人们在一起，而不是在演讲厅。由此，康诺利成了最出色的专业精神病医生。此外，他还负责新杂志，管理新机构。[1]1847 年，在《精神病人疗养院的建造及管理》（The Construction and Government of Lunatic Asylums）的指导下，康诺利冒险投身建筑事务，认为一个主要的建筑时期会在 1845 年法案颁布之后出现。康诺利担心疗养院主建筑图的缺失，不希望建筑师在不了解治疗需求的情况下进行"不科学"的过渡性设计。康诺利指出，皮涅尔一位认真的学生——让·埃蒂安·埃斯基罗尔（Jean-E'tienne Esquirol）提到了自己在鲁昂设计疗养院的经验，也了解马克西米利安·雅各比（Maximilian Jacobi）在普鲁士的疗养院的建造工作——这栋疗养院倾向于采用鲁昂疗养院的四边形设计或格拉斯哥疗养院（Glasgow Asylum）的辐射状设计，而并非约克静养院的"线性形式"，"因为大家一直觉得这种形式很不方便，且补救方式有限"。[2]即便如此，康诺利还是认为，在可行的计划中，"最方便的计划是将建筑的主要部分连成一条直线"。[3]这些计划比科克布莱德的设计更为宏大，因为卧室都只位于走廊单侧："不难想见，这

---

[1] 詹姆斯·克拉克爵士（Sir James Clark），《康诺利医生的讣告》（Obituary Notice of Dr. Conolly），《伦敦民族学学会交易》（Transactions of the Ethnological Society of London），第 5 卷，1867 年，第 326 页。有关他诸多成就的修正主义观点，请参阅安德鲁·斯库尔（Andrew Scull），《辉煌的职业？约翰·康诺利和维多利亚时代的精神病学》（A Brilliant Career? John Conolly and Victorian Psychiatry），《维多利亚研究》（Victorian Studies），第 27/2 期，1984 年，第 203—235 页。

[2] 马克西米利安·雅各比，《论精神病人医院的建造及管理》，基钦（J. Kitching）译，伦敦，1841 年，第 36—37 页。

[3] 约翰·康诺利，《精神病人疗养院的建设及管理》（The Construction and Government of Lunatic Asylums），伦敦，1847 年，第 12 页。

种建筑物又窄又长，包括一系列长廊或走廊，卧室仅在一侧，在一定程度上有利于各个方向的风吹过——这一点非常有益。"[1]

康诺利准确描述了县郡疗养院走廊的理想比例：4 米宽，3 米高。这种尺寸的走廊"足够宽敞，光线充足，是鼓舞人心的长廊"，意味着"人们可能不再需要所谓的休息室"——且更容易监督巡视。康诺利强调，疗养院走廊是重要的治疗手段，也是患者的主要社交空间。他还明确地将"嘈杂、顽固、恶劣的人"安排在较远的地方，认同德尔比疗养院（Derby Asylum）采用的方案，"通过建筑外建在窗户下方的走廊"转移此类病人，以免他们干扰相对较为平静的病人。[2]

在建造米德尔塞克斯郡科尔尼哈奇地区（Colney Hatch）的新疗养院期间，康诺利担任首席顾问。米德尔塞克斯郡新疗养院由建筑师塞缪尔·道克斯（Samuel Daukes）设计，遵循了线性走廊的设计方案。当此疗养院于 1851 年投入使用时，《伦敦每日新闻》（London Daily News）发表文章称："这不仅是世界上最大的精神病院，也是我们国家及世界其他国家疗养院建造的典范。"[3] 院内设有 1250 张床，长度略微超过 2 个月前在海德公园开放的水晶宫。二者的对比一直存在：和水晶宫一样，科尔尼哈奇的疗养院"光线充足，整栋建筑中没有一个黑暗角落"；和水晶宫一样，阿尔伯特亲王也对疗养院极有兴趣，称赞其为先进的社会工程技术的典范，是英国现代性的体现。[4] 这座建筑是当时欧洲最大的单体建筑，走廊长度超过 9 千米，为当时欧洲最长。

---

[1] 康诺利，《精神病人疗养院的建设及管理》，第 12 页。

[2] 康诺利，《精神病人疗养院的建设及管理》，第 19 页。

[3] 《米德尔赛克斯郡的精神病院，科尔尼哈奇》（Middlesex County Lunatic Asylum, Colney Hatch），《伦敦每日新闻》，1851 年 7 月 3 日，第 6 页。

[4] 《米德尔赛克斯郡的精神病院，科尔尼哈奇》，《伦敦每日新闻》，1851 年 7 月 3 日，第 6 页。

米德尔塞克斯郡科尔尼哈奇地区的贫苦人精神病院，约翰·康诺利设计，1851 年投入使用

由于无法满足使用需求，这座综合建筑于 1857 年首次扩建，并在整个 19 世纪历经多次扩建。19 世纪 90 年代，患者数量达到高峰，共计 2500 名（1903 年，临时增建的木质建筑被烧毁，造成 50 多名患者死亡）。疗养院走廊的设计方案很快被伦敦周边和全国各地的大型疗养院效仿。截至 1914 年，县郡疗养院有 119 个，入院病人超过 100000 名。[1]

19 世纪 60 年代，闹剧式的奇情小说（sensation fiction）[2] 在英国引发热潮。小说中常有这样的情节：人们被错误地关进公立或私立疗养院。其中最著名的是威尔基·柯林斯（Wilkie Collins）所作的《白衣

---

[1] 请参见杰里米·泰勒（Jeremy Taylor），《医院和疗养院建筑，1840—1914 年：医疗卫生建筑》（*Hospital and Asylum Architecture, 1840–1914: Building for Health Care*），伦敦，1991 年。其中包含所有建筑的地名索引，其已在网站 www.countyasylums.co.uk 上更新并完成。

[2] 奇情小说常以人们熟悉的家庭生活为背景，讲述充满惊悚、煽情、悬疑、罪行等元素的故事。——编者注

连接走廊,米德尔塞克斯郡科尔尼哈奇地区的疗养院。过去,还有些人认为这是欧洲最长的走廊

女人》(*The Woman in White*,1860 年)。精英精神病医生们发现自己被卷入了多起公开的法庭案件中,还在耸人听闻的流行小说中遭人讽刺。在查理·雷德(Charles Reade)揭露私立疗养院的小说《现钞》(*Hard Cash*,1863 年)中,威彻利(Wycherley)医生的原型就是康诺利。《对埃比尼泽·哈斯克尔的审判》(*The Trial of Ebenezer Haskell*,1869 年)

实则是对布卢明代尔疗养院（Bloomingdale asylum）和宾夕法尼亚医院的曝光，美国这些"郊区宫殿－监狱"也普遍存在同样的丑闻。疗养院主管角色有医学背景的趋势愈发质疑了道德疗法的治疗价值，同样的疑虑也已悄然进入到监狱改革中。随着生物决定论，大脑神经学研究和不可避免的恶化性衰退论充斥于精神病学，道德管理的改革原则变得黯然失色。然而，疗养院仍然存在，甚至得以进一步扩建，新的医学精神病分类法迫使原有的建筑空间不得不进行随意的切割。

纵观整个 19 世纪，设计方案确实有某些修正，在一定程度上，线性走廊的设计方案被取代。在阁式医院形式的基础上，病房被分隔开来，主要的"连接走廊"回归最基本的连通功能。这是将精神病院并入医院系统这种趋势带来的结果，再一次体现了弗罗伦斯·南丁格尔在推动医院建筑改革方面的影响。19 世纪后期，建筑设计出现了到别墅或村舍系统的转变，单体大型建筑转变为乡村环境中散落的小型建筑。这一形式由阿波切特·佩兹（Albrecht Paetz）在欧洲大陆莱比锡郊外的盖尔（Gheel）首开先河，旨在废除包括监狱和大型疗养院在内的所有联合建筑，寻找适合疗养的小型理想新社区。此外，正常人与非正常人之间并没有明显界限，在让更广阔的社区"扶养"疯癫之人的系统中，病人有时甚至可以直接到既有的村庄生活。[1]

然而，由于州级和县级疗养院在英国和美国永远资金不足的体系中仍占据主要地位，所以走廊式建筑依旧主宰着人们对于精神病

---

[1] 请参见莱斯利·托普（Leslie Topp），《十九世纪末期德国及奥地利的现代精神病院：精神病院空间及自由与控制的图像》（The Modern Mental Hospital in Late Nineteenthcentury Germany and Austria: Psychiatric Space and Images of Freedom and Control），《疯狂，建筑与建造环境：历史背景下的精神病院空间》（ Madness, Architecture and the Built Environment: Psychiatric Spaces in Historical Context），莱斯利·托普、詹姆斯·莫兰（James Moran）及乔纳森·安德鲁（Jonathan Andrews）编，伦敦，2007 年，第 241—261 页。

人疗养院的想象。例如，萨姆·富勒（Sam Fuller）的低俗现代主义电影《恐怖走廊》（*Shock Corridor*，1963 年）基本上就以被称为"街道"（The Street）的病房走廊为主要拍摄地。这条走廊本意是为病人提供社交场所，结果却成了经常发生冲突的地方。在这条中心走廊中，《环球日报》的记者为了写出爆炸性的新闻而假装精神病人混入疗养院，可慢慢真的得了"精神分裂症"。显然，走廊在此成了会诱发神经病而非治愈神经病的环境。

反走廊，反精神病学

1945 年后，学界刮起一股怀疑之风，著名的事件包括：自 1946 年起，疗养院主管弗朗哥·巴萨莉亚（Franco Basaglia）在意大利开展激进实验；在英国，围绕着莱恩（R. D. Laing）的《分裂的自我》（*The Divided Self*，1955 年），人们发起了"反精神病学"运动并对疗养院进行不断的批评；在法国，人们以米歇尔·福柯的《疯癫与文明》（*The History of Madness*，1961 年）为中心展开批判；在美国，则是以欧文·高夫曼（Erving Goffman）的《疗养院》（*Asylums*，同样为 1961 年）为中心展开批判。高夫曼的研究以华盛顿圣伊丽莎白医院（St Elizabeth's Hospital）的内部为基础，彼时该院有 7000 名病人。他声称，疗养院是"整体机构"，在道德感化的希望逐渐泯灭时，疗养院已经成为"强迫人们改变的地方"，在这里，"自我的领域"通过消灭自我与环境的边界而"被侵犯"。[1] 高夫曼长期待在疗养院中，所以可

---

[1] 欧文·高夫曼，《疗养院：精神病人及其他病人社会状况论文集》（*Asylums: Essays on the Social Situation of Mental Patients and Other Inmates*），伦敦，1991 年，第 22、32 页。至于巴萨格利亚，请参见约翰·福特（John Foot），《关闭庇护的人：佛朗哥·巴萨莉亚及精神健康革命》（*The Man Who Closed the Asylums: Franco Basaglia and the Revolution in Mental Health Care*），伦敦，2015 年。

以持续观察他所谓的"私生活"，这些可被接受的自主空间包括疗养院不被注意的角落，以及洗手间、门廊、废弃的地下室或廊道中的"自由空间"。高夫曼仔细观察过主行政走廊直角处一段较短的廊道，那里"宽敞，挑高比较高，而且凉爽"，夏天是避暑的好地方，也是"宿舍与维修办公室之间"的另一条通道。[1] 这些空间并非病房走廊技术的应用，而是拒绝的空间。在这些地方，自主的私生活得以被容忍，它们甚至受到负担过重的官方体制的鼓励。

1967 年，梅耶尔·斯皮瓦克（Mayer Spivack）发表了题为《隧道及走廊中的感官失真》(Sensory Distortion in Tunnels and Corridors)的研究。这篇文章分析了走廊各种奇怪的效果，并且都与以下走廊有关：一是一条 905 米长的，从走廊一端走到另一端需要 20 分钟的连接走廊；二是美国一家无名退伍军人行政医院的病房长走廊。斯皮瓦克提到了一点：在一栋最多可以容纳 1000 名精神分裂症患者的建筑物中，这种走廊给人"俯视枪管"的感觉，"由于通道极长，且毫无变化，人们很难察觉到自己在往前走"。[2] 由于通道稍稍倾斜，斯皮瓦克继续道："人们会觉得受到迫害。从通道走过，会出现某种难以解释的情况。人们会迷失在时空中，或抵抗重力，走向似乎遥不可及却在视线中变得越来越大的门，或不得不沿着斜坡跑下去。"斯皮瓦克担心，这些"奇怪的回声空间"会加重疾病，是医院作为非人性化机器方面日益加重文化不安的"核心"。[3] 斯皮瓦克的研究是在这座由走廊、隧道、走道连接的大型医院建筑行将就木时进行的。1974 年，达拉斯医疗城市开发项目启动后不久，医院走廊被拆除，

---

[1]　高夫曼，《疗养院》，第 211—212 页。

[2]　梅耶尔·斯皮瓦克，《隧道及走廊中的感官失真》，《医院及社区精神病院》(Hospital and Community Psychiatry)，第 18/1 卷，1967 年，第 14、13 页。

[3]　斯皮瓦克，《隧道及走廊中的感官失真》，《医院及社区精神病院》，第 18/1 卷，第 18、16 页。

取而代之的是以酒店或商场为模型且带有门廊的方案。[1]

1961 年，时任英国卫生部长的因诺克·鲍威尔（Enoch Powell）谴责了日渐衰落的疗养院体制。在萨里（Surrey）以砖石服务塔楼为主要建筑的大型凯恩山疗养院（Cane Hill Asylum）中，他发表演讲称：

> 它们巍然耸立，与世隔绝，庄严宏大、威风凛凛。它们被巨大的水塔和烟囱俯视，是乡间显著而令人生畏的存在——先辈们建造了这些无比坚固的疗养院，以表达当时的观念。但请千万不要低估它们抵御我们袭击的能力。[2]

至少，最后的比喻确实有先见之明：鲍威尔削弱了整个系统，但却没能提出真正的替代方案。疗养院疗法一直残延至20世纪80年代——直到罗伊·格里菲思斯爵士（Sire Roy Griffiths）向政府提交了题为《社区护理：行动纲领》（Community Care: Agenda for Action）的咨询报告，为1990年的《社区护理法案》（Community Care Act）奠定了基础。这一法案的核心是精神疾病的整体去机构化和疗养院系统的关闭。在美国，国立疗养院走到关闭这一步也花费了差不多同样的时间。

因此，改革主义疗养院系统的废墟仍围绕在我们周围。通常，维多利亚时期的核心建筑作为文物得到了保护，但事实证明，这些建筑很难再次利用，而且很多都已空置，直到因火灾或疏忽而被拆除。科尔尼哈奇疗养院的一部分后来被改造成豪华公寓，为掩盖其

---

[1] 请参见戴维·查尔斯·斯隆（David Charles Sloane）及贝弗莉·科南特·斯隆（Beverlie Conant Sloane），《转移到购物中心的药店》（Medicine Moves to the Mall），巴尔的摩，马里兰州，2003 年；安玛莉·亚当斯（Annmarie Adams），《现代医院解码》（Decoding Modern Hospitals），《建筑设计》（Architectural Design），第 87/2 期，2017 年，第 16—23 页。

[2] 因诺克·鲍威尔，引自《因诺克·鲍威尔 1961 年的演讲》（Enoch Powell's 1961 Speech），www.canehill.org，2018 年 5 月 25 日访问。

历史，更名为王妃公园庄园（Princess Park Manor）。至于萨里的凯恩山疗养院，也就是因诺克·鲍威尔宣布疗养院制度消亡的地方，则在 1991 年关闭后成为废墟。2008 年，这栋建筑几乎被完全拆除（只保留了小教堂、主行政建筑和著名的水塔）。在此之前，凯恩山疗养院一直是城市探索者和"建筑黑客"的目的地。的确，疗养院废墟摄影本身就是摄影的一个子类别，还有很多咖啡伴手书面世，马克·戴维斯（Mark Davis）的《疗养院》（*Asylum*）就是其中的经典之作。这本书的封面是西赖丁贫苦人精神病院（West Riding Pauper Lunatic Asylum）废弃的宽敞走廊，书的内容也完全符合这幅图像：墙皮脱落，天花板开裂或朝天空打开，较低的挑高和令人恐惧的角度加深了走廊的距离。这一题材的主线是"走廊通往看不到的目的地"，最好还要有生锈的床架、暗示不祥的手术或束缚的精神病学用具。约翰·格雷（John Gray）的《新英国的废弃精神病院》（*Abandoned Asylums of New England*）也同样描述了著名的废墟：这座大型哥特式建筑是按照科克布莱德平面图建造的丹佛斯州立医院（Danvers State Hospital），于 2007 年被彻底拆除。[1]

这些现代性废墟是"密码，代表围绕现代性自身在当代的空间性疑虑"。[2] 被废弃的疗养院走廊指向在极度乐观主义态度下建造的通路，这种态度来自改革派神学理论及开明的科学进步——不过，

---

[1] 请参见马克·戴维斯，《疗养院：贫困精神病人疗养院内部》（*Asylum: Inside the Pauper Lunatic Asylum*），斯特劳德，2014 年；约翰·格雷，《新英格兰的废弃精神病院》（*Abandoned Asylums of New England*），布法罗，纽约州，2011 年。引文摘自格雷厄姆·穆恩（Graham Moon）、罗宾·凯恩斯（Robin Kearns）及艾伦·约瑟夫（Alun Joseph）所著的《精神病院的来世》（*The Afterlives of the Psychiatric Asylum*，法纳姆，2015 年）第 140 页中对废弃的疗养院摄影的讨论。

[2] 安德里亚斯·胡塞恩（Andreas Huyssen），《真实的废墟：现代性的产物》（Authentic Ruins: Products of Modernity），《现代性的废墟》（*Ruins of Modernity*），朱莉娅·海尔（Julia Hell）及安德烈亚斯·舍恩勒（Andreas Schönle）编，达勒姆，北达科他州，2010 年，第 21 页。

这些项目如今已经破败不堪。废墟本身非常矛盾，因为它既可以证实我们已经走过了天真或原始的过去，也可以让我们对不可避免的未来心怀不安。拉丁语中有一句对废墟的沉思："sic transit gloria mundi"（世界的辉煌已尽数散去）。这句话因珀西·雪莱（Percy Shelley）的《奥兹曼迪亚斯》（*Ozymandias*）及哥特式浪漫小说的情节而在英国文学中隽永长存。由于疗养院建筑师通常偏爱哥特式外墙，所以改革机构的走廊和房间已与废弃城堡、鬼屋和进行魔鬼实验的疯子医生融为一体。举例来说，在电视连续剧《美国恐怖故事：疗养院》（*American Horror Story: Asylum*）的首集，不过几秒钟，就表现了该类型的每一个陈词滥调。一对夫妇沿着布瑞尔克里夫（Briarcliff）疗养院的废弃走廊走过时，时光一下退回到 20 世纪 60 年代初，疯狂的医生和邪恶的修女通过无聊的传统手法迫害病人。这种情景以重现恐怖的哥特式焦虑为基础，但我们现在害怕的已经不再是威胁 18 世纪哥特文学作家的封建专制或天主教神职人员，而是维多利亚时代改革机构对自我的瓦解和强制性重建。疗养院建筑是所有改革机构中存在时间最长的，到 20 世纪末仍有出现。这也是其能继续吸引人们发挥想象的原因。

运用走廊进行改革的项目受到了惨淡的评价，所以我只能言尽于此。尽管监狱、感化院和疗养院有不同的空间分布和目的，但最终都具有监禁性和强制性。我觉得，改革中特定建筑机制的失败，是我们至今仍将走廊与威胁和恐怖联系在一起的原因之一。就连致力于控制和治愈疾病的大型医院都成了反乌托邦之地。这些机构脱胎于热诚的维多利亚时代改革者关于宗教、科学和管理乌托邦式的思想，但终究还是搁浅了。

即便如此，为了强调这些影响并无内在性，我还是要简要谈谈其他几座维多利亚时代的改革机构：在这些建筑中，走廊缔结了稍有不同的联系。

中小学及大学校园里的走廊：超越无限！

教育制度也应被视作 19 世纪改革主义者美德塑造的目标之一。福柯认为，校园空间是新生物政治学（biopolitical）权力传播的一部分："教室空间、课桌的形状、体育课程的安排、宿舍的布局（是否有隔墙，是否有窗帘）、对就寝时间及睡眠时间的监控———一切都以最复杂的形式与儿童的性别行为有关。"[1] 马克思主义理论家路易斯·阿尔都塞（Louis Althusser）认为，教育及其建筑形式是资产阶级资本主义社会中主要的国家意识形态机器，其设计目的为重现"实现于机构、其仪式和实践中"的生产关系。[2]

在英国，系统性国立学校的改革比欧洲大陆开展得晚一些，这是建立在 1870 年《基础教育法案》（*Elementary Education Act*）及 1881 年和 1890 年对其增订的基础上的。在学校监督者系统的督促下，传统教育转为国家义务教育。这不仅促使学校董事会开始形成，还使得建造学校在 19 世纪 70 年代大为流行。伦敦教育局的第一位建筑师爱德华·罗布森（Edward Robson）在欧洲全境进行了一项比较研究，并于 1874 年在《校园建筑》（*School Architecture*）中发表了研究成果。由于德国逐渐成为英国经济主导地位的主要对手，改革主义者对普鲁士差异化公立教育机构的等级制度给予了极大关注。在 1868 年呈交学校调查委员会的报告中，马修·阿诺德（Matthew Arnold）不吝赞美，

---

[1] 米歇尔·福柯，《性史》（*The History of Sexuality: An Introduction*），赫尔利（R. Hurley）译，伦敦，1987 年，第 28 页。

[2] 路易斯·阿尔都塞，《论意识形态》（*On Ideology*），布鲁斯特（B. Brewster）译，伦敦，2008 年，第 184 页。

认为普鲁士的教育体制从小学到理工学院再到大学，各个层面都优于英国，他还因英国人对国家教育（及其费用）的怀疑而表示遗憾。

在普鲁士，划分完性别和年龄后，学生们会被分到沿着体育馆中央走廊分布的不同教室中。相比之下，英国的学校教育惯例是将学生聚集在大礼堂中，由一名老师在几名学生的帮助下进行监督。这种方式花费较少，也被认为更高效（一名老师最多可以管理1000名学生）。在19世纪的前十年，这种方式及其他内容由贵格派人士约瑟夫·兰开斯特（Joseph Lancaster）作为"监督系统"（the monitorial system）编纂成文。[1] "谷仓"风格的学校礼堂以新工厂为蓝本而修建，工厂学校会训练孩子们适应工业劳动的生活。这就是罗伯特·欧文要在拉纳克工厂建筑的"性格形成陶冶馆"（New Institution for the Formation of Character）实现的目标：通过从参与者小时候对其的塑造，最大化地提高"生存机器"的效率。

60年后，罗布森试图从显然具有优越性的大陆体系中汲取优势，为伦敦教育局探索一种既具有改革意义，同时又保留英国礼堂式教育的某些传统的建筑形式。从本质上看，他的设计将走廊看作一种冗余，是建立在当地税收基础上的"奢侈浪费"之物。此外，同样的理念也是感化院建筑简陋朴素的原因。罗布森坚持认为，如果走廊"只是作为通道"，或者只是对"风格与装饰"的可疑的道德展示或是不良设计的体现，是"深谋远虑的需要"的话，那么"应尽量予以避免"。[2] 走廊限制了空气流通，且由于需要对学校空间进行全

[1] 相关详细信息，请参见黛博拉·韦纳（Deborah E. B. Weiner），《维多利亚时代末期伦敦的建筑师及社会改革》（*Architects and Social Reform in Late Victorian London*），曼彻斯特，1994年。

[2] 爱德华·罗布森，《校园建筑，对学校房屋的规划、设计、建造和布置的实用评论》（*School Architecture, Being Practical Remarks on the Planning, Designing, Building, and Furnishing of School Houses*），伦敦，1874年，第165—166页。

面监控，员工的成本也成倍增加。带顶长廊的唯一作用就是偶尔供室外区域的体育锻炼或军事演习使用，所以有时也被称为"行军走廊"，与军事营房和阅兵场的纪律形式相呼应。

罗布森认为，德国体育馆的形式值得怀疑。伦敦教育局成立初期曾在斯蒂芬（Stepney）建立了一所普鲁士风格的学校，但这所学校是公认的失败案例。1884 年，当罗布森被调任他职，贝利（T. J. Baily）接管了他的职位后，伦敦教育局很快就找到了适合当地的通用风格，在怀特查佩尔（Whitechapel）和肖迪奇（Shoreditch）的贫民窟中规划了各个公立学校。乘火车经过克拉珀姆交汇站（Clapham Junction）时，多愁善感的夏洛克·福尔摩斯对华生说："看那些由石板堆起来的大型独立建筑……还有灯塔，我的天啊！这就是未来的指引！"[1] 伦敦教育局的风格发展出了混合式安妮女王风格的设计，与哥特式建筑相比，这种设计更具有世俗性和进步性。学校有 3 层高，用伦敦红砖砌成，带有大推拉窗、山墙和尖顶屋顶，其周围有很多条道路。学校里面有中央礼堂，从教室可直接到达那里（还是没有走廊！）——最后，这种模式被多产的建筑师史蒂文森（J. J. Stevenson）多次使用，并由费利克斯·克莱（Felix Clay）编入《现代学校建筑》（*Modern School Buildings*，1902 年）中。[2]

---

[1] 亚瑟·柯南·道尔，《海军条约》（*The Naval Treaty*，1894 年），《福尔摩斯回忆录》（*The Memoirs of Sherlock Holmes*），罗登（C. Roden）编，牛津，2000 年，第 229 页。

[2] 请参见弗兰克·凯索尔（Frank Kelsall），《寄宿学校：校园建筑，1870—1914 年》（The Board Schools: School Building, 1870–1914），罗恩·林沙尔（Ron Ringshall）、玛格丽特·迈尔斯（Margaret Miles）及弗兰克·凯索尔（Frank Kelsall），《城市学校：伦敦的教育建筑，1870—1980 年》（*The Urban School: Buildings for Education in London, 1870–1980*），伦敦，1983 年，第 13—28 页。另请参见马克·吉鲁亚德（Mark Girouard），《甜蜜与光明：安妮女王运动，1860—1900 年》（*Sweetness and Light: The Queen Anne Movement, 1860–1900*），纽黑文，康涅狄格州，1977 年。

1914 年，德国体育馆的纵向走廊与以南丁格尔医院主要走廊为灵感的馆式教室相结合，成为英国学校设计的规范。我毕业的公立学校（建于 1939 年）是这种设计的典型：学校有中央礼堂，一条长长的主走廊两端是两栋矩形教学楼——理科楼略高于文科楼。时至今日，学校走廊仍然会出现在我的梦中。这些走廊有朝内部庭院打开的嵌入式窗户，这样，如果你在走廊上被罚站，至少巡查的副校长过来时，能找到藏身之处，从而避开挥动的藤条。

也是在 1914 年左右，英国大学接受了德国教育思想及其走廊建筑形式。几个世纪以来，"古老的"英国大学一直保留着起源于修道院的中世纪四边形封闭建筑。教育的学术性导师制度用不到做演讲或展示之用的大教室；小教室仍是基础建筑单元。英国最早的现代改革大学出现于 19 世纪，开始只是出现在临时搭建的空间中，直到伦敦（1828 年的大学学院和 1831 年的国王学院）、伯明翰（1828 年的皇后学院）、曼彻斯特（1851 年的欧文斯学院）及其他城市的慈善机构和公民自豪感促使大家建立自己的"标志性"高等教育纪念碑。这些学校的设计于 19 世纪 60 年代时被编纂成册，作为"学院哥特式"建筑，它们普遍采用了矩形设计图，只是按比例扩大了而已。19 世纪 70 年代，北部工业城镇开始了另一次公民大学的建造热潮，该热潮使"红砖"一词重新回归。这些建筑中的主要几座位于利兹、利物浦和纽卡斯尔的城市中心，它们雄伟壮观，规模通常很大。1912 年，柴尔兹（W. M. Childs）抱怨道："建筑的外墙有种压迫感，一层叠着一层……有很多会产生回音的走廊和石质楼梯。"[1]

正如马修·阿诺德所料想的，刚刚实现统一的德国之所以拥有经济

---

[1] 柴尔兹，引于威廉·怀特（William Whyte），《红砖：英国公民大学的社会与建筑史》（*Redbrick: A Social and Architectural History of Britain's Civic Universities*），牛津，2015 年，第 169 页。

实力和影响力，原因就在于其高效的现代国家机构，包括其在柏林（1809年）、波恩（1818年）和慕尼黑（1826年）等城市进行的技术教育和建造的科学研究院校等。自中世纪就没变过的尊重传统学风的思想，再加上对国家资助和新科学知识对经典及神学传统权威的挑战，使得英国在19世纪下半叶面临着激烈的竞争。在为弗里德里希·保尔森（Friedrich Paulsen）1906 年的著作《德国大学》（*The German Universities*）的纲要所作的导言中，英国大学改革家迈克尔·萨德勒（Michael Sadler）提醒道："在真正欣赏枯燥但系统的研究成果方面，在真正认识对科学精准的公共事务管理的价值方面，我们已经远远落后于德国。"[1]

作为研究机构，德国的大学建筑以不同的方式分配空间，既有进行理论阐释的演讲厅，也有进行实践练习的实验室。大学并非与世隔绝的小社区，而是公共建筑，有沿着公共走廊分布的灵活空间。供教职员工和学生在教室之间行动的走廊也有其自身的教育机会，它们有助于知识的非正式传播，甚至有助于新联系的产生。从德国引进的大学走廊已不再是惩罚性分化或分离的地方，反而成为乌托邦式跨学科理念的象征。在教育机构中，进行走廊对话的社会学家（似乎有很多）仍认为，这些阈限空间为"很多跨学科的研究及学习提供了机会"，是课堂外充满活力的非正式空间。[2]

---

[1] 迈克尔·萨德勒，为弗里德里希·保尔森《德国大学与大学研究》所作的序言。梯利（F. Thilly）及埃尔旺（W. Elwang）译，伦敦，1906 年，第 12 页。

[2] 请参见德比·隆（Debbi Long）、里克·伊德玛（Rick Iedema）及泊桑·伯尼·李（Bonsan Bonne Lee），《走廊对话：休闲空间中的临床交流》（*Corridor Conversations: Clinical Communication in Casual Spaces*），《论医院交流：当代卫生保健组织的复杂性》（*The Discourse of Hospital Communications: Tracing Complexities in Contemporary Health Care Organizations*），里克·伊德玛（Rick Iedema）编，贝辛斯托克，2007 年，第 197 页。有关专用大学走廊的信息，请参见蕾切尔·哈德利（Rachel Hurdley），《走廊的力量：连接门、增建材料、设计开放性》（*The Power of Corridors: Connecting Doors, Multiplying Materials, Plotting Openness*），《社会学评论》（*Sociological Review*），第 58/1 卷，2010 年，第 45—64 页。

麻省理工学院的"无限走廊",跨学科的乌托邦

1913 年，麻省理工学院从城市中心搬到了查尔斯河（Charles River）对岸，成为这种德国模式在波士顿最出色的改造成果之一。新的麻省理工学院由威廉·韦尔斯·博斯沃思（William Welles Bosworth）设计，外部采用美术风格，但方案的各个部分则由一条长长的东西向走廊连接，以保证校园内的通行。这条走廊与横向建筑物两侧的对称走廊成直角，呈"U"字形面向河岸，总长 251 米，被人称为"无限走廊"，1916 年首次投入使用后，已无缝延展到其他建筑中。走廊的理念是允许学科的无缝关联，从而促使新联系的产生。[1] 走在双载走廊上，人们可以不时透过玻璃墙看到实验室或教室，思考黑板上留下的数学问题，阅读倾斜着钉在公告板上的信息，或在各个大厅交界地带的穹顶下停留。走廊是学生举行仪式的场所——大厅里，浮雕饰带上乔治·伊士曼（George Eastman，柯达公司胶卷胶片相机发明人，麻省理工学院的赞助人）的铜质鼻子闪闪发亮，因为学生们会在考试前摸一摸以求好运。每年两次，长长的横向走廊会像巨石阵一样与太阳对齐，这时，整个走廊就会充满阳光，成为科学实验的好机会。由于"麻省理工学院阳光阵"出现时，会吸引大量人员聚集在走廊中，所以有一个专门网站会通知下一次交汇和社交礼节的时间，提供最佳的观看体验。就在走廊方案因疗养院和监狱陷入危机之际，大学对其进行了利用，使之成为促进科学技术进步的新空间。

1945 年后，英国开始对大学进行大规模扩张，乐观的走廊计划也被带入其中。新建大学根据"校园模式"（campus model）进行规划。"校园模式"，一个美国术语，源于大学开放的场域背景，与封闭的

---

[1] 请参见马克·扎伯克，《设计麻省理工学院：博斯沃思的新理工》（*Designing mit: Bosworth's New Tech*），波士顿，马萨诸塞州，2004 年。在麻省理工学院建筑系工作并经历过这段历史后，扎伯克于 2010 年继续撰写了有关走廊的第一批持续性研究之一，这一点不足为奇。

牛津和剑桥大学矩形建筑形成对比。[1] 在战后的大型规划年代，建在苏塞克斯、约克、东英吉利大学（UEA）、埃塞克斯、兰卡斯特、肯特和沃里克（Warwick）的所谓"平板玻璃大学"的校园被"认为是连续的整体，而非一系列单独的建筑"。[2] 尽管预算的削减让呈现效果打了折扣，埃塞克斯大学仍旧呈现了野兽派高层建筑和高架人行道最激进的一面。1968 年，毕业于伊顿公学和牛津大学的迈克尔·贝洛夫（Michael Beloff）发明了术语"平板玻璃大学"，以嘲讽全是霓虹灯、粗糙的金属和玻璃立面的"反人类"校园。贝洛夫认为，校园"沿着走廊而建，或位于走廊之间，它们始终是过渡地带，绝非休息的场所"。[3]1965 年，另外一个不满分子如此形容曼彻斯特大学：

> 建筑师和规划师宣告了我们的厄运……在这所大学中度过余生……在相同的房间里，永远沿着长长的黑暗的隧道徘徊，在永远朝另一条道路开放的门前游荡，寻找将一个个房间区分开来的号码牌。[4]

尽管如此，这些宏伟的愿景也可能产生令人印象深刻的乌托邦跨学科姿态。利兹大学在 20 世纪 60 年代的扩张计划由现代主义实践团体 CP&B 建筑公司负责（他们建造了黄金巷和巴比肯"社会凝聚器"等住房项目）。通过一条连续的混凝土走廊，大学的设计统一了不同学科。走廊从宿舍大厅到演讲厅(被分隔成一栋宏伟的单体建筑)，再延伸到不同的学科单元，模块状分布的方式为重新配置知识变化的

[1] 保罗·维纳·特纳（Paul Venable Turner），《校园：美国的规划传统》（*Campus: An American Planning Tradition*），波士顿，马萨诸塞州，1984 年。
[2] 迈克尔·贝洛夫，《平板玻璃大学》（*The Plateglass Universities*），伦敦，1968 年，第 113 页。
[3] 贝洛夫，《平板玻璃大学》，第 167 页。
[4] 布莱恩·曼宁（Brian Manning），引自怀特，《红砖》，第 262—263 页。

「红线」（Red Route）走廊里的景象，利兹大学，CP&B 建筑公司设计，1963 年到 1975 年建成

未知前景提供了方便。人们最初的愿景是,让走廊延伸到校园之外,直达城镇。这条走廊留存至今的部分远比麻省理工学院的"无限走廊"要长:如此看来,利兹大学已经达到了极限——甚至超越了极限。现在,这条被称为"红线"的走廊通过细长混凝土裙楼上的分支将建筑物连接在一起,在大学扩建资金充足的短暂时期,这似乎成了走廊校园乌托邦主义另一个让人迷失的景象。20世纪60年代,由于预算削减,项目未能彻底完工,首席建筑师彼得·钱柏林(Peter Chamberlin)与大学发生了激烈冲突,惹得多位教员私下里都说钱柏林应该去看神经科医生。即便如此,利兹大学的项目还是因其综合性大学校园设计而"对后续的每一个提案具有参考意义"。[1]

和医院一样,当代大学空间也趋向于和购物中心一样,有大型的开放式中庭和一系列走廊——除了消防出口外,走廊是唯一隐藏在服务大楼后台的设施。中庭为跨学科流动开辟了新方式。为了鼓励跨学科合作,英国耗资7亿英镑修建了伦敦弗朗西斯·克里克研究所(Francis Crick Institute),该研究所是当时世界上最先进的科学研究所。然而,投入使用还不到一年,研究所的科学家们就抱怨说,大楼里"太过嘈杂,让人无法集中精力"。[2]研究人员需要能关闭的办公室、走廊和门。总会有人不满意。

改革机构中的走廊的悠久历史表明,人们坚信,建筑空间可以塑造、改造现代国家的公民主体。如通常的情况一样,这种现象暗示着乌托邦概念与反乌托邦结果相互交织,但出乎人们意料的是,

---

[1] 引自怀特,《红砖》,第254页。另请参见伊莱恩·哈伍德(Elain Harwood)对利兹大学的讨论,《钱伯林、鲍威尔和本建筑公司:巴比肯及其他》,伦敦,2011年,第83—97页。

[2] 罗伯特·布斯(Robert Booth),《弗朗西斯·克里克学院耗资7亿英镑建造的大楼"太过嘈杂,不能集中精力"》(Francis Crick Institute's £700 million building "too noisy to concentrate"),《卫报》,2017年11月21日,www.guardian.com。

这让我们对公共走廊产生了深刻的矛盾感。

本书行至此处，我谈到的每种建筑空间，几乎都将公共建筑和国家机关与走廊联系在了一起。然而，同样是在 19 世纪，家庭住宅等私人空间也因走廊的到来而经历了变革。

约瑟夫·纳什,《大走廊南段》(温莎堡),1848年,
水彩画

7 私人走廊：
英国绅士之家

　　直到现在，本书关注的一直是公共走廊的意义以及走廊在新型公共建筑空间的多种分配作用。然而，现代性也体现在私人住宅建筑同期进行的改革中。这便是我目前意欲讨论的内容——走廊在家庭空间中的关键作用。

　　在英国本土的建筑方面，鸿篇巨著《私人生活史》的作者们跟踪记述了住宅的变化：从盎格鲁-撒克逊人的公共礼堂到日益分离和专门的空间。这些空间包括：中世纪时期从更公开的大厅中分离出"solar"（主人的家庭休息室）、"camera"（该词由法语词 chambre 演变而来，指保管家族重要文件的地方）等专用房间、卧室及卧室内的"ruelle"（床与房间最里面的墙之间的封闭空间）、男性专用的 studiolo、储藏间、议事室和以修士房间为原型的以休息或回避为目的的书房。内凹壁炉的技术使文艺复兴时期的家庭空间得以进一步区分：之前独自燃烧于房间中央的火焰，出现在挑高较低且设有壁炉的独立房间。随着内部房间划分的细化，家庭中主人与仆人之间、男性与女性之间的区隔度也随之增加。

　　17 世纪，由伊尼戈·琼斯（Inigo Jones）等人引入英国的帕拉第奥式（Palladian）别墅在现代住房项目中逐渐出现——一部出版

于 1904 年的建筑史称,"这是英国住宅真正的形式"。[1] 格鲁吉亚式
住宅较为狭窄,其设计中的合理安排经久实用,这一点已经过证明。
在英国,18 世纪及 19 世纪迁徙到城市中心的人口,基本上都住在可
以根据富裕程度增建或缩小的露台或联排别墅中。大多数工人阶级
的"两上两下"房屋(指楼下有两间会客室,楼上有两间卧室的房型,
编者注)不设门厅;低阶中产阶级的住房中有五六个房间,前门到
楼梯处的半门厅式入口不算完美地区分了房屋的前后部分;更大的
房子中会出现门厅、楼梯平台和走廊,以区分功能不同的房间。半
公共客厅与私人休息室的划分、不同性别人士所用空间的划分、家
人与仆人所用空间的划分,成为维多利亚时代中产阶级家庭生活中
诸多内部戏剧性事件发生的原因。这是私人走廊的第一个作用:其
存在及延展准确标示了社会的不同阶层。

然而,诚如俄莱斯特·拉农(Orest Ranum)所言,对大多数人来说,
"尽管古老建筑中设有无数走廊、门、前厅和间隔墙,但在1860年之前,
人们的隐私意识仍较为淡薄"[2]。这种极为现代的家庭空间组织方式大
量出现于维多利亚时代,并因区分私人及公共空间的资产阶级意识
形态而得以强化。到了爱德华时代,人们宣称,走廊已成为英国中
产阶级家庭"保证隐私的主要工具":"通道或走廊非常重要,人们
不必像在欧洲大陆的住宅中那样,经由一个房间才能到达另一个房

---

[1] 梅尔文·马卡特尼(Mervyn Macartney),《家庭及其大厅》(The Home and Its
Halls),于《当今英国之家:现代家庭建筑与应用艺术》(The British Home of To-
day: A Book of Modern Domestic Architecture and the Applied Arts),肖·斯帕罗(W.
Shaw Sparrow)编,伦敦,1904 年,第 E 部分,第 3 页。

[2] 俄莱斯特·拉农,《亲密感的庇护所》,《私人生活史》,第 3 卷:《文艺复兴的激
情》,罗杰·沙蒂尔编,坎布里奇,马萨诸塞州,1989 年,第 225 页。关于平台
住宅的等级差异,请参见斯特凡·穆特休斯(Stefan Muthesius),《英国排屋》(The
English Terraced House),纽黑文,康涅狄格州,1982 年。

间。"[1] 实际上，德国作家赫尔曼·穆特休斯（Hermann Muthesius）在其 1904 年出版的研究《英国住宅》（*The English House*）中称："最大的不同是英国住宅里房间之间没有通行门，也就是说，人们只能通过通道或前厅进入房间。所以英国住宅中的房间就像是某种笼子，房间里的人完全无法进入另一个房间。"[2]

在接下来的内容中，我要以 19 世纪 20 年代为乔治四世建造的温莎堡中的大走廊为开端，首先解释走廊在贵族豪宅中的作用。接着，我要讲的是维多利亚哥特式住宅建筑的重要教科书——罗伯特·克尔的《英国绅士之家》（1864 年）。无论在住宅的预算方面还是规模方面，这本书都将走廊作为住宅整体设计的中心，但同时也非常担心其相互矛盾的隔离及沟通功能。在 19 世纪有关家庭的小说中，对令人焦虑的住宅内活动的理解有助于巩固走廊在住宅想象中的地位。最后，我要讲的是人们对私人走廊的崇拜和神化：古怪的第五任波特兰公爵（Duke of Portland）耗时 25 年，花费数百万英镑，建造了总长达数英里的怪诞的地下隧道和走廊网络。而他这样做的目的，则是避免被人看到而产生的羞耻感。

温莎堡的大走廊，1829 年

在本书第一章中，我通过范布鲁格对霍华德堡及布伦海姆宫的宫殿方案的借鉴，勾勒出了走廊的出现过程。然而，走廊正式出现

---

[1]　海伦·朗（Helen C. Long），《爱德华时代的房子：英国的中产阶级家庭，1880—1914 年》（*The Edwardian House: The Middle-class Home in Britain, 1880–1914*），曼彻斯特，1993 年，第 144 页。

[2]　赫尔曼·穆特休斯，《英国住宅》[1904—1905 年]，塞利格曼（J. Seligman）译，伦敦，1979 年，第 79 页。

在家庭住宅中的时间要稍晚一些，与公共改革建筑中切向长走廊的出现及 19 世纪初拱廊等走廊公共空间的兴起属于同一时期。

作为重要的皇家城堡，几个世纪以来，温莎堡已经成为一系列古老建筑的杂乱聚合，并且在疯狂的国王乔治三世的统治下，这里更是疏于管理，所以亟须现代化整修。因挥霍无度而恶名昭彰的摄政王在等待父亲去世的过程中，斥巨资装饰了温莎地区的布莱顿馆（Brighton Pavilion）和皇家公馆（Royal Lodge）。当他于 1820 年登上王座，成为乔治四世后，便不惜重金，委派约翰·纳什建造白金汉宫。与此同时，与此不相上下的另一项目——改建温莎堡的上院（Upper Ward）——也得以启动。上院是查尔斯一世建造的旧宫殿，自建成后基本上没有任何改变。由于内部空间混乱，房间之间的流通和移动受到很大限制。1823 年，该项目交给了国王最中意的建筑师，即直言不讳的德比郡建筑师杰弗里·怀亚特（Jeffry Wyatt，不久之后，他获得国王的更名许可，并被封为杰弗里·怀亚维尔爵士）。怀亚维尔得到的预算非常紧张，只有 150000 英镑，且经费使用由议会委员会严格控制。不过，最后，改造费用的总额超过了 900000 英镑。

怀亚维尔用漂亮的塔楼和垛口将上院的外部轮廓改造为美丽的人造中世纪城堡，但其内部则非常现代。现代化改造的核心是沟通正式豪华大厅与皇家私人公寓的新通道。这种新的沟通方式使一系列过渡性的联排房间成为过去。此前，这种联排房间在精心打造的凡尔赛太阳宫或圣彼得堡东宫面向涅瓦河的一系列宏伟大厅中都未能获得成功。在上院，取而代之的是新型建筑工具：走廊。为了使内部的活动更加方便，怀亚维尔已经在古老贵族房屋朗利特（Longleat）和托丁顿庄园（Toddington Manor）的改造工程中试验了现代化的走廊。在对温莎堡的改造中，怀亚维尔将上院矩形建筑的南边和东边通过一层连续的走廊连接起来。经过怀亚维尔的解释，国王认为这条走廊不单单是纯粹的功能性通道，也为大规模游行创造了空间。通道在设计图上被称为"长走廊"（Long Gallery）和"大长廊"（Great Gallery），但似乎在 19 世纪 40 年代时逐渐稳定为"大走廊"（Grand Corridor）。走廊分为三段：南部走廊、走廊之角以及东部走廊。其总长度达 158 米，大部分宽 6.5 米——由于有些地方对之前奇怪的建筑部分进行了改造，所以呈锥形。三个部分中，东部走廊是最长的，达 90 米。这一部分饰有深红色的皇家地毯和帷幔，平板檐口天花板镀有金边。哥特式靠窗座位由普金（A. W. N. Pugin）设计，墙上挂着画框统一的艺术品，其中包括皇家收藏的卡纳莱托（Canaletto）的系列油画。走廊的长度由 41 块一模一样的大理石基座标示，基座上是巩固了英国王室地位和力量的功臣的胸像。实际上，对国家公寓的重新设计就表示走廊要朝怀亚维尔设计的仪式新空间圣乔治大厅（St George's Hall）和滑铁卢房间（Waterloo Room）延伸。滑铁卢房间是为了庆祝 1815 年大败法军而建造的，也是英国新帝国力量的象征。此外，怀亚维尔还为王室成员打造了一系列私人房间，这些房间全部可以从走廊进入。考虑到大厅的富丽堂皇，以及新建上院对根深蒂固的民族主义哥特风格的拥护，乔治四世却颇为讽刺地将私人房间装饰成法式风格。即使十分雄伟壮观，这种新的空间布局依旧为明显的中产阶级式。由此可见，大走廊自最初就是混合建筑。[1]

1829 年，走廊竣工时，多佛夫人（Lady Dover）称赞说："看长廊或走廊的第一眼，这是一个人能想到的世间最美的事物……现在，

---

[1] 有关完整描述，另请参见圣约翰·霍普（W. H. St John Hope），《温莎堡：一部建筑史》（*Windsor Castle: An Architectural History*），2 卷本，伦敦，1913 年，第 2 卷，第 537 页之后。

这里装饰华丽，光线充足，挂满画作，且布局得当。"[1] 乔治四世当时已经任命怀亚维尔为温莎堡的官方设计师，甚至还提议以其名命名城堡中的一座新建塔楼。然而，1830 年国王去世后，其继任者叫停了疯狂的破费之举，拒绝再为怀亚维尔提供赞助。[2]

约瑟夫·纳什（Joseph Nash）于 1848 年完成了一部印制精良的著作——《温莎堡的内外景观》（*Views of the Interior and Exterior of Windsor Castle*），让人可以在 20 多年后一窥维多利亚女王及其配偶的私人世界。书中有 3 幅关于这条走廊的作品，被冠以"高贵而宽敞的活动空间"之名。[3] 南部走廊的版画作品用经典的单点视角以突出深度，目光可沿与天花板平行的地毯边缘向前延伸至消失点。东部走廊最长，因"精美的细木家具"著称，包括"镶嵌细工、雕花工艺、乌木以及其他用于镶嵌的饰物"。不过，女王白色、绿色、红宝石色的休息室、私人餐厅及客厅的版画让参观者看到了设计中公开元素之外的内容。在纳什看来，私人空间的版画表现了"真正的皇家景观，展现了伟大君主的家庭生活"，之后，一位奉承者也附和道："大走廊本身"就体现了"维多利亚女王私人生活的神圣"。[4]

1848 年，奥斯伯尼宫（Osborne House）建成。此宫是女王在怀特岛（Isle of Wight）的寓所，是阿尔伯特亲王热情参与建造的结果。

[1] 引自约翰·马丁·罗宾逊（John Martin Robinson），《温莎堡：官方图解历史》（*Windsor Castle: The Official Illustrated History*），伦敦，2001 年，第 105 页。

[2] 有关完整细节，请参见德雷克·林德斯特姆（Derek Lindstrum），《杰弗里·怀亚维尔爵士》（*Sir Jeffry Wyatville*），牛津，1972 年。

[3] 约瑟夫·纳什，《温莎堡的内外景观》（*Views of the Interior and Exterior of Windsor Castle*），伦敦，1848 年，未标分页。《温莎堡走廊中的图片、胸像、铜像等的描述性目录》（*A Descriptive Catalogue of the Pictures, Busts, Bronzes, etc. in the Corridor of Windsor*），1843 年，私人印刷。

[4] 引自莱昂内尔·库斯特爵士（Sir Lionel Cust），《爱德华国王七世及其宫廷：一些回忆》（*King Edward vii and His Court: Some Reminiscences*），伦敦，1930 年，第 40 页。

主楼围绕区分主人与客人的长廊建造。此外，长长的连接走廊完全将主人与仆人所居住的地方和举办更公开活动的宴会厅分开（宴会厅可以通过专属走廊进入）。尽管是帝王的专用场所，这些空间可以被不同规模的阶层和特权阶级的宅邸模仿，从而形成一种清晰的分布。这就是大走廊让走廊在维多利亚时代更为常态化的方式。罗伯特·克尔的《英国绅士之家》为广泛传播这一方案起到了关键作用。

罗伯特·克尔的焦虑走廊，1864 年

罗伯特·克尔是典型的公众人物：他是伦敦国王学院建筑系教授；英国皇家建筑师协会董事会成员；自 1862 年起任威斯敏斯特圣詹姆斯区的区域测量师。他关于建造理想住宅的指南也秉承了最原始正统的理念。

克尔勾勒出的英国住宅建筑的历史，绝对是第一次从走廊迎来新时代的角度进行的。克尔认为，前现代时期的家庭建筑对私密性的追求完全被前走廊所阻碍。克尔还抱怨说，会客室和休息室可能在 13 世纪就有出现，但"贯穿所有房间的主干道设计得太过普通"。他指出，15 世纪时奥克斯伯庄园（Oxburgh Hall）的设计因其对通道的创新而变得非常重要，但"连续的走廊尚未出现""大量外门朝庭院开放，作为房间之间相互联通的内门，[它们]成了笨拙的替代品"。都铎时代的人们看到了"增建内部通道（尽管并没有大量出现）"优势，但直到 1538 年萨福克郡亨格雷夫庄园（Hengrave Hall）建成后，连续走廊的时代才终于开启。因此，克尔认为连续走廊比范布鲁格的布伦海姆宫出现得更早，他还认为后者的沟通空间非常"糟糕"。即使是如罗伯特·亚当（Robert Adam）或科伦·坎贝尔（Colen

Campbell）等启蒙运动的核心建筑师也未能认识到这一点："作为积极寻求技术的一个指标，最为奇怪的现象是：普通过道竟是如此匮乏，而贯穿型房间又是多么地普遍——房子里甚至连主要的分隔都没有。"这表明，只有与克尔同时代的维多利亚人真正抓住了走廊的中心地位。历史遗址上的残垣断壁得到清理，克尔践行了英国绅士之家的首要原则：沿着连续的廊道分布房间，其中包括最小的牧师房间和最大的厅堂。[1]

克尔最重要的建筑目标是利用房间和通道封闭主人的空间，增强私密性。"对地位较高的英国人来说，私密的家人休息室应该为其首要原则，家人通道（Family Thoroughfares）也应尽量如此。"即便绅士之家再小（他干脆无视自己所谓的"劣等阶层住房"），主人与用人的空间也应有明显区分。为此，人们应设计独立的走廊或路线，这样"主人可以自由通行，不会意外遇到用人，用人履行自己的职责时……也不会意外遇到主人或客人"。克尔的直言不讳令人钦佩，他还宣称："无论在同一栋房屋居住的人的地位或对私密性的要求如何，每个阶级都有权关上门独处。"[2]

克尔设想了理想住宅的各个元素，将公共接待室、来宾及访客室与私人家庭室、女士休息室、男士吸烟室、图书室、书房和台球室区分开来，之后在上层划分出卧室、化妆室、更衣室，在地下楼层划分出功能独立的仆人宿舍、男女独立的家政空间——餐具室、厨房、家务工作间等。克尔继续描述了房屋的规划，主干道和走廊成为上述划定区域的关键要素。"整体在很大程度上取

---

[1] 罗伯特·克尔，《英国绅士之家，或如何规划英式住宅，从牧师房间到宫殿》（*The English Gentleman's House; or, How to Plan English Residences, from the Parsonage to the Palace*），伦敦，1864 年，第 28、41、44、52、53 页。

[2] 克尔，《英国绅士之家》，第 74、71、76 页。

决于沟通方式——沟通各个部分的主要通道。最关键的是赋予这些通道以一定程度的重要性。"克尔称主要通道是"规划的骨架"，值得用一章来详述。之后一个章节是更具体的分类，标题为《长廊、走廊、通道》(Gallery; Corridor; Passage)。对于这些区分，克尔自信地称："走廊是宽敞庄严的通道；长廊是更宽敞、更庄严的走廊。"[1]

在这些章节中，克尔想要平衡两个方面：一是对紧凑性的需求——以免通道"相互嵌套或迂回曲折"；二是认识到私密性需要房屋中多条路线或"通道"才能保证，包括家人用的通道、中央大厅、餐厅或休息室之间的公共路线、仆人用的独立通道以及通往卧室、护理室或花园的小路等。冲突的力量非常明显，因为每条路线在经过房屋时都需要清晰的线路，同时还要避开更封闭的私人空间。一方面，克尔认为，设计应该"尽力避免所有内部沟通的主要路线的相互重叠"，但另一方面，设计也应该将主人所用的主走廊隔离出来，以免与其他家政人员不期而遇。最后，克尔在书中描绘了几乎不可能的原则："用人往来的通道入口应精心设计，以几乎完全隐蔽的方式出现在走廊中。"[2]

克尔曾亲自为《泰晤士报》所有者约翰·沃尔特三世(John Walter III)设计了位于伯克郡赫斯特(Hurst)的贝尔伍德庄园(Bearwood House)。在为这栋乡村度假之屋所做的设计中，上述冲突表现得非常明显。这座完工于1870年的庄园是为了纪念《英国绅士之家》的出版，其规划有多条通道，也有为不同等级的仆人、主人及客人、育儿楼设计的独立分支走廊，这些都体现了克尔的理

---

[1]　克尔，《英国绅士之家》，第98、173、184页。
[2]　克尔，《英国绅士之家》，第186—187页。

念。1921 年，退出家庭住宅功能的庄园被改为学校。经过对维多利亚时代乡间别墅进行调查，吉尔·富兰克林（Jill Franklin）认为，这座庄园"笨拙到不可思议"："整体规划是维多利亚时代专业化和区隔化的代表，但同时也有力地证明了：最终建筑中的沟通竟能如此不便。"[1]

1880 年，当史蒂文森动笔撰写经证明对下一代颇具影响力的《住宅建筑》（*House Architecture*）时，人们对绅士阶层的住房建筑的认知和经济考量发生了变化。用人的数量大幅减少，"对上层阶级的崇拜"也逐渐降低。因此，房屋变得更为紧凑，走廊变短——最好避免长走廊的出现，因为它"并不美观"，最后很有可能看起来就像"铁轨隧道"一样。"通道中的所有空间都消失了，"史蒂文森提醒道，"在不增加住宅房屋数量的情况下扩大面积。"其实，走廊长度应该是较短，通过窗户或楼梯为间隔，因采光井而光线充足，整体设计应避免"人在黑暗中在通道内摸索前行"的情况。[2] 维多利亚时代及爱德华时代末期，住宅均采用了与克尔的中世纪风格极为不同的原则，即高维多利亚风格（High Victorian）[3] 的理想范式。即便如此，1904 年，德国评论家赫尔曼·穆特休斯仍认为，"英国住宅常有这样的考虑：用人、主人、客人使用的通路不得交叉。任何设计师都很难满足这种要求"。[4]

克尔希望绅士阶层的住宅能成为一种机制，既有凝聚力，同时

[1] 吉尔·富兰克林，《绅士乡间别墅及其规划，1835—1914 年》（*The Gentleman's Country House and Its Plan, 1835–1914*），伦敦，1981 年，第 146 页。
[2] 史蒂文森，《住宅建筑》，第 2/2 卷，伦敦，1880 年，第 116、149—150 页。
[3] 19 世纪 50—60 年代，建筑中出现了哥特式风格的复兴，由多色装饰的硬体建筑开始流行，这种风格被称为高维多利亚风格，或称中期维多利亚风格。——编者注
[4] 穆特休斯，《英国住宅》，第 94 页。

又能将一系列复杂的功能、主体及阶层分开。走廊是关键，是确保连接和分隔的结合点。因此，走廊是维多利亚时代住宅核心的"空间—社交的悖论"。[1] 由于走廊通常是有限的通道空间，便总会成为住宅中被忽视的部分：走廊具有多重功能，很难定义；此外，与地位及功能固定的会客室或客厅相比，又过于粗糙。有助于确定英国中产阶级的家庭身份的，是在客厅堆积的大量物品——重型家具、防火屏风、座椅罩套、照片、摆设、装饰玻璃、网状窗帘、帷幔、壁炉、烛台、花瓶和时钟等。[2] 符号堆砌的密集环境保证了资产阶级的自我安全。然而，正如瓦尔特·本雅明所说，家庭在其购买的珍贵商品中得以确立，这让人想起 19 世纪侦探小说的起源，"无休止地等待着无名杀人犯"从外部走廊偷偷潜入房间。[3]

从克尔的作品中可以明显看出，为了区隔对沿带状走廊分布的私人空间和封闭的房间，必须辩证地把握公共领域的重新配置及 19 世纪大型建筑的兴起。感化院建筑因将中产阶级对隐私的认知从"家庭"的概念中剔除而格外受人诟病。沿公共走廊建造的公共房屋之所以被妖魔化，是因为它完全颠覆了盎格鲁 - 撒克逊人心中的理想住宅和吊桥式城堡。克尔认为，家庭的隐私是阶层和财富带来的特权。《英国绅士之家》并没有将成本低于 1250 英镑的住房考虑在内。1866 年，克尔发表了演讲《论为城镇贫困人口提供住房的问题》(*On the Problem of Providing Dwellings for the Poor in Towns*)，该演讲是对维多利亚时代中期关于社会改革与自由资本主义结构性不平等的

[1] 凯伦·蔡斯及迈克尔·莱文森（Michael Levenson），《亲密关系视角：维多利亚时代家庭的公共生活》(*The Spectacle of Intimacy: A Public Life for the Victorian Family*)，普林斯顿，新泽西州，2000 年，第 168 页。
[2] 萨德·洛根（Thad Logan），《维多利亚时代的客厅》(*The Victorian Parlour*)，剑桥，2001 年，第 26 页。
[3] 瓦尔特·本雅明，《单向街》，杰夫考特及舒尔特译，伦敦，1997 年，第 70 页。

激烈辩论做出的贡献之一。这篇演讲中提到，毫无意义的社会应酬要求穷人家庭至少有三间卧室，但克尔认为，穷人只需要做到家庭共享一个房间即可。每个房间的建造价格为 70 英镑，以每周 4 先令的价格出租，这就瞬间解决了住房不足产生的问题。穷人的粗枝大叶使得规划中的"讲究"变得毫无必要。[1]

似乎只有贵族宫殿和房屋中的走廊才能引起人们的足够兴趣，才能得到被品评的待遇，温莎堡的走廊以及柯曾家族（Curzons）的凯德尔斯顿庄园（Kedleston Hall）中半圆形的连接式家庭走廊就是例证——后者（可能）由罗伯特·亚当于 18 世纪末建造，其中摆满了表现家庭历史和殖民历史的物品。[2] 然而，据我观察，《读懂住宅》等指南或有关日常家庭空间的著作选集通常都会忽视通道和走廊——即便它们在房屋空间的分布上具有举足轻重的作用。因此，想要探索作为令人担忧的社交空间的走廊，维多利亚时代的家庭小说是非常有说服力的资源。

家庭小说／曲折的走廊

夏洛蒂·勃朗特的《简·爱》（1847 年）就非常细致地描述了建筑空间。《简·爱》的故事发生在 6 栋房子里。作者对每栋房子都进行了精确的描述。简动荡的内心生活，在束缚与逃离之间跳动的脉搏，通过建筑物的通道而得以外显。如凯伦·蔡斯（Karen Chase）所言，简"不断地开门关门、开窗关窗、上下楼梯、跨过门槛……[且]房

---

[1] 请参见蔡斯及莱文森的讨论，《亲密关系视角》，第 70 页之后。

[2] 莱斯利·哈里斯（Leslie Harris）及吉尔·班克斯（Jill Banks），《凯德尔斯顿庄园的家庭走廊》（The Family Corridor at Kedleston Hall），《乔治协会期刊》（Georgian Group Journal），第 13 期，2003 年，第 108—113 页。

间和通道都成为内部复杂空间的一部分"。[1]

在盖茨黑德庄园（Gateshead house），简是其所处阶层的异类，是让人讨厌的贫困表亲。她在家庭空间中被边缘化，不得进入起居室或客厅，只能待在后侧楼梯或仆人的区域。她要待在庄园边缘，藏在靠窗的角落里。"外侧走廊"发出声音，里德太太（Mrs. Read）"沿着走廊"走来，"衣服沙沙作响"。这是小说中反复出现的被威胁的情节，加剧了简被锁在红屋里遭受惩罚的心理创伤。简之后被送到了洛伍德（Lowood）的"孤儿收容所"——那是一所福音派的"慈善"学校。简刚到的时候，"在不规则大型建筑物中，从一个隔间走到另一个隔间，一条通道走到另一条通道"，这一点得到了主观表达。勃朗特准确描述了福音派教学的"监控"系统，全部女孩都要聚集在大礼堂中，按照任务分组，这80名女孩饥肠辘辘，并总是被排名、监视和惩罚。之后，公共宿舍进一步加强了因羞辱而屈从的感觉，最终破坏了个体自我的最后一丝遗迹，也使斑疹伤寒侵袭时更具破坏性。[2]

简的第三个家是桑菲尔德庄园（Thornfield Hall）。在这里，勃朗特对乡间别墅理念进行了颠覆性打击。社会大动荡的17及18世纪时期存在着赞颂领主的传统，代表了秩序、等级和延续的社会缩影。[3]但与此相反，桑菲尔德庄园却充满了父权制的混乱和哥特式的神秘。简再次成为庄园中的阶级异类——这次是被人当作带薪的女教师。

[1] 凯伦·蔡斯，《爱神与灵魂：夏洛蒂·勃朗特、查尔斯·狄更斯及乔治·艾略特的性格体现》（*Eros and Psyche: The Representation of Personality in Charlotte Brontë, Charles Dickens, and George Eliot*），伦敦，1984年，第59、60页。
[2] 夏洛蒂·勃朗特，《简·爱》[1847年]，伦敦，2006年，第21、52页。
[3] 请参见弗吉尼亚·肯尼（Virginia C. Kenny），《英国文学中的乡村住宅理念，1688—1750年》（*The Country-house Ethos in English Literature, 1688–1750*），布赖顿，1984年。

她住在庄园中仆人的空间，与管家同等待遇。此外，休息室是她应该待的地方。在那里，每次有晚间娱乐活动时，她都会被同阶层的人所轻视，所以，她仍要选择待在边缘角落和夹缝中，以免惹人注意。和布兰奇·英格拉姆（Blanche Ingram）不同，人们都容不下简，她从未受邀参加餐厅或台球室促进亲密感的同阶级非正式活动。即便如此，简显然还是在"长走廊"上有一间卧室，该卧室位于家庭成员楼层，而非仆人的楼层。这体现了维多利亚时代女家庭教师的典型痛苦。

管家带着简走过整座庄园时，桑菲尔德的空间得到了详尽刻画：从一层接待室宽敞的"大前厅"，经过上层有主人房、客房、育儿室的长走廊，最后经由"狭窄的阁楼楼梯"走上三层，通向"长长的通道……这里狭窄、低矮、昏暗，只在远处有一小扇窗户。两排小黑门都是闭锁的，就像是蓝胡子 [1] 的城堡中的走廊"。这就是简的休息处，能拥有隐私，能克服命运狭窄的束缚："沿着三层走廊来来回回地行走，感受沉默和寂静带来的安全感，是我得到的唯一安慰。"据说，罗切斯特可怕的第一任妻子贝莎·梅森（Bertha Mason）就被关在这里。她被关在厚重挂毯挡住的那个房间中。这种描述成倍地增加了建筑上层迷宫般的内部空间带来的威胁。在这里，秩序的缩影消失了。贝莎的"野蛮"和恐怖的外表，深深地藏在了庄园仆人区域的秘密中心，但事实证明，纸包不住火。[2]

简逃入树林，将自己从哥特式的封闭围墙和桑菲尔德的"傲慢穹顶"下的社会羞耻中解脱出来——然而，流浪差点要了她的命。即便如此，简仍然相信，死在荒郊野外也比死在"济贫院的棺材"

---

[1]　法国作家查理·佩罗所写的民间传说中的人物。——译者注
[2]　勃朗特，《简·爱》，第 126、129 页。

中强，这反映了她所处阶级根深蒂固的价值观。之后，简把摩尔庄园（Moor House）当作避难所。那是一栋古老的家族庄园，规模不大，仿佛"摇摇欲坠的农庄"。厨房和小客厅是贫穷的里弗斯（Rivers）一家的主要活动地点。这是重回下层中产阶级道德秩序的体现。受制于圣约翰·里弗斯（St John Rivers）严格的宗教权威，这里"没有多余的装饰"，只有与世隔绝的体面。简在莫顿村（Morton）当老师时，连她自己都窃喜能拥有一座简单的乡间小舍，一间"刷着白墙的小屋"和一间位于二层的卧室。她回到摩尔庄园后，很快便凭借家族遗产重回自己原本的阶级，并斥资将庄园改造成了"光线充足，舒适安闲的典范"（"通道中有油画，楼梯上铺着地毯"）。[1]

威胁和怪异的心理悄然潜入《简·爱》的走廊中，弥漫在附于体面的内部空间的门口的哥特式装饰上。晚上，贝莎可以自由地在桑菲尔德的长廊和走廊踱步。之后，在男权社会的压力下，简要嫁给表亲圣约翰，并将自己的生活完全奉献给他的传教士工作。正在这时，简感应到了罗切斯特的困扰。一个幽灵般的声音对她说："我飞到门口，看着通道。"这一简单的描画其实是她逃离中产阶级的本能在建筑上的体现。她马上离开了摩尔庄园。她先是到了破败的桑菲尔德，那里同她梦中预见的一模一样；接着，她去了芬丁庄园（Ferndean），这里是身患残疾、双目失明的罗切斯特最后的休养所。庄园完全浸没在森林中：它被称为古老的"庄园宅院"，然而很大程度上只是被遗弃的狩猎小屋，"没有建筑装饰"，只有 3 个房间可以使用，完全符合罗切斯特低沉的状态。在这里，在迷宫的中心，牛头怪终于被驯服了。简和罗切斯特结了婚，心满意足地生活在这个休养所——这个维多利亚时代中产阶级的田园农舍。

---

[1]　勃朗特，《简·爱》，第 346、380、407、396、413、452 页。

《简·爱》对空间的痴迷或许有些特殊，这与主人公的心路历程有着内在的联系——一位评论家称，简在门厅、门槛和通道中表达的内心活动可以被称为"门户欲望"。[1] 然而，小说中的房屋是当时普遍使用的隐喻，以亨利·詹姆斯为《贵妇肖像》（*The Portrait of a Lady*，1881 年）所作序言中的著名论述为顶峰：

> 简而言之，小说中的房屋，不只有一扇窗户，未被辨认出来的，有成百上万扇。由于个人视觉的需要和个人意志的压力，自始至终，从每一扇窗户宽大的正面都可以看到室内。

詹姆斯对维多利亚时代末期的印象强调多视角主观感知的不同微妙角度，而不是与维多利亚时代中期现实主义相关的全知全能的叙事方式。他的小说越来越倾向于描述曲折的走廊，而非笔直的线路。"你接近主题的方式太'直接'了。"詹姆斯在 1899 年曾建议某位作家"在 [读者] 出现的当口，应先描述一两个前厅和弯曲的走廊"。[2]

詹姆斯将《贵妇肖像》视为"广场和宽敞的房子"，以中心人物伊莎贝尔·阿切尔（Isabel Archer）的"抱角石"为基础，情节构建了"精美的浮雕拱顶和彩绘拱门"，详细描述了搭建建筑的砖石，最后缓缓关上铁门，将之囚禁在完美但致命的虚假婚姻中。[3] 这本小说

---

[1] 米基·尼曼（Micki Nyman），《夏洛特·勃朗特〈简·爱〉及范妮·弗恩〈露丝庄园〉中的欲望之门》（Portals of Desire in Charlotte Brontë's *Jane Eyre* and Fanny Fern's *Ruth Hall*），《勃朗特研究》（*Brontë Studies*），第 42/4 期，2017 年，第 143—153 页。

[2] 亨利·詹姆斯，《贵妇肖像》前言，拉克赫斯特编，牛津，2009 年，第 7 页。亨利·詹姆斯写给汉弗莱·沃德夫人（Mrs Humphry Ward）的信，引自伊丽莎白·史蒂文森，《曲折的走廊：亨利·詹姆斯的研究》（*The Crooked Corridor: A Study of Henry James*），伦敦，1949 年，第 142 页。

[3] 詹姆斯，《贵妇肖像》前言，第 12 页。

和《简·爱》一样，故事的背景是一系列精确描绘的庄园。小说表里不一、口是心非的主题自伊莎贝尔童年在奥尔巴尼（Albany）的家中就有体现：两栋房屋被打通，"双重房屋"有"两个入口，一个已废置很久，但自始至终都没有被拆掉"。不祥的氛围继续延伸到一层家中宽敞的公共房间里，家人们都于此地出场："三层有一条沟通房屋两侧的通道，伊莎贝尔和姐妹们小时候会称它为隧道。虽然很短，且照明充足，但小女孩仍然认为这条通道让人有陌生感、孤寂感。"[1]这些空间越来越多地将伊莎贝拉束缚在框架之内，迫使她规行矩步，可她却觉得自己最为自由。

在第九章，我会再次讲到詹姆斯在鬼故事中描述的走廊和通道，但《简·爱》和《贵妇肖像》在此可以证明，尽管我们会因前厅或客厅的明确作用而忽视通道，但实际上，通道在家庭小说中往往是重要的活动空间。这一点通过小说不同的模式和风格得以体现。在表现下层中产阶级生活的喜剧中，我们看到了地位带来的焦虑，比如威尔斯（H. G. Wells）笔下的基普（Kipps），他熟读《访客接待礼仪及规则》（*Manners and Rules for Paying Calls*），但仆人未能及时开门待客时，他就会感到非常迷茫。此外，基普还不得不"在相当狭窄的通道中"与房屋主人的女儿侧身挤过。同样，在格罗史密斯（Grossmiths）的《小人物日记》（*Diary of a Nobody*，1892 年）中，普特尔（Pooter）一家之所以笑料百出，是因为家里缺少合理的走廊——这深刻地体现了这一阶级的虚荣。仆人的存在标志着这群人提高自身阶级等级的渴望，但她奴性的缺失，以及她与主人共享拥挤空间的尴尬的近距离接触，都体现了克尔或史蒂文森提出的一点：对于大部分下层中产阶级来说，家庭空间中的隐私及区隔的理想模式很难实现。这些下层中产阶级通常由生活在郊区的职员组成，他

---

[1] 詹姆斯，《贵妇肖像》，第 36—37 页。

们因平庸而备受爱德华时代的评论员责备。[1]

如果多变无常的虚构场景能够使家庭空间中走廊的角色更加清晰，那么第五任波特兰公爵对古怪隧道的痴迷才真正将走廊的意义带入家庭，从而解决了维多利亚时代在保证私密空间方面的问题。

走廊的神化：第五任波特兰公爵

1854 年，威廉·约翰·卡文迪许 - 斯科特 - 本廷克（William John Cavendish-Scott-Bentinck）成为第五任波特兰公爵。1879 年，公爵去世。在此期间，古怪内向的他每年会花费至少 10 万英镑为诺丁汉郡的私人家族庄园——维尔贝克庄园（Welbeck Abbey）修建隧道和走廊。几座修道院被拆除后，14 世纪最初建立的教堂被卡文迪许家族于 1604 年建在广袤土地上的庄园所取代。就连通常恭敬顺从的《乡村生活》（Country Life）杂志都不得不承认，多年以来累积的建筑，已经成为"让人压抑的一堆，它们规模巨大，风格多样且丑陋"。[2] 在那里，新公爵建造了长达数英里的隧道。隧道由砖石建成，铺砌整齐，非常宏伟。如此一来，他就可以不用抛头露面，直接乘坐马车从隧道到达最近的火车站（他会坐在马车车厢中，拉上窗帘，且整辆马车都会被装到火车上）。此外，他还用钢铁和玻璃建造了一座骑术学校，以饲养自己心爱的马匹。这座建筑长约 122 米，配设

---

[1] 威尔斯，《基普》（Kipps）[1905 年]，伦敦，2005 年，第 150—151 页。请参见詹姆斯·汉默顿（A. James Hammerton），《普特尔主义还是伙伴关系？下层中产阶级的婚姻及男性身份，1870—1920 年》（Pooterism or Partnership? Marriage and Masculine Identity in the Lower Middle-class, 1870–1920），《英国研究杂志》（Journal of British Studies），第 38/3 卷，1999 年，第 291— 321 页。

[2] 《乡村住宅：维尔贝克庄园》（Country Homes: Welbeck Abbey），《乡村生活》，1906 年 4 月 21 日，第 564 页。

有 4000 盏燃气灯。又长又窄的马匹跑道长达 305 米，公爵也为其盖上了钢铁和玻璃材质的天顶。最初的跑马场被改造成了大型宴会厅。他还建造了 9 公顷的厨房花园，这座花园比温莎堡的花园大很多，且有高墙保护。公爵还为花园增建了长长的水果拱廊和植物走廊。"这条拱廊差不多有一千英尺长，由一系列装饰性铁拱廊组成。整条拱廊中，一侧培育了大量苹果树，另一侧则培育了大量梨树，它们用累累硕果点缀了整个景象。"[1] 后来，公爵将一栋楼改造为新厨房，一条带有狭窄轨道的长隧道将其与主建筑相连，从而保证食物在还热的时候即可食用。据说，公爵有一个要求：无论昼夜，厨房都要做到能随时提供热烤鸡。

大部分大型工程都是通过简单的"切割覆盖"的方式完成的：首先挖沟，之后覆盖屋顶形成隧道，这也是伦敦第一批地铁线路使用的技术。实际上，公爵直接从伦敦建筑工地雇用了数千名工人，还在自己的庄园为他们建造了临时居住的城镇，爱尔兰工人称其为"斯莱戈"（Sligo）。

在维尔贝克庄园内部——更确切地说是地下部分——公爵挖出了一个房间。那里曾是英国最大的私人房间，创造性的铁梁屋顶跨度有 19 米，覆盖面积达四分之一英亩。开始，公爵准备将这个房间作为小教堂，后来则成了展示家庭照片的长廊。由于对这个空间颇为满意，公爵继续开凿，打造了由 5 个房间组成的矩形套间，将其作图书馆之用。这样，从一个房间能通往下一个房间，连成一串，但"这些走道的一侧是又宽又漂亮的玻璃顶走廊；另一侧是长度可观的带顶拱廊"。这些房间"通过地下走廊和通道与庄园的其他部分相连"。[2]

---

[1] 卢埃林·杰维特（Llewellynn Jewitt）及霍尔（S. C. Hall），《英国富丽之家》（*The Stately Homes of England*），第 2 系列，伦敦，1877 年，第 349 页。

[2] 杰维特及霍尔，《英国富丽之家》，第 347 页。

此外，公爵还扩展了房屋的南侧翼楼，将整栋建筑加高了一层。

由于收取了出租英国和苏格兰北部大片庄园的租金，拥有伦敦西部大片田地，并在东北部煤矿合作中获利，所以波特兰公爵领地极为富有。于公爵而言，花在建筑工程上的几百万英镑不过是九牛一毛。波特兰公爵拥有特伦（Troon）的富拉顿庄园（Fullarton House）和凯斯内斯（Caithness）的朗维尔庄园（Langwell）。虽然公爵本人从未去过这两处庄园，但竟通过信件往来将之管理得井井有条。他的确曾在伦敦卡文迪许广场（Cavendish Square）的大型豪宅夏惫大厦（Harcourt House）中住过一段时间——这栋豪宅是上一代人在纸牌游戏获胜后留给家族的遗产。在夏惫大厦，第五任公爵藏在正面的无窗高墙后，但令其富裕的邻居们大为震惊的是，他还修建了 24 米高的烟色玻璃边界墙，以免街上的人看到里面的花园。1878 年 9 月，公爵到夏惫大厦养病，一年后在那里去世。[1]

徜徉在接待室、宴会厅、增建的翼楼和沟通各处的隧道和走廊中，公爵成了隐居中的传奇。他从不需要陪同，拒绝与其他贵族交往，从来不参加上议院会议，拒绝维多利亚女王和迪斯雷利（Disraeli）首相授予的荣誉。不过，公爵经常跟私闯自己领土的人聊天。自 19 世纪 70 年代公爵因怪异和暴躁的指责成为报纸上的"传奇人物"后，总有人闯入他的领地。[2] 公爵住在维尔贝克庄园时，只会使用主建筑里被人称为"北壁橱"（The North Closet）的三四个房间。公爵有着独特的穿衣风格：两件大衣傍身，高高的领子僵硬地竖着，戴着一顶超

---

[1] 详细的家族历史请参见特伯维尔（A. S. Turbervill），《维尔贝克庄园及其所有者的历史》（*A History of Welbeck Abbey and Its Owners*），2 卷本，伦敦，1939 年。书的第十八章专门描写了第五任公爵。

[2] 《波特兰公爵》（*The Duke of Portland*），《拉特兰郡的回响及莱斯特郡的广告商》（*Rutland Echo and Leicestershire Advertiser*），1875 年 7 月 12 日，第 3 页。

过半米高的礼帽，为免沾泥，他还将裤子绑在膝盖处。公爵经常穿着这身行头考察庄园的工程，这也是人们能经常看到他的时刻。他经常和孩子们在庄园里玩耍，但避免与自己的员工接触。他洗衣店里的一名仆人平静地回忆道，公爵让仆人们在湖上划船，"我记得有一两次，当时，公爵一直待在灌木丛里"。[1] 公爵非常喜欢写信，他喜欢把要求写下来，通过房间门上专门设计的信箱交给仆人。通过这种方式，公爵在私人房间中时，基本不会与任何人有面对面的接触。

公爵没有孩子，所以去世后遗产全部由表亲继承。因此，这座怪异的建筑就成了著名的现代主义怪人奥托林·莫雷尔夫人（Lady Ottoline Morrell）长大的地方。夫人回忆说，刚到大厅，看到的是"长满杂草的混乱景象，建筑工人扔的垃圾到处都是……大厅里没有地板，只有临时搭建的板子"。夫人接着说："已故的伯爵沉溺于大型建筑工程，对其他的东西一无所知。他追求自己的爱好，却丝毫不懂美感，是个孤独且自我孤立的人。"[2]

维尔贝克庄园被称为"分隔走廊的高峰"，那里的"走廊 – 房间建筑，到目前为止，仍是规模最大的"。[3] 当然，公爵的动机仍未可知。他患有牛皮癣和神经痛，但经常在庄园里见到他的仆人们说，关于他面貌丑陋（或许是暗示梅毒可见痕迹的委婉说法）的传闻并不真实。公爵年轻时痴迷于女高音阿德莱德·肯布尔（Adelaide Kemble），但

---

[1] 《伊丽莎白·巴特勒回忆录》（Memoir of Elizabeth Butler），重印于德里克·阿德兰（Derek Adlam），《隧道景观：神秘的第五任波特兰公爵》（Tunnel Vision: The Enigmatic Fifth Duke of Portland），维尔贝克，诺丁汉郡，2013 年，第 25 页。

[2] 这是奥托林·莫雷尔夫人（Lady Ottoline Morrell）的回忆，引自第六任波特兰公爵威廉·卡文迪许 - 本廷克（William Cavendish-Bentinck），《男人、女人与事物：波特兰公爵的回忆》（Men, Women and Things: Memories of the Duke of Portland），伦敦，1937 年，第 32 页。

[3] 斯蒂芬·特鲁比，《维尔贝克庄园的走廊》（Welbeck Abbey's Corridors），《符号杂志》（Icon），第 136 期，2014 年 10 月，www.iconeye.com。

建于 19 世纪 60 年代的维尔贝克庄园的"新"骑术学校,它是世界上最大的钢铁玻璃建筑之一。摄于 1905 年左右

到了 19 世纪 40 年代,这段迷恋无疾而终(肯布尔已经结婚,但并未对外公布,以求仍能登台演出),他便因此退出了上流社会。有些说法表明,公爵发现法律无权干涉其私有领地及领地建筑上拥有的公共权利时,便开始挖掘隧道。[1] 从心理学角度看,公爵的父亲和祖父进行公共政治服务带来的沉重阴影,可能是将他推向另一个极端的原因。如果公爵疯了,那么维多利亚时代的医生肯定会说他是偏执狂,即理性的疯狂,将精力全部放在对工程和机械细节的迷恋上。

---

[1] 请参见查尔斯·阿卡德(Charles Archard),《古怪公爵及其地下隧道》(The Eccentric Duke and His Underground Tunnels),《波特兰贵族的浪漫》(*The Portland Peerage Romance*),伦敦,1907 年,可访问 www.nottshistory.org.uk,2018 年 5 月 28 日访问。

公爵会迫切地想使用最先进的牵引发动机和蒸汽犁，还会尝试新的建筑发明，接着会努力超过每一项既有的成就。他这样做可能只是为了填补空闲的时间。

　　然而，他特殊的痴迷形式表明，他的强迫症在维多利亚时代走廊这种新工具中得到了充分表达，这种创新保证了私人家庭的私密性和空间分隔。公爵是英国贵族中狂热的新教徒，他罕见的出行都是为了谴责废除英国国教的举动。1870 年颁布的《教育法》（*Education Act*）冒险制定了世俗的国家课程，但他仍极力保住了教会对学校的控制。清教徒扭曲的羞耻感是否强化了公爵保护并隔离个体自我的需要？羞耻感是一种社会化、关联式的情感，是对丢脸的恐惧。从各个方面看，公爵的个人行为、隧道规划、封闭马车，甚至传说中的封闭卧床都是害怕被人看到。自始至终，除却儿童、仆人或他在工作时直接指挥的海军，这就是公爵对社会上同阶层的人的厌恶态度。当然，与下属的接触完全可以通过异想天开的方式进行——就连最谦卑的洗衣女仆都能感受到，公爵走在维尔贝克庄园时，"有时候也会对自己掌控周围一切的能力感到些许惊讶"。[1] 奥托林·莫雷尔称："公爵希望女仆会滑冰，看到有人在打扫走廊或楼梯，无论那受惊的女孩愿不愿意，都会被送去滑冰。"[2] 在此，值得我们注意的是，公爵所在家族的座右铭是"Craignez Honte"，即"畏惧耻辱"。公爵将私人走廊作为限制和控制的工具，这种对走廊奇怪的神化，难道就是以这道禁令为基础吗？

---

[1] 巴特勒，于阿德兰（Butler in Adlam）《隧道景观》，第 24 页。

[2] 莫雷尔于卡文迪许 - 本廷克，《男人、女人与事物》，第 36 页。

拉金行政大楼，布法罗，纽约．
开放式办公室由建筑师弗兰克·劳埃德·赖特设计，
于 1906 年完成，1950 年被拆除

8 走廊敌托邦 I：
官僚主义

　　我已经说过，现代走廊往往充满了乌托邦实现的可能性。这不仅在查尔斯·傅立叶的空想共产村庄、共产党人的"社会凝聚器"和福利主义者的公共住房中有所体现，在拱廊消费的沉浸式资本主义梦想世界、购物商场和奢侈酒店中也有体现。18世纪末逐渐建立的改革机构通过不同方式改变了人类，但始终怀着真诚的希望，意欲将顽固的自我改造为服从的公民，让他们从通道末端步入光明。如果很多理想建筑渐渐变得似乎带着偶然的强迫性或刻意的惩罚性，那就是因为公共走廊总是被其对立面所遮蔽——私人走廊的存在不是为了打破或改造自我的边界，而是为了保护和捍卫它。

　　此前，围绕走廊和人行通道建造的公共住房一直因其局限性而为人诟病，对疗养院等机构走廊设计的破坏力的批评声也不绝于耳。到了20世纪60年代，这两种声音更加响亮。就在此时，"机构神经症"一词出现，表示的症状"包括以下几种特点：冷漠、缺乏主动性、事不关己高高挂起，[且]容易服从"。在福柯出版《疯癫与文明》（*Madness and Civilisation*）和欧文·高夫曼对"综合性机构"进行批评后，很多人都怀疑，"机构事业"带来的可能只会是非人性化。[1]

在本章中，我要说明的是，20 世纪下半叶，因对冷冰冰的办公室和官僚机构迷宫般的空间进行了抨击，对制度的批评进一步加剧。如果乌托邦式走廊中最具代表性的是高高的空中走廊，那么敌托邦的形象通常以公司中没有窗户、极有压抑感的走廊为代表。这种走廊很长，走廊上的门毫无差别，这标志着公司数字运算或国家行政的工具和理性对个人的系统性破坏。

敌托邦是 20 世纪的独有类别，与极权国家左派或右派的综合性机构相伴相生。表示最败坏之地的术语"敌 - 托邦"（dys-topia，作为词根的"topia"为"地点"之意，编者注），由约翰·斯图尔特·穆勒发明 [功利主义者杰里米·边沁更倾向于使用"暴政国"（cacotopia）一词]，尽管其于 1945 年之后才开始流行，但已经能够说明某些问题。威尔斯提出了技术专家治国的前景，设想个人在蜂窝隔间中的完全隔离，且所有关系都应由机器调节，对此，作为敌托邦代表作之一的福斯特的《机器休止》（The Machine Stops，1909 年）给予了直接还击。在一次罕见且焦虑的外出之旅中，小说的主人公从飞艇中往下看，看到了"很多走廊，走廊上有瓷砖锃亮的房间，[那些] 房间填满了每一层楼，直到地球尽头"，房间中的人"深深藏在蜂窝之中"。[2]叶夫根尼·扎米亚丁在《我们》中对布尔什维克革命僵化的不祥预言，结束于监护局（The Bureau of Guardians）死板的办公室中："里面，在走廊中，站着数不尽的编码人，他们手中拿着便笺和很多笔

---

[1] 拉塞尔·巴顿（Russell Barton），《机构神经症》（Institutional Neurosis），第 2 版，布里斯托，1966 年，第 14 页。另请参阅同年大卫·威尔（David J. Vail）的《非人性化和机构事业》（Dehumanization and the Institutional Career），斯普林菲尔德，伊利诺伊州，1966 年。

[2] 福斯特，《机器休止》，《新短篇小说集》（New Collected Short Stories），伦敦，1987 年，第 116 页。

记本。"[1] 亚瑟·科斯特勒（Arthur Koestler）在《中午的黑暗》（*Darkness at Noon*，1940 年）中谴责了斯大林 20 世纪 30 年代的大清洗运动。对鲁巴乔夫的处决无法避免，就在牢房外执行："长长的走廊迎接了他。墙体模糊，他看不到走廊的尽头。穿着制服的人跟在他身后三步之外的地方。"[2] 再看特里·吉利姆（Terry Gilliam）的蒸汽朋克敌托邦小说《巴西》（*Brazil*，1985 年）。小说中描述了无穷无尽的办公室、管道和通路以及做不完的文书工作。如此一来，官僚主义敌托邦就通过走廊得以表现。办公室走廊是非人性化的繁复办公程序的建筑表现形式，引用扎米亚丁《我们》中的最后一句话，在那里"理性必胜"。在非常现代的环境中，工具理性的实现借由公司和国家机构中横平竖直的走廊体现。

首先，我想勾勒办公室的兴起与走廊的矛盾关系。这种建筑空间与自发的官僚主义流程相关。自 19 世纪中期起，职员的队伍便不断扩大，这就促使一系列传世小说出现，这些小说均描述了极度疯狂的理性。接着，我想追溯 20 世纪 60 年代开放式设计或"行动办公室"与大量反走廊艺术作品同时出现的历史。这些艺术品反映了对综合性机构及死气沉沉的官僚机构的批评出现的大背景。

从账房到办公室

文员、办公室人员和国家官僚这一特殊阶级是商业资本主义的产物。正是商业资本主义促使现代西方国家于 18 世纪末得以出现。

---

[1] 叶夫根尼·扎米亚丁，《我们》，齐布尔格（G. Zilboorg）译，纽约，1952 年，第 212 页。
[2] 亚瑟·科斯特勒，《中午的黑暗》，伦敦，1982 年，第 212 页。

之前，文员数量很少，工作专业程度很高，他们通常被雇主委以虚职。18 世纪 80 年代，普鲁士首先采用了公务员竞争考试制度。因此，英语中"官僚主义"一词最初往往带有贬义，用于嘲讽日耳曼人发明的体系。后来，这个词的比喻意义长久用于识别欧盟对"繁文缛节"的管控。尽管边沁等改革者进行了积极尝试，但直到 19 世纪 70 年代，英国的公务员队伍仍较小，且改革尚未发生。但民营企业在 19 世纪 40 年代时得到了充分发展，衍生出令人困惑的小资本主义新阶层。这一由穿着黑色制服的文员组成的新阶层地位高于工匠，但低于绅士，他们需要参考《年轻文员手册》（*The Young Clerk's Manual*，1848 年）等书籍学习日常举止。

研究这些文员的历史学家表示，此阶级的日常工作细节大部分淹没在缝隙之中，且只能被小说详细描写。[1] 在狄更斯的小说《董贝父子》（*Dombey and Son*，1848 年）中，董贝先生的账房就通过更古老、更怪异的典雅隐喻描述了新兴的办公室等级制度：

> 董贝先生可以通过外面的办公室接触广大的世界……外面的办公室分为两个等级。坐在自己办公室的卡克先生是第一等级；坐在自己办公室的莫芬先生是另一等级。这两位绅士各自占据了如浴室一样的小房间。这些房间的门朝向董贝先生门口的通道。卡克先生作为大维齐尔，房间最靠近苏丹[2]。莫芬先生作为下级官员，房间最靠近其他文员。[3]

赫尔曼·梅尔维尔（Herman Melville）在其谜一般的小说《书记

---

[1] 请参见大卫·洛克伍德（David Lockwood），《黑衣职员：阶级意识研究》（*The Blackcoated Worker: A Study in Class Consciousness*），伦敦，1958 年。

[2] "大维齐尔"和"苏丹"都是奥斯曼帝国的称呼。其中，苏丹指代其最高统治者，大维齐尔是官阶最高的大臣。作者在这里是换喻的说法。——编者注

[3] 查尔斯·狄更斯，《董贝父子》，牛津，2001 年，第 183 页。

员巴特比》(*Bartleby, The Scrivener*, 1853 年) 中也描写了相似的结构：年纪稍长的律师开辟了一间内部办公室，通过一扇劣质的折叠门与等级较低的抄写员隔离开。不过后来，他让新上任的巴特比待在自己的房间，"方便随叫随到"。巴特比坐在折叠屏风后，"这样，他就完全不会出现在我的视线之内"。[1] 巴特比委婉地拒绝了办公室的等级制度，这给事物的秩序带来了不断升级的混乱。

对空间的描述同时体现了对古老大楼的灵活适应。弗朗西斯·达菲(Francis Duffy)提出，1864 年在利物浦专门建造的奥利尔大厦(Oriel Chambers) 在为小型企业打造小套间方面开创了先河。大厦中的办公室沿着公共走廊分布，它们是"程序化模块式的——整齐划一的小型单位巧妙组合在一起"。布局新颖的奥利尔大厦并没有传统的哥特式或意大利风格的外墙，而是高调地采用了毫无装饰的功能主义，符合一个世纪后普通办公室的国际通用风格。[2]

1851 年的人口普查显示，只有 1% 的英国人从事文员工作。然而，小规模商业主义在 19 世纪下半叶通过联合股份投资和合并成为垄断资本主义，由此，办公室职员的数量大幅增加。这些都体现于《小人物日记》(1892 年) 中的普特斯所处的备受谴责的世界，以及福斯特小说《霍华德庄园》(*Howard's End*, 1910 年) 中的文员列昂纳多·巴斯特 (Leonard Bast) 遭受的财务危机和持续的文化不适之中。

如果现代办公室越来越多地"将劳动力分散到各个部门，并进

---

[1] 赫尔曼·梅尔维尔，《书记员巴特比：华尔街故事》(*Bartleby, the Scrivener: A Story of Wall Street*)，伦敦，1958 年。

[2] 弗朗西斯·达菲，《办公建筑及组织变革》(Office Buildings and Organizational Change)，《建筑与社会：建筑环境社会发展论文集》(*Buildings and Society: Essays on the Social Development of the Built Environment*)，金 (A. King) 编，伦敦，1980 年，第 262 页。

行专业细分"，那么，大量文员承担的复杂的工作流程便可如此进行：分解成不同的步骤，并最好沿着线性通道空间进行组织。弗雷德里克·温斯洛·泰勒（Frederick Winslow Taylor）在于 1911 年出版的《科学管理原则》(*The Principles of Scientific Management*) 中明确提出，要将钢铁厂"残忍"的繁重劳动细分为一系列机械化重复动作。这也是亨利·福特（Henry Ford）发明工厂流水线的基础。但随着美国资本主义的蓬勃发展，泰勒主义也被积极地运用到办公室管理的新科学中。在舒尔茨的《美国办公室》(*The American Office*, 1913 年) 中，办公室空间按照"不断向前运动"的逻辑流程得以组织：

> 办公室内部工作的流程不应该出现反复的状况。每笔订单自收到后就应该稳步向前，直到最后一道工序的完成。工作流程本应顺畅地沿着一个方向前进。浪费的最常见原因之一就是工作前向和后向的分流。[1]

至少在舒尔茨看来，办公室之间迅速便捷的交流使沟通各部门的走廊变得极为重要。他为客户设计的理想办公室布局体现了高效的逻辑顺序：办公室有公共走廊，后方还有供员工使用的线性的私人走廊。

然而，走廊确实也是高效现代办公室的敌人。基于这一点，现代派重要的建筑师弗兰克·劳埃德·赖特才在布法罗建造拉金行政大楼时采用了辐射状设计。这栋大楼于 1906 年投入使用。拉金公司是肥皂制造商，但 1900 年时，公司每天需要处理的邮件订单超过 5000 笔，所以，很快也成了新型国家邮件订单公司。赖特打造的是大型砖石建筑，服务楼梯井和电梯位于类似塔架的角落，由此腾出内部

---

[1] 威廉姆·舒尔茨（J. William Shulze），《美国办公室：其组织、管理及文书》(*The American Office: Its Organization, Management and Records*)，纽约，1913 年，第 88 页。

的中心地板平台。中庭采用了大跨度的钢铁和玻璃屋顶，所以4层楼的办公区域光线充足。赖特颠覆了常见的办公室设计，将中央办公室置于中庭底部宽敞完整的空间中，并将上层的平台作为办公活动的专门区域。信件到达地下室之后，会沿着建筑物中前后相继的阶段得到处理，这实际是高效的大型归档和卡片索引系统（墙壁上嵌有文件柜，金属书桌固定有悬臂座椅，方便调整坐姿）。办公室的运作全部由在一层办公的管理层监督，颠倒了普通的办公室结构。从这一点上看，这栋大楼就是最早的开放式办公室之一。走廊等用于细分的固定结构完全被摒弃了。

拉金大楼使用了新型通风系统，所以赖特不必建造沿着带窗走廊分布的狭窄办公大楼。空气可以在人造环境的深空间中循环。这是将走廊剔除出办公室的另一要素。拉金大楼宣布（尽管不知何故提前了一些）：美国商业系统将走廊视为低效、浪费且死气沉沉的空间。

拉金行政大楼在世界范围内广受赞誉。德国建筑师埃里克·门德尔松（Eric Mendelsohn）1922年写信回国时称：

> 我坐在内院……四层楼，光线从四面八方透过来，照亮了整个大厅。大楼里有一千名员工。你听不到任何声音。每个员工静静敲打字机、计数器和加数机的声音合成一股日常活动中的轻微的背景音。

1921年，另一位欧洲旅行者称，在拉金行政大楼，"人们能感受到所处时代的节奏"。[1] 在大楼上可以俯视到中庭阳台上刻着的号

---

[1] 引自简·维尔斯（Jan Wils），摘自杰克·奎南（Jack Quinan），《弗兰克·劳埃德·赖特的拉金大厦：神秘与事实》（*Frank Lloyd Wright's Larkin Building: Myth and Fact*），纽约，1987年，第116页。门德尔松的话出现在第117页。

召人们努力工作的标语：**"智慧，激情，控制。"** 因此，文员们的工作热情极为饱满。无疑，通过放松对文员，尤其是负责整理文件的女性文员的监督和监视，开放式办公室强化了管控的可能性。

尽管遭到强烈抗议，但拉金行政大楼还是在 1950 年时被拆除。建筑师路德维希·密斯·范·德·罗厄（Ludwig Mies van der Rohe）此前参观过拉金行政大楼，称拉金行政大楼对自己 1958 年在纽约建造的西格拉姆大厦（Seagram Building）产生了重大影响。西格拉姆大厦是办公楼，确立了战后企业总部大楼的特征。它采用功能主义的开放式设计，自上而下的每一层楼都有一样的模式。此外，整栋大楼全部使用了玻璃幕墙。密斯的办公室体现了风格主义"通用空间"的理念，其网格状办公室的布局界限采用了不拘于任何区域环境的理想形式，这种形式可以在所有城市空间中实现。从外部看，办公室大楼采用了标准的国际主义风格。从内部看，在典型的办公室中，走廊已经降格，只体现了卑微的服务功能，仅仅是玻璃中庭和大堂空间背后隐藏的强制性防火通道。[1] 在 20 世纪 20 年代和 30 年代，办公大楼中留存下来的昏暗的双载走廊成了建筑整修时的设计难题。[2]

20 世纪 60 年代，人们尝试用各种方式改造开放式办公室。Bürolandschaft，即"办公室风景化"，是首先出现于德国的一系列激进提案。现代办公室不再按照泰勒主义固定的权力线或等级制度建

---

[1] 请参见理查德·帕多万（Richard Padovan），《迈向普遍：勒·柯布西耶、密斯及风格主义》（*Towards Universality: Le Corbusier, Mies and De Stijl*），伦敦，2002 年；菲利斯·兰伯特（Phyllis Lambert），《建筑海图》（*Building Seagram*），纽黑文，康涅狄格州，2013 年。

[2] 请参见克里斯蒂娜·亨利（Christina Henry），《开放式办公室规划中保留历史走廊》（Preserving Historic Corridors in Open Office Plans），《保藏技术协会公告》（*Bulletin of the Association for Preservation Technology*），第 18/3 卷，1986 年，第 75—80 页。

资本主义的末日：普通公司走廊

造，而是要应对经常变换的条件和扁平化的网络。这种需求就对没有墙体、走廊和私人办公室的完全开放式计划提出了要求。1969 年，一本手册中指出："办公室美化是一种以信息处理控制论为基础的总体规划方案。"这反映了管理人员对系统理论科学化的投资，将办公室视为整体的自我调节生态机制。[1] 本着当代精神，这种空间应是开放和民主的，但由于它废除了所有私人的、个体的办公空间，所以仍是最受人厌弃的办公室布局。

1968 年，为"行动办公室"提出的平行设计案旨在为开放式办公室提供移动性强、便捷简易的标准化办公家具，然而，奇怪的是，它竟成为隔间工区模式的开端。行动办公室的发明人罗伯特·普罗普斯特（Robert Propst）充满自信地将"蛋箱理念，和其用走廊连接

---

[1] 万库姆（A. Wankum），《办公室美化的布局规划》（*Layout Planning in the Landscaped Office*），伦敦，1969 年，第 5 页。

的成排的封闭空间"视为过时并加以拒绝，因为那是"以几乎完全垂直的组织为基础的线性沟通模式"。[1] 不过，短短几年过去，普罗普斯特的乌托邦式开放设计就沦为了廉价小隔间，成为道格拉斯·库普兰（Douglas Coupland）口中的"肥育牛圈栏"，"狭窄、拥挤的办公空间以可拆卸的布面隔墙为基础，供低级职员使用"。[2] 隔间办公室是冷漠的敌托邦世界，比如卡通形象迪尔伯特（Dilbert）所处的空间，以及《黑客帝国》（The Matrix）中的空间——基努·里维斯（Keanu Reeves）在结束安德森先生（Mr Anderson）的身份，变身为救世主式黑客尼奥（Neo）前的安身之地。此外，管理者们搬回了沿行政走廊建造的私人办公室，办公室的面积和向外打开的窗户成了其地位的衡量标志。

20 世纪 60 年代，英美办公室开始了反走廊改造，但比较研究表明，走廊 – 房间的设计在欧洲大陆上基本得以保留。于利安·范·米尔（Juriaan Van Meel）指出，2000 年时，来参观阿姆斯特丹的荷兰银行（ABN Amro）的观众会看到"建筑物两侧都有走廊和宽敞的房间。房间中，临窗工作的人们都在电脑屏幕后工作"。然而，在同一家银行的伦敦办公室中，完成同样工作的职员只能坐在"大型开放区域中相对较小的隔间"。[3]

产生这种结果的部分原因是办公空间与经济之间关系的不同。

[1] 罗伯特·普罗普斯特，《办公室：基于变化的设施》（The Office: A Facility Based on Change），埃尔姆赫斯特，伊利诺伊州，1968 年，第 27 页。
[2] 道格拉斯·库普兰，《X 一代：文化加速的故事》（Generation X: Tales for an Accelerated Culture），伦敦，1992 年，第 24 页。普罗普斯特五十年中与办公室小隔间的关系，朱利·史洛瑟（Julie Schlosser），《小隔间：大失误》（Cubicles: The Great Mistakes），《财富杂志》（Fortune Magazine），2006 年 3 月 22 日，http://archive.fortune.com。
[3] 于利安·范·米尔，《欧洲办公室：办公室设计及国家背景》（The European Office: Office Design and National Context），鹿特丹，2000 年，第 12 页。

英美公司会租用普通办公大楼的部分空间，所以在内部设计上投入很少。相较而言，欧洲大陆企业通常会在总部大楼设计方面花费巨资。此外，欧洲大陆国家会强制工作人员参与（这是对英美商业模式的厌恶）办公室设计，每位工作人员靠窗工作的要求通过法律条文的形式得以保障。因此，狭窄的带状设计通常以宽阔的内部街道或走廊为轴线。弗朗西斯·达菲在《新办公室》（*The New Office*）中指出，如位于瑞典弗洛桑达维克（Frösundavik）斯堪的纳维亚航空公司（SAS）总部的建筑（建于 1988 年）一样，阿姆斯特丹的荷兰商业银行总部（建于 1987 年）和阿伦斯堡（Ahrensburg）的艾迪国际（Edding International）总部（建于 1990 年）的办公室也围绕着分层长廊和内部街道建造，这使得员工很可能会偶然相遇。在艾迪总部大楼，三分之一的内部空间都是走廊："我们积极鼓励人们从错层式走廊中通行。"[1]

虽然乍看上去不太可能，但标准欧洲办公室周围是傅立叶乌托邦式的街道廊道，拥护者将之折叠进开明的、无差别劳动的大好前景中，通常，干净咖啡桌上摆着的小册子里都有赞扬后福特主义（post-Fordist）工作场所的内容。如果这些空间看上去像是电视连续剧《硅谷》（*Silicon Valley*）中的拙劣模仿，那不仅是因为英美办公室抽离的深空间更为人熟知，也是因为它们被官僚主义走廊更为阴暗的景象所抵消了。

权力走廊：官僚敌托邦

官僚主义在现代大众民主国家不断蔓延之际，美国政府机关管理

---

[1] 弗朗西斯·达菲，《新办公室》，伦敦，1997 年，第 124 页。

的相关议题也开始涉及这方面的内容。正值此时，马克斯·韦伯（Max Weber）在其研究型著作《经济与社会》（*Economy and Society*）中，用几个章节论述了官僚主义的兴起。19 世纪发展起来的统计学会通过生物政治标准和规定管理人口，对非主流人群及持不同政见者施以惩罚，并极力矫正。国家需要文书系统、纸质记录系统、档案系统及信息流通才能建构其公民。在韦伯看来，以技术效率为名，使任务专业化及细分化的趋势与倾向是官僚主义的显著特征之一。这种逻辑引出了系统过程中客观抽象的理想模式："其深受资本主义青睐的特定本质发展得越完美，官僚主义就越'去人性化'，就越能彻底清除公务公事中的爱憎等所有不能量化的纯粹个人的、非理性的、情绪化的元素。"官僚主义者正是应这种组织运作方式而生并受其操控，而非相反的状况。此外，这种运作方式还产生了"毫无个人感情和完全'客观'的专家"，且这些专家只会在机器设定的参数范围内发挥作用。[1] 韦伯的另一重要见解是，由于自治性系统会衍生更多协议，所以官僚主义自我复制，即进行有力扩张的性质，只能用于衡量系统本身的内部过程，直到信号被噪声淹没，效率增益达到熵崩溃为止。韦伯提醒我们，官僚主义一旦确立，就会成为"最难摧毁的社会结构之一"。[2]

在 1941 年全球战争的深渊中，詹姆斯·伯纳姆（James Burnham）在《管理革命》（*The Managerial Revolution*）中辩称，在整个政治范围内，包括法西斯主义国家、斯大林共产主义及新政（New Deal）下国家干预的美国，某一类管理者正在崛起——"执行主管、总监、行政工程师、监督技术人员；或政府中的……行政人员、专员、部门领导"——这些人很快就会控制各种权力杠杆，摧毁民主。[3] 伯纳姆所著之书反

---

[1]　马克斯·韦伯，《官僚主义》（Bureaucracy），《社会学论文》（*Essays in Sociology*），格斯（H. H. Gerth）及米尔斯（C. W. Mills）编，伦敦，1952 年，第 215—216 页。

[2]　韦伯，《官僚主义》，《社会学论文》，第 228 页。

[3]　詹姆斯·伯纳姆，《管理革命》，伦敦，1962 年，第 81 页。

映出一项提议声势渐长：民主政治未能阻止 20 世纪 30 年代的经济危机，为了挽救民主政治的失败，技术专家级精英将接管政府的各个职位。乔治·奥威尔（George Orwell）在《一九八四》（*Nineteen Eighty-four*，1948 年）中提出的反乌托邦官僚主义构想，就是深受本书的影响。

约翰·唐纳德·金斯利（John Donald Kingsley）在 1944 年完成了其对英国行政部门的狂热型研究著作《代表性官僚制》（*Representative Bureaucracy*，1944 年），本书就是在伯纳姆论文的框架下完成的。这本书开篇对公务员组织的描述令人印象深刻："把它当作建筑来看的话，其结构无序怪异，风格混杂融合，其侧翼及附属楼宇的数量之多也令人费解。"多年以来，这种逐渐发展且摇摇欲坠的临时结构将民主置于危险之中——就像默文·皮克（Mervyn Peake）《歌门鬼城》（*Gormenghast*，1945 年）中的城堡，虽摇摇欲坠却持续增建，只是僵化且几乎被人遗忘的形式而已。官僚主义趋于自治，正如金斯利所说："官僚主义就是国中之国，完善并发展了治理机制，并通过政治机关事无巨细的监督，将领域缩减至最小范围。"1944 年，包括国家物理实验室的研究人员和"白厅安静走廊"的清洁工在内的国家机构从业者，组成了总数超过 50 万的"政府管理军"。从他们身上，金斯利看到了作为"当今时代代表"的政府管理者。[1] 战争结束后，德国思想家西奥多·阿多诺（Theodor Adorno）和马克斯·霍克海默（Max Horkheimer）出版了《启蒙辩证法》（*The Dialectic of Enlightenment*），讥讽了西方自由主义思想的传统，这种传统最终会导致大屠杀式的官僚主义政府。阿多诺之后警告说："再无藏身之处，对于在管理世界中

---

[1] 约翰·唐纳德·金斯利，《代表性官僚制：英国公务员解读》（*Representative Bureaucracy: An Interpretation of the British Civil Service*），黄温泉市，俄亥俄州，1944 年，第 7、186、10、262 页。

已经没有立足之地的人来说，度过寒冬最鄙陋的地方也已不复存在。"[1]

在世界大战的影响下，五角大楼（Pentagon）等综合性大楼迅速发展。1943年完工的五角大楼中，环形走廊长度达28千米，自始至终是自治行政机构防御性闭环的象征。战后时代里，人们十分担忧"军工联合体"在反民主方面的影响。"军工联合体"由德怀特·艾森豪威尔（Dwight Eisenhower）在1959年进行总统卸任演讲时首次使用。3年后，斯诺（C. P. Snow）创造了"权力走廊"一词后称，这个词很快就铺天盖地地出现在各处。"这个词总是从我脑海中闪过。"斯诺在发表他下一本小说《权力走廊》（*The Corridors of Power*）之前，这个词就已经失去了隐喻含义，只拥有字面意思了。这个词可以用于描绘白厅中围绕某个部长级丑闻进行的阴谋诡计。这些阴谋诡计不是在官方办公室或议会大厅中出现的，而是在走廊里，即威斯敏斯特的"'封闭'政治的通道——走廊，委员会"中。[2] 这本书的出版因保守党政府的要求而推迟到大选之后，刚出版的几周，斯诺就获得即将执政的工党政府上议院中未经选举的席位，并成了技术部国会秘书。这种官僚主义职位与其小说中路易斯·艾略特（Lewis Eliot）反复出现的自我改革如出一辙，不可思议。尽管斯诺对事情意外的转折有些自满，但"权力走廊"一词让人们清楚地意识到，在问责制之外的空间中，看不见的官僚主义系统对民主进程的破坏日盛。[3]

"从一定程度上看，所有官僚机构都是乌托邦式的，"戴维·格雷伯（David Graeber）如此认为，"从某种意义上讲，它们都代表了

---

[1] 西奥多·阿多诺，《文化及行政》（Culture and Administration），《文化产业：大众文化论文选》（*The Culture Industry: Selected Essays on Mass Culture*），伯恩斯坦编（J. M. Bernstein），伦敦，1991年，第104页。

[2] 斯诺，《权力走廊》，哈蒙兹沃斯，1964年，第7、220页。

[3] 请参见《走廊中的两种文化》（Two Cultures in the Corridors），《时代》杂志（*Time*），1964年11月20日，www.timemagazine.com。

抽象的理想模式,现实中的人永远无法企及。"[1] 官僚机构在机构上典型的笨拙显然是反乌托邦的,因为烦琐的流程只能在破拆时、产生错误时或陷入纯粹由其内部系统带来的逻辑循环时才能为人发现。

讽刺小说自现代官僚机构存在起就已经发现了这一点。在《荒凉山庄》(*Bleak House*,1852 年)中,狄更斯就谴责了大法官法院(Court of Chancery),因为那里是迷人心智的迷宫,接连不断的阴谋诡计消耗破坏了请愿者的心力。在《小杜丽》(*Little Dorrit*,1857 年)中,通过对英国官僚主义扩张关键十年的更多了解,狄更斯抨击了"因循推诿部"(Circumlocution Office)的阴险及其全国所有事务都要有"半个蒲式耳的会议记录,准备几麻袋的官方备忘录,收发可以装满整个家用地窖的文理不通的来往信件"[2] 的要求。安东尼·特罗洛普是一名作家,同时也如鱼得水地在官僚主义邮局工作了将近三十年,效力于边沁派改革者罗兰德·希尔(Rowland Hill)。他的作品《三个职员》(*The Three Clerks*,1858 年)是对狄更斯的公开反击。小说以威斯敏斯特各部门之间的行动为主线,但尤其赞扬了重量及度量管控委员会办公室(Office of the Board of Commissioners for Regulating Weights and Measures)。他带着受伤的自尊宣称,这就是"与因循推诿办公室完全对立的机构"。[3]

赫尔曼·梅尔维尔本人是一位身不由己的海关官员,也是一位不太成功的作家,他很可能在完成《书记员巴特比》之前读过《荒

---

[1] 戴维·格雷伯(David Graeber),《规则的乌托邦:论官僚主义的技术、愚蠢及秘密乐趣》(*The Utopia of Rules: On Technology, Stupidity, and the Secret Joys of Bureaucracy*),伦敦,2015 年,第 26—27 页。

[2] 查尔斯·狄更斯,《小杜丽》,伦敦,2003 年,第 119 页。(译文摘自《狄更斯文集·小杜丽》上卷,金绍禹译,上海译文出版社,1998 年,第 44 页。——译者注)

[3] 安东尼·特罗洛普,《三个职员》,牛津,1978 年,第 1 页。对特罗洛普作为官僚及小说家的研究,请参见塞里·沙利文(Ceri Sullivan),《公共服务领域的文学:崇高的官僚主义》(*Literature in the Public Service: Sublime Bureaucracy*),巴辛斯托克,2013 年。

凉山庄》。因为商业办公室以官僚礼节中不成文的规定为基础，梅尔维尔对在此工作的法律抄写员的重点描述并未完成。巴特比消极抵抗法律文书抄写这种最低级的工作。他经常礼貌地视情况拒绝，说"我还是不要做了吧"，结果他先是赚不到钱，食不果腹，接着又没了住宿之所，只能流连于华尔街办公室中困扰颇多的楼梯井和大厅。最后，他被撤职，成了纽约某所监狱臭名昭著的"坟墓"（The Tombs）走廊里的流浪汉。他之前的老板"在走廊上"往返多次，"寻找巴特比"，但似乎这位前员工已经人间蒸发，和《荒凉山庄》中住在无名小屋里的法律抄写员尼莫（Nemo）一样。[1]

小说最后揭示了巴特比之前曾被免去华盛顿死信办公室（Dead Letter Office）的优越工作，这一点极具启发性：无法送达的信件都会送到死信办公室，最后要么寄回发信人，要么在毫无记录的情况下被烧毁，这表现出官僚机构文件流通中暗含的灾难性空虚。哲学家雅克·德里达（Jacques Derrida）在《明信片》（The Post-Card）一书中也表达了对死信办公室的痴迷。德里达认为，从意义本身的结构上看，对意义本身来说，信件可能无法被送达正确的目的地，在流通中就已丢失。他还将终点、目的地、错误和过错的概念相结合，创造出所有意义最基础的新概念：目的地误差。[2]这也是官僚主义神秘的逻辑，理性制度会助长其非理性的爆发、失误和过错。屏幕后

---

[1] 梅尔维尔，《书记员巴特比》，第62页。关于梅尔维尔的官僚生活，请参见斯坦顿·加纳（Stanton Garner），《赫尔曼·梅尔维尔与海关服务》（Herman Melville and the Customs Service），《梅尔维尔永恒的曙光：百年散文》（Melville's Evermoving Dawn: Centennial Essays），布莱恩特（J. Bryant）编，肯特，俄亥俄州，1997年，第276—293页。

[2] 请参见雅克·德里达，《明信片：从苏格拉底到弗洛伊德及以后》（The Post-card: From Socrates to Freud and Beyond），巴斯（A. Bass）译，芝加哥，伊利诺伊州，1987年。关于此概念的完整信息，请参见希利斯·米勒（J. Hillis Miller），《德里达的目的地延异》（Derrida's Destinerrance），《现代语言》（MLN），第121/4期，2006年，第893—910页。

的巴特比或在华尔街办公室走廊中游荡的巴特比，都不是不合理的外部世界的体现，而是对体制的纯粹表达。

20 世纪中，最贴近官僚主义逻辑中不合逻辑之处的作家是弗朗茨·卡夫卡。他是波西米亚前卫作家，一生之中大部分时光都在布拉格工人意外保险研究所中扮演着尽职的书记员的角色。卡夫卡没有完成《城堡》（*The Castle*，1922 年），在编写专业类的《建筑行业强制保险范围》（*The Scope of Compulsory Insurance for the Building Trades*）上更为成功。[1] 他也是作家之中坚持将官僚主义与迷宫般空间和噩梦走廊联系起来的第一人。在《城堡》中，K 希望和政府中另一名官员见面，他穿过"等候大厅"，看到大量请愿者无精打采、漫无目的地在大厅外的通道中走来走去。一位仆人带着他"走过庭院，接着穿过门，走上低矮的下坡路"。之后，K 走进了一条隐蔽但光线充足的走廊。走廊两侧有房间，看上去好像是高级官员秘书的卧室和办公室：

> 这是对空间最好的利用。通道的高度刚好足够一个人站直走过。通道两侧，门几乎都快挨上了。两边的墙都离天花板还有一点距离，毫无疑问是出于通风的需要，因为在像酒窖一样深埋地下的通道，小房间里肯定没有窗户。然而，这种没有完全完工的墙也有缺点，就是通道中的噪声显然会传到房间中。很多房间似乎都有人住，且大部分房间里的人都还醒着，你能听到各种声音，锤子的敲打声还有玻璃杯相碰的声音等。然而，这里并不会带给人特别的愉悦感。[2]

---

[1] 关于卡夫卡在保险行业官僚主义世界中的职业生涯，请参见霍华德·凯吉尔（Howard Caygill），《卡夫卡：意外》（*Kafka: In Light of the Accident*），伦敦，2017 年。

[2] 弗朗茨·卡夫卡，《城堡》，安德伍德（J. A. Underwood）译，伦敦，1997 年，第229 页。

这是卡夫卡典型的梦中走廊，对空间的描述不遗巨细，然而这种空间却很难绘制，因为所有细节都会自相抵消。一如既往，主人公明确的目的地总会迷失在他走过的建筑空间中，令人困惑，莫名其妙，到处都是似是而非的转折。在村子里，事情"交织在一起，甚至到了官场和生活倒错的地步"。走出村庄后，并没有通往城堡的明确道路，其轮廓也在迷雾中难以辨识。小说未完待续的状态恰如其分，表达了官僚主义过程永无尽头的通道，"荒谬的融合似乎可以决定一个人是否存在"[1]。

《审判》(*The Trial*，1914—1915 年) 中也有相似的情节，K 急匆匆地想和一名法院官员进行不明确但非常重要的会面：

> 差不多走到走廊中间的时候，他发现可以从右边没有门的出口出去。他跟门房确认这样走对不对，那个人点了点头，于是他就那么走了。他很烦，因为门房每次都落后自己一两步。可能这样看上去不错，至少在这里是这样，因为这表示他有人陪同。K 总得等门房跟上来，但很快那个人就又会落后。最终，为了一次性解决所有麻烦，K 说："我明白这儿的状况了，所以我现在要走了。""您还没全都看完。"门房的语气似乎有些不解。"我不用看完了。"K 真的觉得很累，"我想走了，应该怎么出去？""您还没完全迷路对吧？"门房惊讶地问。"您先走到那边拐角处，然后右转，沿着走廊走，门就在正前方。""你跟我一起，"K 说，"给我指路。岔路太多了，我可能会走错。"[2]

---

[1] 卡夫卡，《城堡》，第 56、61 页。

[2] 弗朗茨·卡夫卡，《审判》(*The Trial*)，米歇尔 (M. Mitchell) 译，牛津，2009 年，第 52 页。

　　还有的时候，K 必须得爬上阁楼，或者在外围找到看似不可能是门的后门，穿过去才能到达法庭。更常见的情况是，他走进门后，发现等着自己的是前厅，接着是一系列望不到头的等候室。吉尔斯·德勒兹（Gilles Deleuze）和菲利克斯·瓜塔里（Félix Guattari）在研究卡夫卡的小说时称"廊道或走廊"是"卡夫卡作品中最引人注目的结构"，因为走廊显然是连续的，是逻辑上可以延伸的空间，是"没有尽头的直线"。[1] 但在卡夫卡的作品中，廊道似乎总能将完全不连续的现实片段连接在一起。

　　然而还不仅如此，走廊是等待的空间，是永远的拖延，这一点在 K 身上有着明显的体现：无论在城堡还是在法院中，他永远都无法与最后的权威面对面。卡夫卡的走廊狡猾地在 K 走过的每一步延展，所有解决方案都在向前推进，他往前走，它便向后退去，目的地永远无法到达。一位律师甚至还通过寓言《法律门前》（*Before the Law*）告诉了 K 这一点。这是个出现在《审判》中，讲述了一个乡下人被传唤到法庭的故事。他一直得待在外面的走廊，等到时机成熟时才能跨过门槛，走进由守卫看守的门。尽管 K 和牧师总会因对这一寓言的多种解读争论，但它暗示出法律是虚无的权威，人们永远无法直接触及：只能通过无穷无尽的替代品、工作人员和莫名其妙出现在前厅和大堂中的下属人员才能发挥作用。在医院、地方政府办公室、法庭等建筑的等候室或廊道中，我们似乎总在等待恰当的权威人士做出决断，然而，这种决断似乎永远都不会出现。通过这种方式，卡夫卡使官僚主义敌托邦得以具体化。高度集中的过程

---

[1] 吉尔斯·德勒兹及菲利克斯·瓜塔里，《卡夫卡：走向小众文学》（*Kafka: Towards a Minor Literature*），波兰（D. Polan）译，明尼阿波利斯，缅因州，1986 年，第 73 页。

巨大的办公空间，1962 年的奥森·威尔斯（Orson Welles）电影，改编自弗朗茨·卡夫卡小说《审判》

总会令理性陷入高深莫测的官僚主义之中。[1]

　　卡夫卡逝于 1924 年，此时，顽固的奥匈帝国已经灭亡，纳粹入侵逐渐迫近。在这段时间中，他很多幸存下来的亲友，都在官僚主义的迫使下列队走进了集中营。冷战期间，卡夫卡的作品被捷克斯洛伐克共产党禁止，因为对如伊万·克里马（Ivan Klima）这样的作家来说，卡夫卡笔下的 K 是对抗斯大林官僚主义的"反对意见的集合"。[2] 由此，

---

[1] 卡夫卡，《法律门前》，《审判》，第 153 页之后。关于卡夫卡小说中无休止的对法律的延期，请参见雅克·德里达，《法律门前》，罗奈尔（A. Ronell）及鲁尔斯顿（C. Roulston）译，《文学行动》（Acts of Literature），阿特里奇（D. Attridge）编，伦敦，1992 年，第 181—220 页。另请参见托本·贝克·约根森（Torben Beck Jorgensen），《韦伯和卡夫卡：理性和神秘的官僚主义》（Weber and Kafka: The Rational and Enigmatic Bureaucracy），《公共管理》（Public Administration），第 90/1 期，2012 年，第 194—210 页。

[2] 请参见诺埃米·马林（Noemi Marin），《陷落之后：后共产主义时代不同政见者余波中的修辞》（After the Fall: Rhetoric in the Aftermath of Dissent in Post-communist Times），纽约，2007 年，第 37 页。

卡夫卡被直接卷入 20 世纪 60 年代对国家政权的荒谬攻击中。

反走廊的 20 世纪 60 年代：戈达尔、塔蒂、瑙曼

戴维·格雷伯认为，对官僚主义的批评在 20 世纪 60 年代末到 20 世纪 70 年代初达到顶峰。阿波罗命令语言和控制论宣告了计算机化办公系统以及全球金融网络的开端，但遭到了狄奥尼索斯主义者的抗议、情节主义者的煽动，在艺术方面还成了贝克特式或卡夫卡式荒诞的代表。掘土派（Diggers）[1] 的领导人是最早旧金山反文化鼓动团体的成员之一。他针对公司提出了以下政治对抗行动："让演员渗入最大的办公楼，作为性爱狂秘书、笨拙的修理工、狂暴的执行官、轻率的安保人员、[及] 穿着印有动物图案衣服的职员出现。"[2] 纵览电影及观念艺术，用带有压迫性的走廊体现官僚主义生活受约束的一致性，这样的例证很多。

在《阿尔法城》（1865 年）中，让 - 吕克·戈达尔让穿着军用雨衣、强壮而又疲惫的侦探莱米·柯雄 [Lemmy Caution，在前七部大众电影中由艾迪·康斯坦丁（Eddie Constantine）扮演] 穿越星系，从边界之地到达未来可实现控制自动化的城市，结果那里竟是……1965 年的巴黎。这一版本的《地狱中的俄耳普斯》（*Orpheus in the Underworld*）[3] 没有任何特效，拍摄于超现代的建筑空间中，未来似乎固化于当下。

---

[1]　17 世纪英国资产阶级革命时期的空想社会主义派别。又称真正平等派。代表贫雇农和一部分城市贫民的利益。——译者注

[2]　埃米特·格罗根（Emmett Grogan），掘土派领导人，引自霍华德·布里克（Howard Brik），《矛盾时代：20 世纪 60 年代的美国思想文化》（*Age of Contradiction: American Thought and Culture in the 1960s*），伊萨卡，纽约州，1998 年，第 135 页。

[3]　一部法国音乐剧，初演于 1858 年。——编者注

柯雄通过新巴黎高速公路穿过这片空间，在一家有无尽走廊的酒店登记入住，之后去了居民控制登记办公室和放有"阿尔法60"的未来主义大楼。"阿尔法60"是一台超级计算机，将生活的方方面面与集权主义的工具理性联系在一起。这种技术专家治国论的敌托邦通过一系列沿着办公室走廊拍摄的镜头表现。走廊中出现的职员不多，都如行尸走肉般，为罗伯特·维恩（Robert Wiene）表现主义代表作《卡里加里博士的小屋》（*The Cabinet of Caligari*，1920 年）中高度程序化的动作提供了灵感。每个人经过门口时，"阿尔法60"机械电子的声音都会说"占领"或"解放"，这进一步增强了走廊的威胁性。

从热情洋溢的《筋疲力尽》（*Breathless*，1959 年）到阴郁严厉的《我略知她一二》（*Two or Three Things I Know about Her*，1966 年），戈达尔捕捉到了快速现代化带给巴黎的影响。后者捕捉到了建筑工地和新的大型社会住宅区（标准化住房）的样貌，为电影探索现代化使人疏远的主题营造了环境和氛围。在《阿尔法城》中，固有的未来在团体大楼（Maison de l'ORTF）中拍摄。那是一栋巨大的圆形建筑，建于 1963 年，是新的广播电视中心。戈达尔还在同样于 1963 年开放的高 11 层的埃索大厦（Esso Tower）中取景。那里以国际风格标志性的金属玻璃幕墙为标志，是法国第一栋采用该风格建造的建筑。这标志着商业新区拉德芳斯（La Défense）的到来。这一区域位于巴黎历史中心的外围，现在已成为地平线上相互连通的商业"城镇"之一。电影中全知全能的计算机"阿尔法 60"是参考"伽马 60"（Gamma 60）的命名——这是 1958 年推出的第一台多功能办公计算机，是布尔机器公司（Compagnie des Machines Bull）与美国 IBM 公司的直接抗争之作（《阿尔法城》的暂定名为《泰山与 IBM》）。和拍摄风格一样，诸多参考内容也非常直接：乌托邦的未来似乎消失在敌托邦的现在。让人颇为遗憾的是，戈达尔理想中模控国家邪恶天才布劳恩教授

(Professor Braun) 的最佳扮演者是罗兰·巴特 (Roland barthes)。他 1965 年就已成为巴黎符号学大师，但他拒绝出演。[1]

法国新浪潮派 (New Wave) 力图通过场面调度捕捉 "以消费和市场为中心的美国现代性的兴起"。[2] 评论家兼新浪潮导演埃里克·罗默 (Eric Rohmer) 在其所谓的 "末日建筑" 中体现了疏离，城市 "完全虚构的世界" 自 1958 年戴高乐 (de Gaulle) 统治以来，在现代化的迅猛发展中被夷为平地后又得以重建。[3] 然而，《筋疲力尽》对美国流行文化的早期盲从因《阿尔法城》而冷却。美国化的办公室及其计算机所在的地下室由无聊的工作人员哈克与杰克医生 (doctors Heckle and Jeckle，根据卡通人物命名) 监视，电影将之与纳粹集权主义的官僚主义联系在了一起。冯·布劳恩 (Von Braun) 这个名字来自一名纳粹火箭科学家。最后，这个人与美国航空航天局合作，还在 20 世纪 50 年代为迪士尼诸多太空探索电影提供指导，监督 "行为不端" 之人被处决的过程。他解释说："无法被同化的人会直接被杀掉。" 他的女儿娜塔莎 (Natacha) 由安娜·卡琳娜 (Anna Karina) 饰演。这个角色身上刺有序列号，和很多被国家归为 "红颜祸水" 的女性一样，机械地拖着脚在走廊中走过，如僵尸一般。

或许，汉娜·阿伦特 (Hannah Arendt) 对纳粹官僚主义种族灭绝中"邪恶的惯用手法"极具影响力的刻画，反映了戈达尔的评论。"邪

[1] 本段详细信息的来源为克里斯·达克 (Chris Darke)，《阿尔法城》，伦敦，2005 年；艾伦·伍尔弗克 (Alan Woolfolk)，《〈阿尔法城〉的分解与叛逆》(Disenchantment and Rebellion in Alphaville)，《科幻电影》(The Philosophy of Science Fiction Film)，史蒂文·桑德斯 (Steven M. Sanders) 编，莱克星顿，肯塔基州，2008 年，第 191—205 页。
[2] 詹姆斯·特维迪 (James Tweedie)，《新浪潮时代：艺术电影与全球化的舞台》(The Age of New Waves: Art Cinema and the Staging of Globalization)，牛津，2013 年，第 52 页。
[3] 埃里克·罗默，引自《新浪潮时代》，第 74 页。

在让-吕克·戈达尔的《阿尔法城》（1965 年）中，硬汉派侦探莱米·柯雄到达了控制论乌托邦，由娜塔莎·冯·布劳恩护送穿过走廊

《阿尔法城》中，莱米·柯雄破坏了阿尔法城的系统后，走廊中的混乱景象

恶的惯用手法"是阿道夫·艾希曼（Adolf Eichmann）1961 年被捕后在耶路撒冷受审时提出的。阿伦特回忆道："极权主义政府的本质就是让工作人员和小人物脱离其他人，或许每个官僚主义机构都是如此。"让他们远离一系列会导致远处某地集中营中"行政大屠杀"的文书工作。20 世纪 60 年代初，成为官僚主义的又一消极图景的阿伦特的批评，很快就在全世界传播开来，所以人们对通过商业和国家运行的信息系统韦伯式的怀疑进一步深化了。在这个阶段，戈达尔似乎并不清楚，在纳粹种族灭绝官僚主义开发的创新计算机打卡系统中，IBM 扮演的真正角色。[1]

《阿尔法城》坚决通过狄奥尼索斯式的批判拒绝极权主义，也拒绝了其所处的时代。逻辑和控制论被自发的非理性行为、爱、保罗·埃卢德（Paul Éluard）的超现实主义诗歌所拒绝。通过办公室走廊纵横交错的网络和官僚机构的闭环（从电影中"阿尔法 60"圆灯闪烁的第一幅图像到办公室大厅的旋转楼梯，圆形图案随处可见），控制得以实现。超现实主义者的领导人安德烈·布列东（André Breton）谴责"现实的匮乏"，其通过诗歌、抽象拼贴和扎眼的并置表达对"执着的数学家"逻辑的反对。因为这为超现实主义者提供了"永恒的反抗行为"。[2] 埃卢德用禁忌爱情语言的朗诵将娜塔莎从僵化的逻辑控制中解脱出来，让她重新看到了欲望这种早已失落的语言。从更宽泛的角度看，柯雄让"阿尔法 60"短路时，走廊中的无意识官僚在扶着墙无序移动，最终一个个摔死。相比之下，柯雄小心地拿着枪，

---

[1] 汉娜·阿伦特，《艾希曼在耶路撒冷：关于邪恶平庸性的报告》(*Eichmann in Jerusalem: A Report on the Banality of Evil*)，第 5 版，纽约，2006 年，第 288—289 页。另请参见埃德温·布莱克（Edwin Black），《IBM 与大屠杀》(*IBM and the Holocaust*)，纽约，2001 年。

[2] 安德烈·布列东，《现实贫乏的概论》(*Introduction to the Discourse on the Paucity of Reality*)，塞伯斯（R. Seiburth）及戈尔登（J. Gordon）译，《十月》杂志(*October*)，第 69 期，1994 年 10 月，第 138、139 页。

径直走出办公大楼,钻进自己的雪铁龙,将自己的欧律狄刻(Eurydice)带出了地狱。全剧终。

20 世纪 60 年代时,戈达尔的批评越来越激进,越来越倾向于布莱希特式的表达。虽然看似奇怪,但这与雅克·塔蒂(Jaques Tati)更温和且表面上看似非政治化的生活喜剧不谋而合。《我的叔叔》(*Mon Oncle*,1958 年)是在开放式住宅中上演的讽刺作品,"一切都非常现代,一切都相互联通"(这里没有走廊,直到塔蒂反复出现的角色于洛先生回到破败不堪的巴黎旧居之时,仍顽强地作为幸存者坚守着)。《我的叔叔》在全世界范围内大获成功,所以塔蒂放开拳脚,为搭建《游戏时间》(*Playtime*,1967 年)的布景大兴土木。他耗费巨资在巴黎郊区布景,可以说不计成本。这种完全沉浸式美国现代性的设想包括平板玻璃办公室、等候室、机场航站楼、自助咖啡厅等场所以及逐渐凋零的夜总会,完全反映了当时全城范围内拉德芳斯商务区的建造。众所周知,"塔蒂城"极为庞大,甚至打算建造真正的办公大楼,组成一整套区域,之后用于出租。然而,塔蒂需要大楼可以靠滚轮移动,所以这一计划无法实现。他需要完全的控制,才能让精心安排的长单镜头通过 70 毫米的宽屏表现出来。

《游戏时间》中的简单的笑点是,控制论效率现代规划者的虚伪总会被于洛先生(Monsieur Hulot)等不速之客在混乱的走廊中拆穿。不知为何,这些人总会在宏大布景的人流中,增加或制造熵式破坏。出现在影片开头的美国游客——在实际生活中,这些人是在欧洲同盟国最高总部工作的男人们的妻子们——从来没见过巴黎的历史中心,埃菲尔铁塔也只是瞬间出现在即将关上的玻璃门的倒影上。一排世界旅游景点的海报贴在与旅行社所在办公大楼如出一辙的办公大楼上。巴黎已被取代:毫无特征,和别的国家一样,到处都是钢铁玻璃体现的现代性。

在办公室中，于洛先生要和吉法德（Giffard）开会，我们可以瞥见联络人在一眼望不尽的走廊那头转弯。跟随摄像头的移动，我们看到那个人滑稽地迈着大步，与他矮小的身体完全不相称。这种错位相关进而变成了猫和老鼠在上下电梯及封闭式办公隔间中的追逐（行动办公室刚好在此时出现）。于洛和吉法德只能之后意外地在街上相遇。很难想象，二人相见的目的是什么。詹姆斯·哈丁（James Harding）指出：尽管充满欢笑，但"卡夫卡式的阴郁似乎填满了电影中由混凝土和玻璃构筑的空间"。[1]

《摩登时代》（*Modern Times*，1936 年）出现于前一代人生活的时期。如同查理·卓别林在战前工业生产世界空间里所表现的那样，于洛对战后消费世界有组织空间的权威也非常不解。官僚主义世界横平竖直，但冲进来的于洛则只会采用曲折迂回的方式，留下一串串混乱的痕迹。

20 世纪 60 年代末期，考察走廊带来的官僚主义威胁的最后一个例子来自艺术界。1969 年，艺术家布鲁斯·瑙曼（Bruce Nauman）开始在工作室中打造一系列狭窄逼仄的空间。最开始，这些空间是为录像作品而建，之后则变成了一系列装置艺术，模糊了雕塑、表演和装置艺术之间的界限。《现场直播走廊》（*Live-taped Video Corridor*，1970 年）是一条 12 米长的走廊，勉强有一人宽，限制了所有水平方向的移动。走廊朝两侧延伸，尽头的地板上有闪烁着的视频监控器。图像来自高挂在入口处的摄像机底片中。通过一台监控器，我们能看到一段空荡荡的走廊；通过另一台监控器，我们看到的是实时直播：即使游客是朝监视器走来，也能看到他们沿走廊朝远处走去的样子，简直

---

[1] 詹姆斯·哈丁，《雅克·塔蒂：逐帧》（*Jacques Tati: Frame by Frame*），伦敦，1984 年，第 124 页。细节另请参见大卫·贝洛斯（David Bellos），《雅克·塔蒂：他的生活与艺术》（*Jacques Tati: His Life and Art*），伦敦，1999 年。

雅克·塔蒂《游戏时间》（1967 年）中的场景，于洛先生等着与人会面，巨大的办公室背景使他显得格外渺小

不可思议。这种效果是为了打破屏幕的镜面效果：观众永远无法看到自己的目光，他们的身体也永远不会远去或消失。瑙曼之后还扩展了这种形式：他在《走廊装置（尼克·维尔德）》[*Corridor Installation* (*Nick Wilder*), 1970 年] 中增加了多条平行走廊，但走廊的某些部分无法通过。此外，他还在《走廊：变化的光线和房间》（*Changing Light Corridor with Rooms*，1971 年）中增加了走廊外可以让人瞥见的空间。这位艺术家巧妙地结合了多种方式，有时候会建造楔形墙面或会聚墙面，进一步让参观者的空间感失衡，《双楔翼型镜面走廊》（*Double Wedge Corridor with Mirror*，1970 年）就是一例。有了强烈的视觉迷惑及隔音和消音功能，瑙曼解释道：这样一来，"当您走进'V'字形中时，心理压力会增加，幽闭感非常强"。[1]

瑙曼曾这样解释过：

---

[1] 布鲁斯·瑙曼，《瑙曼访谈，1970 年》，《请注意：布鲁斯·瑙曼的语言、文字及访谈》（*Please Pay Attention Please: Bruce Nauman's Words, Writings and Interviews*），坎布里奇，马萨诸塞州，2005 年，第 134 页。

很多这种走廊都源自梦境。身处尽头处有个房间的长长的走廊中。走廊中的灯散发着黄灰色的光，比较昏暗。有个人在左边，但不知道是谁。我梦见过很多次这样的场景，甚至觉得那可能就是我自己的一部分，只是我未曾发现而已。[1]

这表明，这种现代建筑空间已经与批评家安东尼·维德勒所称的潜意识中的"反常空间"高度一致：是"位移与断裂、翻转与扭曲、压力与释放、虚无与阻塞"的地带。[2] 如梦一般，令人迷失的空间也出现在其他艺术家的作品中，比如麦克·尼尔森（Mike Nelson）的精制装置作品《珊瑚礁》（*The Coral Reef*，2000 年）。现在，这一作品永久陈列于英国泰特美术馆（Tate Britain）。当参观者在多条走道徘徊，流连于令人不安的房间、破旧的办公室和落满灰尘的走廊构筑的迷宫中时，其恐惧感会越来越强烈，很快就会忘掉走廊外的世界。从最开始的大厅中，"参观者可以选择：数不清的破旧大门，还有看似无休止循环的昏暗肮脏的走廊"。[3] 赖安·甘德（Ryan Gander）将参观者置入大型废弃办公空间的作品《密室情节》（*Locked Room Scenario*，2011 年），进一步强化了上述感觉。因为参观者无法预见整齐的网格化办公室中的突发状况，当身处这位于无名后街的不安场景中时，与演员在房间和走廊上的不期而遇会加深人们的恐惧感。

我会将这些干预作为观念艺术（Conceptual Art，1969 年年末首次得名）兴起的一部分。自此，对博物馆与商业画廊市场长久共

---

[1] 罗伯特·摩根（Robert Morgan），《布鲁斯·瑙曼》（*Bruce Nauman*），巴尔的摩，马里兰州，2002 年，第 41 页。

[2] 安东尼·维德勒，《扭曲的空间：现代文化中的艺术、建筑与焦虑》（*Warped Space: Art, Architecture, and Anxiety in Modern Culture*），坎布里奇，马萨诸塞州，2000 年，第 7 页。

[3] 海伦·德莱尼（Helen Delaney），出自《迈克·纳尔逊：珊瑚礁》（*Mike Nelson: The Coral Reef*）展览图录，泰特美术馆（Tate Britain），伦敦，2010 年，出版地不明。

谋的批评开始了。"可行的前提是从系统的角度出发,对这类系统进行干扰和暴露。"最尖锐的艺术体制的批判者汉斯·哈克(Hans Haacke)如此认为。瑙曼的表演和录像作品在 20 世纪 60 年代被明确定位为对"日益行政化秩序"的技术统治论的批评。[1] 艺术家们将艺术从博物馆带到了街头或临时的、即兴的非画廊空间,所以"白色立方体"中有对社会和政治背景中抽象艺术的有力批判。同样,对走廊狭窄空间的关注也为艺术机构中干净的白色画廊空间中的无人喜欢或被人忽视的通道带来了曙光。这再次暗示,走廊从开放式的办公空间消失时,除了基础设施未经检验的功能主义外,其他意义也在消失的过程中逐渐浮出水面。

《办公管理》(*Office Management*)手册中的走廊乌托邦,即 20 世纪前十年合理流通效率的表达,并非只是简单地在之后的敌托邦愿景中实现或在 20 世纪 60 年代时得以充分表达。不过,这确实是一条可以绘制的合理历史轨迹。狄更斯、梅尔维尔、韦伯和卡夫卡已经证明,官僚主义潜在的疯狂总会卷入现代商业国家出现之初的行政理性矩阵之中。敌托邦并非之后出现的,而是自开始就存在于乌托邦的脉动中。这一点在之前的历史中更为明显,我们只需要追溯 18 世纪走廊在傅立叶等人乌托邦项目中的最初作用,意识到走廊总是被另一种情绪阴影——恐惧——所笼罩即可。

---

[1] 汉斯·哈克,引自托尼·戈弗雷(Tony Godfrey),《观念艺术》(*Conceptual Art*),伦敦,1998 年,第 208 页。珍妮特·克雷纳克(Janet Kraynak)对瑙曼的评论,《依赖性参与:布鲁斯·瑙曼的环境》(Dependent Participation: Bruce Nauman's Environments),《灰色房间》杂志(*Gray Room*),第 10 期,2003 年,第 27 页。

布鲁斯·瑙曼的《走廊：绿灯》（*Green Light Corridor*，1970 年）

斯坦利·库布里克的《闪灵》（1980 年），丹尼见
到双胞胎格雷迪姐妹的场景

9 走廊敌托邦 II：
恐惧与哥特风格

官僚主义对无缝流通的文书及人员的设想随着巴特比开始瓦解，最后以卡夫卡噩梦般的通道迷宫和反复出现在布鲁斯·瑙曼梦境中的狭窄的走廊装置而告终。正如齐格弗里德·克拉考尔所说，如果"空间图像是社会的梦想"，那么在探索敌托邦的想象力方面，哥特式的噩梦可能蕴含着同样的潜力。[1]

人们仍认为霍勒斯·沃波尔的《奥特兰托堡》（1764 年）是哥特式浪漫小说的开端。其实，这部作品也源于作者的噩梦，"我能想起来的，"沃波尔给朋友的一封信里这样写道，"就是我觉得自己身处一座古堡中……沿着大楼梯向上走，到了最上面的楼梯扶手处，我发现了一只拿着武器的大手。"[2] 这是一种为人轻视的小说类型，在有关它的一篇早期重要研究中，埃诺·雷洛（Eino Railo）认为，沃波尔的作品以隧道、地牢、长廊和"令人迷惑的拱形通道"为背景。安·拉德克利夫（Ann Radcliffe）在 18 世纪 90 年代创作的情节剧让"恐怖小说"真正流行起来，其中以《奥多芙的秘密》（*The Mysteries*

---

[1] 齐格弗里德·克拉考尔，《职业介绍所》（On Employment Agencies），《大众装饰》（*The Mass Ornament*），莱文（T. Levin）译，坎布里奇，马萨诸塞州，1995 年，第 60 页。

[2] 霍勒斯·沃波尔写给威廉·科尔（William Cole）的信，引自鲁斯·麦克（Ruth Mack），《奥特兰托堡》，《霍勒斯·沃波尔的草莓坡》（*Horace Walpole's Strawberry Hill*），纽黑文，康涅狄格州，2009 年，第 8 页。

of Udolpho，1794 年）最为著名。在这部畅销的迷宫小说中，雷洛发现，我们"走过房间和走廊，望向远处，看到一条明显的直线"，接着，我们走进"通道，成千上万条通道，蜿蜒、狭窄，构成了名副其实的迷宫"。[1]18 世纪，走廊作为新的建筑空间出现时，哥特式的想象也随后攀附其上。我在本章将要讲的是走廊与哥特式小说之间的共生关系，因为我觉得，要表达现代空间明显的恐惧感，这一类型最合适不过。

经过对哥特小说的研究，特里·卡斯尔（Terry Castle）发现，第一波关于城堡、迷宫和地牢的小说中有很多灵活的隐喻，适用于 18 世纪精神分析学的新兴话语，慢慢让人们想象内在自我的新境界。[2]将对空间的象征性解读作为心理隐喻已成为理解哥特式小说的默认方式。斯蒂芬·金（Stephen King）将城堡或漆黑老屋的背景纳入"不良场所"的广义范围中，那些地狱般的地方是"心理蓄电池，吸收留在那里的情感，像汽车电池储存电能一样吸收情感"。[3]借用巴里·柯蒂斯（Barry Curtis）所言，鬼屋这种"糟糕"或"昏暗"的地方是"不受监管、不合常理的补充物"，通常需要通过西格蒙德·弗洛伊德（Sigmund Freud）心理模型的分层地形来掌握。[4]房屋的垂直分层——地下室、楼梯、阁楼——都是心理深层地形的一部分。不妨思考一下阿尔弗雷德·希区柯克的《惊魂记》（*Psycho*，1960 年）：有通向

---

[1] 埃诺·雷洛，《闹鬼的城堡：英国浪漫主义元素研究》（*The Haunted Castle: A Study of the Elements of English Romanticism*），伦敦，1927 年，第 7、11 页。

[2] 特里·卡斯尔，《女性温度计：十八世纪的文化与离奇发明》（*The Female Thermometer: Eighteenth-century Culture and the Invention of the Uncanny*），牛津，1995 年。

[3] 斯蒂芬·金，《死亡之舞》（*Danse Macabre*），伦敦，1991 年，第 297 页。

[4] 巴里·柯蒂斯，《黑暗的地方：电影中的鬼屋》（*Dark Places: The Haunted House in Film*），伦敦，2008 年，第 13 页。

山上以复折式屋顶为特点的木匠哥特式（Carpenter Gothic）[1] 房屋的台阶；有通向平台和母亲所在房间的致命楼梯；有深埋在地下室和沼泽中的秘密。

垂直的考古模型可以有多种解释，但绝对忽略了水平方向的内容。毕竟，《惊魂记》中黑暗的古屋与山脚下的现代汽车旅馆相照应——旅馆只有一层，有 12 间温馨的小屋，沿 "L" 形的阳台和走廊分布。史蒂文·雅各布斯（Steven Jacobs）在研究希区柯克的房屋时提到，这种 "建筑形式 [就是] 与无聊和平凡有固有的联系"。[2] 希区柯克在表现玛里昂·克莱恩（Marion Crane）在浴室中被谋杀的那种前所未有的恐惧时，主动寻求了一种平庸的态度。他决定让汽车旅馆和房屋分开一段距离，以此表明新的现代空间孕育了怪物，从而产生令人不安的情感效果。此外，全新的汽车旅馆建筑也是奥森·威尔斯《历劫佳人》（*Touch of Evil*，1958 年）和路易·马勒（Louis Malle）《通往绞刑架的电梯》（*Lift to the Scaffold*，1958 年）非理性暴力的发生背景。

这种毫无灵魂的、现代的、水平的虚构场所带来的不安从未消失，库布里克《闪灵》（1980 年）中瞭望酒店的走廊空间就是其最持久的表达。闹鬼的电梯、地下室中的发现、顶层的对峙、阁楼中的黄蜂蜂巢——斯蒂芬·金的小说表现的都是垂直性。库布里克的电影表现的是酒店走廊和外面树篱迷宫的水平性。两个版本从完全不同的轴线制造了恐惧，这可能就是金不喜欢库布里克对其作品改编的原因。对不同层面及其情感共鸣的考虑极为重要。

---

[1] 也被称为 "乡村哥特式"，是 19 世纪末期流行于北美的一种建筑风格，采用了哥特式轻巧的建筑元素和模式，多为木质的家庭住宅或小教堂。

[2] 史蒂文·雅各布斯，《错误的房子：阿尔弗雷德·希区柯克的建筑》（*The Wrong House: The Architecture of Alfred Hitchcock*），鹿特丹，2013 年，第 122 页。

曼努埃尔·阿奎尔（Manuel Aguirre）认为，哥特式小说：

> 在表达时运用了以下方式：鬼屋、迷宫、监狱、地下墓穴和洞穴；界限和边境、门槛和墙壁；带有百叶窗房间的恐惧和对魔法阵的保护；闭锁的门所带来的希望与恐惧……恐怖文学的世界就是**空间**，进一步讲，是**封闭空间**。[1]

我想表达的那种与此相关的感觉不是高度的恐惧状态，也不是通常会和哥特风格联系在一起的恐怖感，而是更为安静的情绪不安：Angst。"Angst"是一个德语词，其含义让很多翻译都"抓狂"，觉得"备受折磨"，因为这个词表达的既非全然是恐惧，也非全然是焦虑，所以翻译可能会在"恐惧"和"焦虑"中择一而用或二者并用，甚至会直接保留斜体，不做翻译。[2] 从词源角度看，这个词源自"angere"，即拉丁语中表示限制或挤压、因心理恐慌而气短的词，它也是"anguish"和"anxiety"的词根。欧内斯特·琼斯（Ernest Jones）将噩梦与窒息的感觉联系在一起，做梦者反复看到这样的情景：他"强迫自己穿过一个根本挤不过去的小孔……在狭窄的迷宫中迷了路，被困在密不可解的迷宫中"。[3] 这种慢慢窒息或挤压的感觉就是现代走廊引起的"幽闭恐惧症"这个词的词源（"claustrophobia"

---

[1] 曼努埃尔·阿奎尔，《封闭空间：恐怖文学与西方象征主义》（*The Closed Space: Horror Literature and Western Symbolism*），曼彻斯特，1990年，第2页。

[2] 引用自基尔凯郭尔《恐惧的概念》（*The Concept of Dread*）一书的译者——遭受元焦虑的沃尔特·卢里（Walter Lourie）："这些词让我非常恐惧，其中任何一个都可能代表十几种不同的东西。"译者为《恐惧的概念》（普林斯顿，新泽西州，1944年）所作的序言，第8页。1980年，雷达尔·唐美特（Reidar Thomte）翻译这本书时，将标题译为《焦虑的概念》。在《西格蒙德·弗洛伊德全集标准版》（*Standard Edition of the Complete Works of Sigmund Freud*）中，对如何翻译Angst的讨论持续了很久。最终采用的是"焦虑"，尽管这个词与"德语Angst的所有用法都存在较久远的联系"，标准版本，第3卷，伦敦，1962年，第116页。

[3] 欧内斯特·琼斯，《噩梦》（*On the Nightmare*），纽约，1950年，第18页。

一词出现于 1879 年，表示在密闭的现代城市空间中感受到的焦虑）。[1]

我首先要说明的是走廊哥特式（Corridor Gothic）在小说中的存在，之后再说明其在恐怖电影中的出现，最后通过案例将现代走廊引起的典型的 Angst 或恐惧感进行精确的理论化。

哥特式走廊

霍勒斯·沃波尔在《奥特兰托堡》的开篇就描述了一座中世纪城堡，这个空间梦幻般的逻辑让人迷惑，画廊中的生动肖像也令人不安。此外，古堡地下遍布的秘密通道和逃生隧道，颠覆了地上部分的等级制控制。最初的文稿来自充满迷信的 16 世纪，所以沃波尔在重写时小心谨慎，避免使用"走廊"等现代词语。

沃波尔完成这个狂热的混合小说的地点，也让他变得非常重要：他在风景如画的泰晤士河畔，里士满（Richmond）稍北的草莓坡（Strawberry Hill）上有一处房子。沃波尔花费了 40 多年的时间将其改造完成，整个工程是对其父位于诺福克（Norfolk）的完全对称的帕拉第奥式豪顿庄园（Houghton Hall）的直接回击。豪顿庄园于 1735 年建成，作为英国第一任辉格党首相的郊外度假场所，它体现了启蒙运动时的秩序和力量。相较而言，霍勒斯则从 1749 年开始建造小规模建筑，这些建筑混合了 11 世纪到 15 世纪的诸多建筑风格和装饰风格：鲁昂大教堂、兰斯大教堂、国王学院、剑桥大学、威斯敏斯特大教堂、中世纪石质庭院、玻璃幕墙、彩色玻璃以及从全欧洲其他教堂汲取的元素都有所体现。尽管事实并非如此，但这

---

[1] 请参见安东尼·维德勒，《扭曲的空间：现代文化中的艺术、建筑与焦虑》，坎布里奇，马萨诸塞州，2001 年。

会使建筑看上去是多个世纪的有机结合。沃波尔组建了品味委员会（Committee of Taste），只复兴前现代哥特风格中的"珍贵野蛮"之风，从而确保房屋保持其纯洁的目的。[1] 草莓坡在当时广受赞誉，以至于沃波尔最后还为游客写了一本指南《别墅简介》（*Description of the Villa*）。指南涉及了房子的方方面面，从大画廊的扇形天花板到小走廊中最小的装饰品都有记录。

为了支持其最近岌岌可危的合法性，哥特复兴建筑固化了某种植根于历史的英国新教理念。辉格党采用的哥特风格表现了其对教堂废墟及古老修道院的迷恋，这是一种胜利，战胜了 1688 年光荣革命中王权与国家对新旧居住地的天主教式迷信的暴政。贵族住宅甚至经历了建造虚假废墟的阶段，虽然愚蠢，但也毫无疑问地肯定了新的居住地。这就解释了查尔斯·巴里为何在 1834 年大火后接受重建威斯敏斯特大教堂的任务时，会为议会大厦选择垂直哥特复兴风格。在《威尼斯的石头》（*The Stones of Venice*，1851—1853 年）中，约翰·拉斯金将高维多利亚时代的哥特风格与现代大规模生产及机械工业的不利影响做对比，将其看作虔诚的、手工艺的英国传统的堡垒。

然而，哥特风格建筑也是顽强生存的模糊象征，始终笼罩着某种恐惧：从祭司权术及封建专制的倒退，到迷信的持久存在。沃波尔打造了草莓坡，将自己的身份框定在虚构的家谱中，使自己成为过往英雄时代的接班人。然而，在威斯敏斯特议会大厦中，沃波尔的对手指责其与某个年轻男士关系十分可疑，并犀利地斥责其为"雌雄同体的马"，经此羞辱，沃波尔便退出了公共生活，走上草莓坡，

---

[1] 安娜·查尔克拉夫特（Anna Chalcraft）及朱迪斯·韦斯卡迪（Judith Viscardi），《草莓坡：霍勒斯·沃波尔的哥特式城堡》（*Strawberry Hill: Horace Walpole's Gothic Castle*），伦敦，2007 年，第 13 页。

在曲折的古老通道中，做着关于迫害和暴政的不安之梦。哥特复兴建筑和哥特式小说并非总有同样的目的，进步和倒退的倾向复杂地交织在一起。

18 世纪 90 年代，安·拉德克利夫一系列决然的现代小说表现了区分古代建筑空间和现代建筑空间的重要性。在《浪漫森林》（*The Romance of the Forest*，1791 年）中，最初的威胁和悬念位于哥特式教堂的废墟及其"曲折的通道"中，这种不连贯的空间与外面森林中的小路如出一辙，"迷宫一样，只会迷惑人心"。很快，女主人公艾德琳的噩梦中就出现了上述情景，她先是"在教堂中曲折的通道里发了疯。那里几乎伸手不见五指，她徘徊了很久，可一扇门都没找到"。[1] 艾德琳逃离了包括地下各种通道、隧道、地牢在内的教堂的种种威胁，回到了社会秩序和礼仪中。这一切以她走进明亮的拉鲁克（La Luc）城堡为标志——那里视野开阔，风景如画，看似壮美，实则隐藏着无数想象带来的恐惧："庄园并不大，但很实用，有优雅简洁的气质，秩序井然。"[2] 通过对"小客厅"的细致描绘，我们发现那里的空间从左到右分布合理，家庭客厅和书房区分明显，这表明艾德琳已经摆脱了迷信的无序，走近了开明的现代生活。她从迷宫和混杂的通道中进入了现代家庭走廊合理的比例和布局中。

《奥多芙的秘密》中也有同样的对比。在这本小说里，城堡内部被区分为两部分：一部分是从古代断断续续积累起来的建筑，另一部分则来自现代，从某种程度上说，它们能缓解扭曲空间带来的恐惧。艾米丽（Emily）晚上穿过蒙托尼（Montoni）城堡的过程是漫长的：这包括走过拱形长廊，走上旋转楼梯，下楼到已成为废墟的教堂墓地，

[1] 安·拉德克利夫，《浪漫森林》，查德（C. Chard）编，牛津，2009 年，第 21、108 页。
[2] 拉德克利夫，《浪漫森林》，第 248 页。

再走进"污水从通道两侧的墙面上滴落"的蜿蜒通道。[1] 一切描述都是铺垫。之后，在"密室的最里面"，她看到"可怕的景象"后吓昏了过去。然而，确切地说，艾米丽看到的一切直到几百页之后才为读者揭晓。如此，最终的道德对比出现在这里与艾米丽最终安顿下来的拉瓦莱（La Vallée）城堡之间——她摆脱了中世纪无序幻想的迷宫。[2]

简·奥斯丁在《诺桑觉寺》（*Northanger Abbey*，1817 年）中描述了凯瑟琳·莫兰德（Catherine Morland）落空的期待：她到修道院时，既没有走过"阴暗的走廊"，也没有走过"地下秘密通道"。这正是对拉德克利夫式空间恐惧的有力嘲讽。相反，18 世纪具有"现代品味"的家具和"又大、又干净、又明亮"的玻璃窗让凯瑟琳为之疯狂，所以没有极端的黑暗能让凯瑟琳陷入拉德克利夫的恐惧。诺桑觉较为古老的部分沿着重修过的回廊建造，只为凯瑟琳提供了一个双重否定的痛苦想法："只是偶有通道是**并非**完全**不**错综复杂的。"[3]

嘲讽并未阻止查尔斯·马图林（Charles Maturin）写下《流浪者梅莫斯》（*Melmoth the Wanderer*，1820 年）一书。这是情节最跌宕的英语哥特小说之一。故事的主人公是被诅咒的梅莫斯，复杂的情节以潮湿的修道院回廊、曲折的贵族庄园走廊以及恐怖的宗教裁判所的监狱地牢为发生地。逃离修道院的过程包括挣扎着穿过"可怕的通道"，在黑暗中"恐惧地抽泣"，徘徊于"周围都是坟墓废墟的……无尽的通道中"，在这一系列连续事件中，幽闭恐惧感越来越强烈，

[1] 拉德克利夫，《奥多芙的秘密》，T. 卡斯尔（T. Castle）编，牛津，2008 年，第 345 页。
[2] 拉德克利夫，《奥多芙的秘密》，第 348 页。
[3] 简·奥斯丁，《诺桑觉寺》，埃伦普莱斯（Ehrenpreis）编，哈蒙兹沃斯，1987 年，第 164、166、168、187 页。

让人惊慌失措。[1]

　　"极度复古"造成的阴暗的堆叠为哥特式情感提供了沃土，使之得以一直持续到 19 世纪。在爱伦·坡的《厄舍古屋的倒塌》（*The Fall of the House of Usher*，1839 年）中，腐朽欲坠的牧师住宅位于家庭地窖之上，"位于很深的地下，在整栋建筑中我卧室的正下方"。[2]在狄更斯的《荒凉山庄》（1853 年）中，德洛克家族的贵族庄园里至少有一个幽灵，但这个幽灵总是大步走在庄园外的平台，而非内部空间。后来，德洛克（Dedlock）夫人被迫到林肯旅馆（Lincoln's Inn）附近的办公室拜访诡计多端的律师图尔肯霍恩（Tulkinghorn），她"从外面走廊的玻璃"往里看律师的情景，预示了她将从古老的住宅中被驱逐的情节。[3]在爱德华·鲍沃尔-利顿（Edward Bulwer-Lytton）的恐怖故事《幽灵和鬼怪》（*The Haunted and the Haunters*，1857 年）中，主人公带着忠诚的猎犬走进牛津街北边著名的鬼屋，他的猎犬"很喜欢晚上在奇怪而可怕的角落和通道中狂叫"。[4]此外，我们也已经知道，夏洛蒂·勃朗特在其根据哥特小说改写的故事《简·爱》中，室内空间更加温馨，更加具有明显的中产阶级特征：在桑菲尔德庄园里，在仆人所住的"可怕的三楼，其昏暗、低矮的廊道"中，通向卧室的"走廊"上方隐藏着一个秘密。那里囚禁着贝莎·梅森，也是贝莎走下来对罗切斯特和简发动可怕袭击的地方。[5]

---

[1] 查尔斯·马图林，《流浪者梅莫斯》，巴拉迪克（C. Baldick）编，牛津，1998 年，第 185、191—192 页。

[2] 埃德加·爱伦·坡，《厄舍古屋的倒塌》，《选集》（*Selected Writings*），汤普森（G. R. Thompson）编，纽约，2004 年，第 211 页。

[3] 查尔斯·狄更斯，《荒凉山庄》，伦敦，1985 年，第 631 页。

[4] 爱德华·鲍沃尔-利顿（Edward Bulwer-Lytton），《幽灵和鬼怪》（*The Haunted and the Haunters*），《怪异和超自然的小说集》（*The Collected Weird and Supernatural Fiction*），第 1 卷，贝弗利，2011 年，第 266 页。

[5] 夏洛蒂·勃朗特，《简·爱》，里维斯（Q. D. Leavis）编，哈蒙兹沃斯，1984 年，第 237 页。

到了 19 世纪中叶，走廊在家庭住宅中大量出现后，"走廊闹鬼"的故事便屡见报端：新闻报道、城市故事和荒诞奇谈中都存在着诸多不确定性。1863 年，登上《肯特公报》（*Kentish Gazette*）的故事就是典型的一例，这个发生在萨默塞特（Somerset）一栋古老家宅的鬼故事似乎妇孺皆知："是这样的，基本上每晚午夜十二点时，就有什么看不见的东西自某条走廊的一头进来，然后从另一头出去。"脚步声伴随着丝绸蹭地的声音，暗示走过的应该是位女性。"我得到了……早已准备好的许可，在闹鬼的走廊住一夜，有必要的话，多住几晚也可以。"叙述者边说边摆好桌子，和另一个朋友玩儿纸牌，好"完全挡住通道"。午夜将近，脚步声传来，渐渐"沿着昏暗的走廊"远去，可连半个人影都没有："我承认自己惊呆了。"故事结束，可这种现象还是未能得到解释。[1]

到了 19 世纪 90 年代，同一个故事通过明显虚构的方式再次呈现。这次，故事发生在拉文希尔城堡（Ravenhill Castle）。这座城堡的历史可以追溯到诺曼征服（Norman Conquest）时期，"到处是隐匿的空间和角落，长长的走廊蜿蜒曲折，通道和楼梯也不在少数"，此外，"某条走廊上还摆着几套盔甲"。这座城堡面临着现代翻新的问题：几套盔甲是从沃德杜尔街（Wardour Street）买的，房主"坚信屋子里没有幽灵，就算是有，也肯定在他进行内部拆除时被除掉了"。据说，"沿着通道走过"的白人女士的鬼魂其实只是表面文章，是客人们在仆人们下班后进行的恶作剧。这是故事的引子，但鬼魂从古老客厅滑行到重修走廊的过程，其实追溯了哥特式建筑从古老空间到现代

[1] 请参见《一个鬼故事》（*A Ghost Story*），《肯特公报》，1863 年 9 月 15 日。本段摘自亨利·斯派塞（Henry Spicer）的《我们之间的奇怪事物》（*Strange Things Among Us*），伦敦，1863 年。

空间的过程。[1] 我们处在奥斯卡·王尔德可怜的坎特维尔（Canterville）城堡，同名的坎特维尔爵士的魂魄沿着通道跑上跑下，它"沿着走廊逃走，发出空洞的鼾声，散发着鬼魅的绿光"，链条的声音叮当作响。[2] 现在，美国已经有了自己的坎特维尔大宅，所以这种情景对他们的影响不大。现代主义住宅太过庸俗，其乏味的走廊不适合古老的鬼魂。

1897 年，"真实的"心理调查在珀斯郡（Perthshire）巴勒钦庄园（Ballechin House）进行，其中，走廊也是鬼魂出没的主要地点之一。这次颇具争议的调查占据了《泰晤士报》的多个版面。比特侯爵夫人（Marquess of Bute）要求新成立的心理研究学会对传说中一栋闹鬼的房屋进行调查。这栋房屋始建于 16 世纪，于 1803 年全面重修，并在 1887 年增建了一栋翼楼。据说，有的房间里会发出咚咚声、尖叫声和叩击声，而且"装有回转门的长廊里"还有不少动静。午夜过后，很多独自前来的访客"常常会听到回转门被推开的声音，走廊中还有脚步声"，有的时候，门会被猛地关上，那种力量很大，都快把铰链从木头上带下来了。这次调查由对心理问题十分敏感的艾达·古德里奇 - 弗里尔（Ada Goodrich-Freer）负责，它被认为是轻率敏感的调查员得出的拙劣结论而备受嘲笑。有一种解释是，房屋中有很多木板房间，房间后有通道，非常适合吓唬胆小的人。心理研究学会在媒体泄露了秘密后就搁置了调查，但弗里尔和侯爵夫人关于这次调查的书成为雪莉·杰克逊（Shirley Jackson）的经典恐怖小说《山宅鬼惊魂》（*The Haunting of Hill House*，1959 年）的素材来源。后来，

[1] 威廉·皮克林（William Pickering），《幽灵的约会；或这些眼睛看到了什么。圣诞故事》（*The Ghost's Tryst; or, What These Eyes Saw. A Christmas Tale*），《斯坦福水星报》（*Stanford Mercury*），1891 年 12 月 25 日。

[2] 奥斯卡·王尔德，《坎特维尔的幽灵》（Canterville Ghost），《全集》（*The Complete Works*），伦敦，1986 年，第 197 页。

罗伯特·怀斯的《猛鬼屋》（1963年），表现走廊的长镜头

这部作品被罗伯特·怀斯（Robert Wise）改编为令人难忘的电影《猛鬼屋》（*The Haunting*，1963年）。[1]

这些故事中的建筑物有悠久的历史，且流传到了经过整修的现代建筑中：经典的哥特式恐惧卷土重来。幽灵故事的黄金时代（自约1880年到1914年）出现了大量传说，让人对现代走廊空间产生了真正的不安。在亨利·詹姆斯《欢乐的角落》（*The Jolly Corner*，1908年）中，斯宾塞·布莱登（Spencer Brydon）回到纽约，得到了他继承的豪宅，且整夜都走在空荡荡的走廊里，将房间、走廊与有悖常理的期望联系在一起——"他可能会遇到陌生人，空房子某条昏暗通道转角处会有个不速之客"。神秘的追寻在"敞开的房间和空荡荡的走廊"中进行。布莱登在角落发现了两个房间，似乎是一连串相互沟通的房间，"三个房间沿着一条普通走廊建造，但前面还有第四个房间，后面就没了"——是条死胡同。他突然不太想面对门

---

[1] 古德里奇 - 弗里尔及比特侯爵夫人（Marquess of Bute）约翰，《传闻B——豪宅中出没的幽灵》（*The Alleged Haunting of B--House*），伦敦，1899年，第55、66页。特雷弗·霍尔（Trevor Hall）用尖刻的语言揭露了这一调查的内容，《艾达·古德里奇·弗里尔志怪故事》（*The Strange Story of Ada Goodrich-Freer*），伦敦，1980年。

后的人了，陷入了所谓的"模糊的痛苦"中，"他下定决心，更确切地说，他太过恐惧，就真的停下了脚步"。布莱登转身想逃出这栋房屋，可却在楼梯最底下的地方遇到了一个面目全非的幽灵。他一下昏了头，不敢相信，"在漫长的灰色走廊的尽头"才清醒过来，"那是他黑暗隧道的另一端"。[1]

詹姆斯的遣词造句使文字的字面意义和象征意义达到了完美平衡。这是与受压抑的那部分自我的一场寓言性的相遇，但主人公也确确实实走遍了整座房屋。当然，詹姆斯曾建议过，小说对房屋的描述千万不要包括笔直的路线，一定要在"[读者]进入现场之前先描述一两个前厅或曲折的走廊"。[2]

同一时期的例子还包括雅各布斯的《猴爪》（*The Monkey's Paw*，1902 年）。故事中，失去儿子的父母害怕地蜷缩在客厅的走廊中，他们去世的儿子复活了，在外面使劲捶门。在詹姆斯（M. R. James）的《13号房间》（*Number 13*，1904 年）中，一座酒店的走廊似乎出现了一个幽灵房间，附着在用于消灭它的新建房间中。至于鲁德亚德·吉卜林（Rudyard Kipling）的《通道尽头》（*At the End of the Passage*，1890 年），发生在其结尾的情节太过恐怖，读者至今被蒙在鼓里，只能通过为数不多的线索推测真正的所见。此外，可怕的杂交生物出现在洛夫克拉夫特（H. P. Lovecraft）的恐怖小说《印斯茅斯的阴霾》（*Shadow over Innsmouth*，1936 年）中：镇上只有一家酒店，酒店里有相互连通的房间，它们就在房间外的走廊上爬行。异想天开的

---

[1] 亨利·詹姆斯，《欢乐的角落》，《纽约故事》（*The New York Stories*），托尔宾（C. Toibin）编，纽约，2006 年，第 467、490、489—490、495—496 页。

[2] 请参见伊丽莎白·史蒂文森，《曲折的走廊：亨利·詹姆斯研究》（*The Crooked Corridor: A Study of Henry James*），伦敦，1961 年。书中引用了 1899 年詹姆斯给汉弗莱·沃德夫人的一封信，第 142 页。

英国奇谈作家罗伯特·艾克曼（Robert Aickman）将这种对空间的痴迷带入了战后的世界。在《未定尘埃》（*The Unsettled Dust*）中，科莱博庄园（Clamber Court）的房间和通道里的一堆堆灰尘不知为何永远无法清扫干净。最后，庄园由历史建筑基金会从因破产而阴着脸的继承人的手中接管了过来。在艾克曼的作品《临终关怀》（*The Hospice*）中，不幸的主人公一整夜都在复杂的旅馆中昏昏欲睡。他说，"走廊暗了不少……显然充满了邪恶"。这种卡夫卡式地点是艾克曼构想出的又一令人窒息的建筑，它似乎要将生命从禁锢的机器中吸出来。[1]

在当代小说界，有 3 本小说将走廊作为现代幽灵出没的主要场所。马克·丹尼尔维斯基（Mark Z. Danielewski）的《树叶之屋》（*The House of Leaves*，2000 年）包含了超小说的多个层次，其围绕着纳维森大宅（Navidson House）里的神秘走廊展开。故事的开始，房屋内部和外部的尺寸就出现了不相匹配的异常现象，之后是一条长 21 米的阴冷的无特征走廊，其有无数条分支"四散开来，蔓延到一个另一个地方，走廊和墙壁接连不断"，氛围十分不祥。接着出现的空间很大，根本无法落于图纸之上，最后一次测量显示，空间超过 210 千米长。这种"奇怪的空间不合常理"，默然无言，令人难以置信，且无法解释，是"不会给出任何答案的通道"。[2] 让读者毛骨悚然的是古老的米诺陶之谜和其迷宫，后者贯穿了全部情节，尤其是永恒不变且单调无味的走廊空间——除了其自身空虚的现代性，里面一无所有。

约翰·兰根（John Langan）的《窗之屋》（*House of Windows*，2009 年）以纽约北部一栋古老的房屋为中心。这部小说的魂魄以门

---

[1]　罗伯特·艾克曼，《未定尘埃》（单篇），《未定尘埃》，伦敦，2014 年；《临终关怀》，《平凡表面之下》，2008 年，伦敦，第 126 页。

[2]　马克·丹尼尔维斯基，《树叶之屋》，2000 年，第 64、24、60 页。

和走廊的形式出现于一些不寻常的地点，所以，"房屋变得不成样子，因为十几条走廊的交汇处不知通向何方……我看到通道黑暗的出口都是漆黑阴冷的空洞"。一名怯懦的英国文学教授极度渴望与在阿富汗战争中丧命的儿子通灵，可他却被这些场景吞没了。[1]

杰夫·范德梅尔（Jeff Vander Meer）的三部曲《遗落的南境》（*Southern Reach*）由《湮灭》（*Annihilation*）、《当权者》（*Authority*）和《接纳》（*Acceptance*，全部出版于 2014 年）组成。这三本书将我们带回机构走廊的空间，秘密情报机构的工具合理性被外来异物的某些有害逻辑所颠覆。这种有害逻辑从神秘的 X 区泄露而出，现于佛罗里达州的海岸，并蔑视一切逻辑因果关系和空间稳定性。X 区可以通过隧道或传送门到达，但过程中似乎会让人们发生本质的改变。第二本小说《当权者》发生在"U"形的南境局大楼（Southern Reach building）中，讲述了国家安全体制的管理世界被入侵的过程。国家安全体制本应可以遏制或控制入侵，但不合常理的爆发甚至出现在最理性的地方。那个区域的边界幽深曲折，异常奇怪："惊人的想法：什么东西会出现在二十英尺高三英尺宽的走廊中？"[2] 范德梅尔是"新怪谈"小说的领军作家之一。他的短篇小说《先驱》（*Predecessor*）发生在"像野兽喉咙一样的……笔直长廊中"，这一典型的明喻将建筑与生物结合在了一起。[3]

所有故事都会让人联想到约书亚·卡梅洛夫和王格诚在《建筑恐怖》（*Horror in Architecture*）中暗示的内容："可憎的隐蔽空间"藏在薄薄的隔墙之后，在现代建筑设计中表面的功能主义空间的背

[1] 约翰·兰根，《窗之屋》，旧金山，加利福尼亚州，2010 年，第 215 页。
[2] 杰夫·范德梅尔，《当权者》，伦敦，2014 年，第 139 页。
[3] 杰夫·范德梅尔，《先驱》，《第三只熊》（*The Third Bear*），旧金山，加利福尼亚州，2010 年，第 96 页。

后潜伏着。[1] 在现代恐怖中，创造功能主义者"居住机械"的现代主义乌托邦反而凝结"到潜在的心理疾病空间中……住宅带着沉默的威胁审视着居住者"。[2] 引起巴拉德的敌托邦暴力观的正是建筑空间的合理性，它取代了光辉城市。

恐怖电影：走廊镜头

在恐怖电影的视觉经济中，走廊扮演着更为重要的角色，所以至少在《卡里加里博士》（*The Cabinet of Dr Caligari*，1920 年）的表现主义幽闭恐惧空间之后，走廊镜头就成了很常见的比喻方法。非常有意义的例子是，电影《魔鬼的诅咒》（*Night of the Demon*，1957年）——由雅克·图尔努尔（Jacques Tourneur）根据詹姆斯的故事《运用如尼魔文》（*Casting of Runes*）改编而成——美国心理学家约翰·霍尔顿（John Holden）身处一个无名酒店的走廊，当他的手刚碰到房间门时，脑海中就闪过了恶魔的形象。这是在典型的现代空间中对前现代的借用，但霍尔顿身后走廊空间的突然变形扩展也揭示出，面对超自然的威胁，心理学家可疑的理性主义也会表现出难言的脆弱性。

在狭窄的焦距范围内拍摄经典的广角镜头，走廊狭窄的空间被扭曲，空间得以扩展，观众因此迷失了视线："框架边缘不再笔直，线条也变成倾斜的。画面中空旷的空间得以扩展。距离比人眼看

---

[1] 约书亚·卡梅洛夫和王格诚，《建筑恐怖》，诺瓦托，加利福尼亚州，2013 年，第7 页。

[2] 安东尼·维德勒，《建筑的异样性：关于现代不寻常感的探寻》（*The Architectural Uncanny: Essays in the Modern Unhomely*），诺瓦托，马萨诸塞州，1992 年，第 161 页。

到的更长。"[1] 这种手法在《猛鬼屋》和《古屋传奇》（*The Legend of Hell House*，1973 年）中发挥了重大作用。两部电影拍摄走廊的镜头几乎全部使用了变形的广角，以此来体现山中别墅走廊的无尽感。

走廊之所以在恐怖电影中大量出现，是因为摄像机在有限空间中推进，就会使屏幕外走廊空间中和摄像机经过的空白处带来的恐惧成倍增加。达里奥·阿根托（Dario Argento）的《阴风阵阵》（*Suspiria*，1977 年）为了制造悬念，在舞蹈学院高度程式化的走廊和秘密通道中，运用了奇怪的停顿，还让镜头从动机并不明确的视点滑过。在歌剧式的结局中，随着镜头的稳定推移，在隐秘走廊的转弯处，出现了一句句隐秘晦涩的咒语，它们揭示了女巫正在远处集会。

无论是在笔直的远景还是成角度的转弯处，走廊的长度可以让物体从观众的角度前进或后退，带来不祥的感觉。狭窄的空间可能包含威胁，将走廊变为严酷的考验之地：这种情况很常见，从罗梅罗的僵尸恐怖电影《活死人之夜》（*Night of the Living Dead*，1968 年）到《活死人黎明》（1978 年）中的商场拱廊，再到《生化危机》系列作品中保护伞公司（Umbrella Corporation）有着各种研究设备的无尽走廊。有时，走廊空间本身也会扩张，强化其作为过渡空间或传送空间的作用，《鬼驱人》（*Poltergeist*，1982 年）中的室内走廊，就被进行了不符常态的扭曲和伸展。走廊空间本身也会成为恐惧的源点。在《超自然活动》（*Paranormal Activity*，2007 年）等具有重大影响力的电影中，相当一部分片长都是在等待，等着有什么会从远处半开的卧室门里那片空洞的黑暗中走出来。在迈克·弗拉纳根（Mike

---

[1] 托马斯·西博思（Thomas M. Sipos），《恐怖电影美学：打造恐惧的视觉语言》（*Horror Film Aesthetics: Creating the Visual Language of Fear*），杰斐逊，纽约州，2010 年，第 107 页。

达里奥·阿根托执导电影《阴风阵阵》（1977 年），苏茜·巴尼恩（Suzy Bannion）沿着舞蹈学院的秘密走廊走向最终的答案

达里奥·阿根托执导电影《阴风阵阵》中的巴洛克式宿舍走廊

Flanagan）的《缺席》（*Absentia*，2011 年）中，街道尽头的地下通道是我们无法完全了解的秘密通道。在英国旧片重制电影《边疆》（*The Borderlands*，2013 年）的结尾，慢慢变窄的隧道最后将人挤压致死。

类似的例子不胜枚举：另一种利用这类素材的方式是找到习惯使用走廊空间的导演。我在此要介绍 3 位善用走廊的导演。在《冷血惊魂》（*Repulsion*，1965 年）中，罗曼·波兰斯基用表现主义的华丽形式表现了走廊的扭曲感。卡萝尔（Carol）的疯狂通过一种主观幻觉得以表现：公寓走廊墙壁中总有手伸出来要抓她。在《租户》中，波兰斯基运用了扭曲的角度，让摄像机在巴黎某座公寓楼的走廊中移动。在《魔鬼圣婴》（*Rosemary's Baby*，1968 年）中，形式成了内容，因为公寓中神秘的封闭走廊里暗含着达科塔（Dakota）大厦租户之间邪恶阴谋的线索。

大卫·林奇（David Lynch）通常会用走廊空间唤起人们对未来的恐惧，从《橡皮头》（*Eraserhead*，1976 年）中走廊的阴影，到《蓝丝绒》（*Blue Velvet*，1986 年）中作为杰弗里（Jeffrey）进入成人性爱世界入口的深河公寓（Deep River），皆是如此。在《双峰镇》（*Twin Peaks*，1990—1991 年及 2017 年）中，在房子里的楼梯、门厅和走廊等过渡性家庭空间中经常发生性伤害事件，而在酒店门厅或机构走廊里，则总是会有暴力袭击。在试播片段中，校长宣布劳拉·帕尔默（Laura Palmer）去世前，有一段毫无目的的镜头从空荡的学校走廊中滑过。红色房间以及劳拉之后居住的白色小屋或黑色小屋都是超自然的空间，不断地被分成带有窗帘的迷宫，因不可告人的目的而存在。在《穆赫兰道》（*Mulholland Drive*，2001 年）中，小餐馆后面一条狭窄小巷的转弯处出现的可怕场景足以将人吓死。林奇甚至在自己位于穆赫兰道的房子中精心构造了曲折的走廊，它可通向《妖夜慌踪》（*Lost Highway*，1997 年）中充满羞辱意味的婚床。那条走廊是充满恐惧感的虚幻空间——从某个角度看，在那里攻击弗雷德（Fred）的甚至是摄像机本身。理查德·马丁（Richard Martin）注意到林奇对"黑暗走廊、狭窄通道和幽闭恐怖空间象征力量"的痴迷。他认为，在《妖夜慌踪》中，"走廊是某种传送门，是弗雷德反复失踪的转换空间"。[1]

---

[1] 理查德·马丁，《大卫·林奇的建筑》（*The Architecture of David Lynch*），伦敦，2014 年，第 181、49 页。

《双峰镇》试播片段（1960 年），宣布劳拉·帕尔默的死讯之前，镜头扫过空荡荡的学校走廊

戴尔·库珀（Dale Cooper）在黑色小屋超自然的走廊空间中，《双峰镇：归来》（*Twin Peaks: The Return*，2017 年）剧照

然而，最具影响力的是斯坦利·库布里克对摄像机单点视角带来的完美感的痴迷。通过这种方式，走廊的消失线成了他最青睐的电影形式之一。库布里克的镜头会猛地向前或向后吞噬空间，掌握这一点需要绝对的技术精确度——这正是他标志性的手法。他在《杀手》（The Killing，1956 年）贯穿房间的直线轨道上试验了这种手法，并在《光荣之路》（Paths of Glory，1957 年）的壕沟中滑过的镜头里对其进行了进一步优化。走廊的建筑空间构成了镜头本身的运动轨迹，走廊和镜头在完全对称的方式中互为镜像。

拍摄恐怖电影时，要想避开《闪灵》中拍摄瞭望酒店走廊的镜头的影响几乎不可能。这是运用加雷特·布朗（Garrett Brown）的新发明——摄影机稳固器——的早期电影作品之一，且绝对是第一部倒转使用此设备的电影，它让镜头在距离地面几英寸的地方滑动。电影充分利用了走廊严格的水平性，让摄像机轻松地跟在丹尼三轮车的后面沿水平方向移动，广角镜头的运用使墙壁赫然耸立在丹尼身边。让-皮埃尔·格恩斯（Jean-Pierre Geuens）认为《闪灵》引入了"新的镜像系统"，从而将摄像机从移动式摄影车中解放出来，使得主观视角的体现不再局限于对传统手持式摇镜的使用。此外，这种方式还打造出失重的机械式视角，"不一定来自某种实体"（加雷特·布朗语），"而是来自更顺畅更怪诞的东西"。[1]

"怪诞"这个词恰当吗？走廊空间要激发的是什么样的情感？难道这种充满悬念的空间总是为了表现更极端的恐惧？是第一波哥特

[1] 让-皮埃尔·格恩斯，《视觉与力量：摄影机稳固器的作用》（Visuality and Power: The Work of the Steadicam），《电影季刊》（Film Quarterly），第 47/2 卷，1993—1994 年，第 14 页。加勒特·布朗引自丹尼尔·奥尔布森（Danel Olson）的专访，《斯坦利·库布里克的〈闪灵〉：恐怖电影研究》（Stanley Kubrick's 'The Shining': Studies in the Horror Film），奥尔森编，莱克伍德，哥伦比亚特区，2015 年，第 569 页。

式电影成功与否的衡量标准？佩雷克思考"巴黎地铁车厢"的时候，认为这种空间于他而言是"虚空，残缺，是无形之中的不成熟"，"它的沉默由来已久，以引发某种类似害怕的情感而告终"。[1] 这种更安静的感觉，这种类似害怕的感觉，就是我们所说的恐怖或 Angst。

走廊恐怖

有关哥特情感范围的模式往往较少。其检验标准就是安·拉德克利夫扩大的、认知的、极端的"恐惧"与收缩的、生理的、怪诞的"恐怖"的对比。[2] 尽管关于家庭空间的一切通常都会经历弗洛伊德对"Unheimlich"（德语词，表示"神秘和令人恐怖的事物"，编者注）或"离奇怪诞"的讨论，但由于这种非凡的想法盘绕在寻常之中，所以对陌生的刺探再次回归最熟悉的场景。Unheimlich 充满了重复的厄运，在这样的空间中，先前的时间渗透进来，停留在创伤性的重复中。这种形貌不仅已经成为理解鬼屋的默认方式，在某些构思中，也是理解所有现代空间的方式。[3]

前文中提到的一些小说和电影肯定符合这种范式——《欢乐的角落》在重叠方面的怪异可谓经典。然而，正如我之前说过的，走廊的情感范围通常都更侧重于表现平淡且肤浅的现代性，没有任何历史感，并拒绝怪诞所需的时间层次感。在弗洛伊德提出的深度心

---

[1] 乔治·佩雷克，《空间物种及其他》，斯托罗克译，伦敦，2008 年，第 5 页。

[2] 请参见安·拉德克利夫，《论诗歌中的超自然现象》（*On the Supernatural in Poetry*，1826 年），重印于《哥特档案：资料手册，1700—1820 年》（*Gothic Documents: A Sourcebook, 1700–1820*），克莱里（E. Clery）及麦尔斯（R. Miles）编，曼彻斯特，2000 年，第 163—172 页。

[3] 请参见尼古拉斯·罗伊尔（Nicholas Royle），《诡异》（*The Uncanny*），曼彻斯特，2003 年，第 24 页。

理学和考古地层学中，走廊的地平线永远是平直的。走进无限衍生的现代酒店走廊，我们感受到的不仅是被放大的恐惧或恐怖感，也不是原始的归宿感，而是没有历史的虚构场所带来的不安。

马克·费舍尔（Mark Fisher）在其最新著作《怪异与怪诞》（*The Weird and the Eerie*）中提出，怪诞明确属于未确定事物的一类，比恐怖戏剧更安静，且在非家庭 / 家庭二重性之外发挥作用。"怪诞的寂静"会引发"平静或安宁中不应存在的东西，或者安静本身就不应存在"。[1] 怪诞暗含着一种隐秘的、额外的中介，在谜底的边缘，根本无须与超自然的一切相联系，而是暗示出人类中介经受考验或崩溃的极限。这就是加雷特·布朗说《闪灵》的走廊镜头中会带来"怪诞"感觉的原因，也是其可以用于描述《阴风阵阵》走廊中无主体相机移动的原因——表明某种怀有恶意的机械中介正在发挥作用。不过，费舍尔认为怪诞与自然界中的不安息息相关，或者更确切地说，是无害的大自然中，所有理念最终的不平静。正是这种情绪预示着"黑暗生态"的到来。[2] 与"怪诞"相比，"恐惧"一词似乎更为精准。

在区分害怕和 Angst 时，索伦·克尔凯郭尔（Søren Kierkegaard）这位痛苦的哲学家认为，害怕源于特定轨道上可确定的物体，而 Angst 则潜藏在普遍倾向中——某种害怕的感觉会出现，这是普遍的预期条件，等待着某种可怕的事情发生。Angst 是"自由的现实，是先于可能性出现的可能性"。[3] "有人可能会将恐怖 [Angst] 比作头晕"，

---

[1] 马克·费舍尔，《怪异的塔纳托斯人：奈杰尔·克奈尔与黑暗的启蒙》（Eerie Thanatos: Nigel Kneale and Dark Enlightenment），《奈杰尔·克奈尔的黯淡语言》（*The Twilight Language of Nigel Kneale*），桑德胡（S.Sandhu）编，布鲁克林，纽约州，2012 年，第 110 页。费舍尔的《怪异与怪诞》（伦敦，2016 年）对此进行了扩展。

[2] 蒂莫西·莫顿（Timothy Morton），《黑暗生态：共处的逻辑》（*Dark Ecology: For a Logic of Coexistence*），纽约，2016 年。

[3] 克尔凯郭尔，《恐惧的概念》，第 38 页。

克尔凯郭尔用以下著名的比喻解释说：

> 低头看向深渊的人会觉得头晕。但造成这种感觉一部
> 分是因为人的眼睛，一部分是因为深渊。假设这个人没有
> 向下看，那么恐怖 [Angst] 就是自由的头晕……[这时] 自
> 由会凝视着它自身的可能性。[1]

恐惧来自业已确定的过去，遗留的一切注定会回归。焦虑则侧重于不确定的、令人眩晕的未来，每次做出的选择都会带来潜在的威胁。

20 世纪 20 年代，海德格尔将这种区分直接转化为《存在与时间》，但其中并没有克尔凯郭尔对原罪令人痛苦的宗教框架，也没有对上帝惩罚的期待。海德格尔认为，害怕是"有害实体"产生的较低层次的感觉，源自逐渐靠近的"某些确定的领域"，会威胁到存在，而 Angst 则是存在于世的条件。[2] "某种威胁靠近时，焦虑 [Angst] 并不会从他靠近的地方'看到'任何确定的'这里'或'那里'，"海德格尔解释说，"带来威胁的是非定之所。焦虑 [Angst]'不知道'焦虑感是什么。然而，'非定之所'指代的并不是空无一物：那是所有信仰存在的地方，也是世界开始展开的地方。"[3]

因此，存在充斥着 Angst：恐怖"如此靠近，让人压抑，让人屏息，然而却无处可寻"。[4] 运用略有不同的概念框架，怪异小说及宇宙恐怖论作家及理论家柴纳·米耶维将这种恐怖形容为"害怕的剩余价值：

---

[1] 克尔凯郭尔，《恐惧的概念》，第 55 页。

[2] 马丁·海德格尔，《存在与时间》，马奎尔（J. Macquarrie）及罗宾逊（E. Robinson）译，牛津，1967 年，第 230 页。

[3] 海德格尔，《存在与时间》，第 231 页。

[4] 海德格尔，《存在与时间》，第 230 页。

恐惧中无法减少的被诅咒的部分。"[1]

在《闪灵》中，丹尼踩着三轮车穿过瞭望酒店，脚下的路线不断延展，不再是简单的线路图。瞭望酒店的走廊暗示着一种"不合常理、不合逻辑的结构"，"将稳定的建筑媒介转化为运动的多态语言"。[2] 包含着过去的顽固痕迹的正是瞭望酒店的房间,是特定的"有害实体"想要诱惑门槛之外的脆弱灵魂。不过，在走廊中，库布里克使用摄影机稳固器创造了一种不固定的、非人类的视角——怪诞、阴森的中介——将走廊变成可能会带来 Angst 的空间。宝琳·凯尔（Pauline Kael）等早期评论人士抱怨说，《闪灵》并不可怕，因为它没有理解哥特风格："谁会想通过广角镜头在光天化日之下看到恶灵呢？"[3] 或许从技术角度看，她说得没错，但她误解了这些场景给人带来的情感作用。库布里克显然运用了哥特风格的程式，他在最紧张的场景中使用了鬼屋常见的标志——"老黑屋"，但电影的前半部分则带来了另一种情感体验。在走廊里，在丹尼从迷宫中走过时做出的每一个选择中，他的轨迹都体现了焦虑缠身带来的头晕感。在瞭望酒店的迷宫中转了几圈之后，走廊成了当代电影表现恐怖时的优选空间之一。

我认为，我们可以将这种哥特式恐惧与 20 世纪 60 年代敌托邦、反走廊的转折重叠。在维多利亚时代末期及爱德华时代，哥特风格复兴侧重于家庭及私人空间，即在英国绅士私人住宅中，用于区分

---

[1] 柴纳·米耶维的访谈，《害怕的剩余价值》（The Surplus Value of Fear），《恐惧：自由的眩晕》（Dread: The Dizziness of Freedom），尤哈·万特·塞尔达（Juha van't Zelfde）编，阿姆斯特丹，2013 年，第 58 页。

[2] 凯文·麦克莱德（Kevin McLeod），《走廊句法》（Corridor Syntax），《走廊》，斯蒂芬·特鲁比等编，威尼斯，2014 年，第 98 页。

[3] 宝琳·凯尔，《权力下放》（Devolution），《来者不拒》（Taking It All In），伦敦，1986 年，第 2 页。

功能的通道被幽灵或入侵所打破。进入 20 世纪后，我们愈发将鬼屋所在地与新的敏感性联系在一起，逐渐探索公共走廊或机构走廊造成的恐惧。

此前，我说过在住宅方面，对公共或集体生活的批评于 20 世纪 60 年代时逐渐与社会主义理想背道而驰，伴随着普鲁伊特 - 伊古建筑群的拆除及奥斯卡·纽曼对双载走廊公寓楼没有"可辩护空间"的指责。巴拉德的《摩天大楼》(High-rise)于 1975 年上映。同年，大卫·柯南伯格(David Cronenberg)的第一部商业电影《毛骨悚然》(Shivers)上映，此电影表现了蒙特利尔(Montreal)一栋豪华公寓楼中的非理性疯狂现象。伯纳德·罗斯(Bernard Rose)的电影《糖人》(Candyman，1992 年)以种族暴力为背景，讲述了丰富且复杂的故事。电影在臭名昭著的卡布里尼 - 格林(Cabrini-Green)住宅里的走廊及废弃公寓楼中（拍摄）——该栋高层建筑中主要居住的是非裔美国人。伦敦海盖特住宅区(Haygate Estate)备受谴责的走廊及天桥出现在乔·康尼什(Joe Cornish)的恐怖喜剧《街区大作战》(Attack the Block，2011 年)里。此外，公共走廊中的激烈战斗出现在以高层建筑贫民窟为主题的《突袭》(The Raid，2011 年)和《特判警官》(Dredd，2012 年)中：这两部电影中的主角都想方设法上楼，要找到自己的目标。

20 世纪 60 年代也是对"整体机构"改革尖锐批评的时代，对疗养院改革的批评更是首当其冲。自走廊式疗养院逐渐消失并被废弃后，它们就成了热爱哥特式惊悚之人的首选地点。它们是现代的废墟，在某种程度上是被取代的系统残存的体现，它们甚至还有可能卷土重来。监禁的恐怖内化于疗养院的环境，其威胁性甚至有成为社会评论的焦点可能，从 19 世纪 60 年代的感官小说到《蛇穴》(1948 年)、《恐怖走廊》(1963 年)及《飞越疯人院》(One Flew over the

Cuckoo's Nest，1975 年）等电影都是如此。然而，要想完全领略疗养院隐喻的表达，不妨看看电视连续剧《美国恐怖故事：疗养院》（2012—2013 年）。这一系列情节从两名"地点黑客"闯入被废弃的布瑞尔克里夫医院（Briarcliff Hospital）展开。这里曾是治疗结核病的医院，后来被改造成疗养院，收治患有精神病的罪犯。医院破败的走廊、楼梯和森林中的隧道可以追溯到 20 世纪 60 年代，施虐狂天主教修女和杀人狂疯子医生残暴的双重统治相互结合，似乎不是要超越之前的套路，而是要将之固化下来。这是对梅耶尔·斯皮瓦克 1976 年对精神病医院沟通性隧道心理影响研究的演绎，是其哥特风格的夸张版："置身其中，人们都会有受到迫害之感。走在这里会遇到难以解释的事情，人们会在空间和时间中迷失。"[1]

哥特风格疗养院是我所谓"生物医学恐怖"的一个分支，其重点在于医院以及新型密集医疗工业综合体的技术环境。皮特·博斯（Pete Boss）认为，这种转变发生在 20 世纪 80 年代中期，老黑屋和疯子实验室中的"哥特式恐惧"被"平淡和常见的身体无助的情况所取代。这些情况常常发生在照明良好、干净卫生的公共机构中，或被它们推波助澜"。[2] 这种类型的重要作品是罗宾·库克（Robin Cook）的医疗惊悚小说《昏迷》（*Coma*）。这本书是 1977 年的畅销书，于 1978 年改编为电影。库克是一名医生，他抓住了以下三种内容融合之后的潜在恐惧：新型医疗对"脑死亡"的定义、私营企业在医疗方面越来越重要的作用以及新兴的器官移植市场。在《昏迷》中，

---

[1] 梅耶尔·斯皮瓦克，《隧道及走廊中的感官失真》，《医院及社区精神病院》，第 18/1 卷，1967 年，第 18 页。

[2] 皮特·博斯，《肮脏的身体与糟糕的医疗》（Vile Bodies and Bad Medicine），《屏幕》（*Screen*），第 27/1 卷，1986 年，第 15 页。我在论文《生物医学的恐怖：新死亡和新亡灵》（Biomedical Horror: The New Death and the New Undead）中对此进行过更详细的讨论，《文学和文化中哥特风格技巧》（*Technologies of the Gothic in Literature and Culture*），爱德华（J. Edwards）编，伦敦，2015 年。

执着的女医生揭露了波士顿公立医院和私人机构之间的阴谋：长期昏迷的病人被关在巨大的飞机库中，等待他们的是器官被割走的结局。为了揭露这个阴谋，女医生得穿梭在矮设备层、医院走廊和罪恶企业的迷宫中。在 30 年后的 2012 年，库克的小说被改编为迷你电视剧。现在，医疗保健行业与保险公司、大型制药公司、风险投资家和经纪公司交织在一起，所以改编的剧本也加剧了最终结局的恐怖感。尽管昏迷患者所在的大厅的生物政治形态光鲜亮丽，但这个被严密监控的空间仍有真正意义上的阴暗面：在地下昏暗的服务通道和破败的藏尸所中，尸体被剖开，可卖的器官全部被摘掉了。

自《昏迷》之后，医院走廊就成了机构哥特式出现的标准场所。更加血淋淋的系列恐怖片《月光光心慌慌》（*Halloween II*，1981 年）几乎全部以医院走廊为拍摄地，移动摄像头跟着不幸的受害者走在通道中。相比之下，拉尔斯·冯·特里尔（Lars von Trier）匠心独运的丹麦电视剧《医院风云》（*The Kingdom*，1994 年）运用了服务隧道、地下室和电梯井，探索了卡梅洛夫和王格诚在《建筑恐怖》中提到的现代建筑里"堕落隐蔽的空间"，表现了现代医疗 – 技术理性主义的局限性。

我可以将对哥特风格与机构融合的批评叠加到我研究过的所有公共走廊空间中。以学校为背景的电影可以参考韩国恐怖片——朴基亨的《女高怪谈》（*Whispering Corridors*，1998 年）。这部电影讲述了因自杀而死的鬼魂一直徘徊在走廊中，寻找复仇的机会。如果想体验另一种风格，可以选择格斯·范·桑特（Gus Van Sant）的《大象》（*Elephant*，2003 年）：随着镜头在学校走廊中进行梦幻般的时空循环，他重现了哥伦拜恩（Columbine）学校中的大屠杀事件。在《他在身后》（*It Follows*，2014 年）中，大卫·罗伯特·米切尔（David Robert Mitchell）对跟踪电影进行了更微妙的重塑，该作品表现了女主人公在学校走廊中锲而不舍的追寻。正如 19 世纪时大众报纸上有关住宅走廊闹鬼的故事一样，当代小报纸也喜欢刊登此类故事：2017 年，英国的《每日镜报》（*Daily Mirror*）在《中学监视器拍到"幽灵"于深夜在走廊中大肆破坏》这一主标题下还刊登了照片。[1]

或许到目前为止，我早已清楚地表达了自己的观点。很多情况下，正是走廊的平凡和沿水平方向的隐匿性让其成为不安和动荡之地。那里是恶性场所，是有序世界的地狱。20 世纪 60 年代起对"综合机构"的批评因对官僚主义的攻击而变本加厉。办公空间的分布逐渐变化，公共空间也逐渐远离走廊，朝开放的玻璃幕墙这一方向发展。因此，反走廊的趋势颠倒了这种建筑形式，将之从乌托邦起源转变为由官僚主义混乱或哥特式风格包围的地带。

这是否意味着，我们已经走到了走廊的尽头？

---

[1] 请参见科马克·奥谢（Cormac O'Shea），《每日镜报》，2017 年 10 月 4 日，www. mirror.co.uk，2018 年 5 月 31 日访问。

大卫·洛维（David Lowery）的《鬼魅浮生》（*A Ghost Story*，2017 年），表现了刚过世不久的丈夫游荡在医院走廊中的场景

10 通道尽头

　　鲁德亚德·吉卜林隐晦的短篇小说《通道尽头》，讲述了一个工程师在英属殖民地时期的印度的极端环境下疯癫至死的故事。他的朋友斯普尔斯托（Spurstow）是一名一周只能长途旅行一次的医生，他很努力地治疗着工程师，期望他能摆脱无情、恐怖的噩梦。我们只知道梦的一个细节："一张看不到五官的哭泣的脸，眼泪无法拭去。这张脸追着他走过无数走廊。"医生离开后，工程师又做了疯狂的梦，看到自己"站在游廊上……他跟着那个人往前走，本能地与他保持一定距离，就如同所有因疲劳过度而死的幽灵一样。它在房子中游荡，变成了飘忽不定的光点"。从传统意义上看，那个影子完成了作为死亡预兆的使命。一周之后，人们发现工程师已经命丧黄泉："瞪大的双眼中写满了恐惧，无以言表。"他的仆人只能说："我的主人堕入了黑暗之地。"[1]

　　这个故事几乎没有逻辑，在自然与超自然的联系间徘徊。书中有诸多奇怪的细节，有一个是：工程师的居所显然是殖民地的平房，

---

[1] 鲁德亚德·吉卜林，《通道尽头》，《生命的阻力》（*Life's Handicap: Being Stories of Mine Own People*），伦敦，1923年，第204、206、207、208页。

那种建筑"很少有走廊，房间可以直接从游廊……或前厅进入"。[1]工程师的替身出现在游廊上，这一点可以肯定，但实际上《通道尽头》中根本没有通道，只有在幽灵梦中见到的走廊边缘，且肯定源于其他地方。

这成为标准的电影隐喻，预示着危机或死亡的场景。轮床上有个人，沿着医院走廊，被推往急救室：从主角视角看，天花板上排成一列的灯接连闪过；医护人员焦急的面庞凑过来；向前的动作最终因手术室大门的关闭而停止，失去亲人的人们被留在外面。镜头停在通道终结的地方。在医疗情节剧里，一切都发生得非常快。在大卫·洛维的电影《鬼魅浮生》中，最初幽灵出没的一幕更为平静安详，凯西·阿弗莱克（Casey Affleck）披着白色床单的鬼魂游荡在医院走廊中，让人觉得扑朔迷离。

约翰·弗兰肯海默（John Frankenheimer）的离奇电影《脱胎换骨》（*Seconds*，1966 年）巧妙地结合了医疗恐惧和办公室走廊引起的存在主义焦虑。电影中，组织（The Company）的秘密机构其实是无名公司走廊织就的网络。人们会伪造死亡，替换富人的身体。走廊平淡无奇，毫无特色，在最后一条白色的走廊中，迎接罗克·哈德森（Rock Hudson）的是最终可怕的死亡。唐·德里罗（Don DeLillo）的小说《K 氏零度》（*Zero K*，2016 年）也多次将死亡与公司走廊联系在一起。在亿万富翁的深冷装置中，死亡的尴尬被过渡性语言所消除，被激怒的儿子：

---

[1] 马达维·德赛（Madhavi Desai）、米卡·德赛（Mika Desai）及乔恩·朗（Jon Lang），《二十世纪印度的平房：殖民地和后殖民社会国内建筑中，生活方式变化及期望的文化表达》（*The Bungalow in Twentieth- century India: The Cultural Expression of Changing Ways of Life and Aspirations in the Domestic Architecture of Colonial and Post-colonial Society*），阿宾顿，2012 年，第 42 页。

在约翰·弗兰肯海默的离奇电影《脱胎换骨》（1966 年）中，坐着轮椅的托尼·威尔逊穿过走廊走向死亡

牧师在为威尔逊念临终祷告词，《脱胎换骨》，1966 年

　　整天走在走廊里。走廊中几乎什么都没有。每隔一段距离有三个人，我朝每个人点头致意，但得到的都是勉强的一瞥。墙面透着绿光。穿过一条宽走廊，转向另一条。空白的墙壁，没有窗户，门之间隔得很远，全都关着。有

些门上有柔和的颜色，我在想，这些色彩是否透着某种意义。

他的继母主动为到冻结的静止状态做好准备，她抱怨说："这个地方，所有一切，对我来说似乎都是过渡。人们来来往往。还有其他人，和我一样，从某种意义上看是离开了，但从另一种意义上看我们还活着。停留，等待。"这个名为"集合地"（The Convergence）的装置建在毫无特色、完全是无名公司风格的后国家空间中，成为接纳后现代和后死亡特征的理想场所。[1]

当然，在《K氏零度》中，到达走廊的尽头并不意味着是以在消失点逐渐消失的黑点结尾。亿万富翁的投资在于超人类主义者描绘的对自然死亡的超越。硅谷中有些投机的技术公司会向富人推销永生的理念，可他们都会因无法超越死亡而愤怒。或许，更让人期待的是以下两条走廊：在斯坦利·库布里克的电影《2001太空漫游》（2001: A Space Odyssey）中，1968年的最后，出现了一条五彩斑斓的隧道，它将宇航员带到了某种重生的状态；在《黑客帝国》的结尾，尼奥终于获得了全部意识，他将困住自己的走廊看作跳动着无数0和1的纯粹信息。

1975年，雷蒙德·穆迪的小说《生命不息》（Life after Life）出版。这本小说调查了150名被宣布了医学死亡但又重生的人。穆迪大略描述了现在所谓的濒死体验：听到被宣告死亡，灵魂离开身体，看到自己的身体躺在下面的床上，周围有刺耳的嗡嗡声，接着进入黑暗的隧道，快速朝强光走去，然后到达某种边界或门口，最终得到决定或判决后回到身体中，然后就是精神丰富和生活美满的持久体验。尽管穆迪称濒死体验基本相似，但在公开报道中，有关黑暗

[1] 唐·德里罗，《K氏零度》，纽约，2016年，第10、50页。

隧道（Dark Tunnel）和通道尽头的光的描述一直存在。接受穆迪采访的人将之描绘为"一个洞穴、一堵墙、一条壕沟、一片封闭区域、一条隧道、一个漏斗、一种真空、一种虚无、一条下水道、一条山谷或一根圆柱"。[1] 另一位支持者称：

> 有些人说这条隧道漫长且黑暗。他们往前走的过程中都是独自一人。有些人说墙壁上闪着明亮的光，是彩色的，甚至是透明的，而且还有别人在。几乎每个人都说他们以飞快的速度从中飞了过去……大多数情况下，隧道尽头有光亮，比太阳光还耀眼刺目的光——人们说，那就是他们要去的地方。[2]

这种经历可以从多个领域进行解释：从经由心理学而来的公开的神学到基本固定的神经学，可以是死亡创伤或者过渡的原型象征。举例来说，苏珊·布莱克莫尔（Susan Blackmore）认为，隧道是因死前出现脑缺氧而产生的光学幻想，具体表现为有狭窄的隧道视觉幻象。[3] 无论如何，死亡之路的形象似乎都集中在走廊上。与之相呼应的是，最早走在克里特和古希腊神庙的横向通道中时，听到精妙的咒语带来的神圣感觉。然而，由于这种感觉出现在他们被推向死亡医院的走廊中，所以明显带有现代感。值得思考的是，我看过一些记述，"隧道尽头的光亮"这种常见的描述最早出现在 19 世纪末期，因伯纳德·巴鲁克（Bernard Baruch）1946 年关于核武器国际控制必

---

[1] 雷蒙德·穆迪（Raymond A. Moody），《生命不息：现象调查——身体死亡的幸存者》（ *Life after Life: The Investigation of a Phenomenon – Survival of Bodily Death* ），亚特兰大，乔治亚州，1975 年，第 29 页。

[2] 亚特沃特（P. M. H. Atwater），《濒死体验全书》（ *The Big Book of Near-death Experiences* ），夏洛茨维尔，弗吉尼亚州，2007 年，第 12 页。

[3] 关于位置的范围，请参见李·贝利（Lee W. Bailey）及珍妮·耶茨（Jenny Yates），《濒死体验读本》（ *The Near-death Experience: A Reader* ）的介绍，伦敦，1996 年。

要性的著名演讲而得以普遍使用："隧道尽头的光亮虽然微弱，但未来的道路将在真正出发时更为耀眼。我们现在还无法照亮走向终点的道路。"[1] 核武器对世界的影响让我们焦虑，将我们束缚在黑暗的隧道中，阻挡我们走向那完全不同的炽热亮光。

走廊的历史轨迹可能是由生而起，至死而终，从乌托邦到敌托邦，神圣的光出现在前方消失点的暗点处。20 世纪 60 年代后，开放式的办公室、大型玻璃钢铁幕墙以及阁楼生活的诱惑将走廊弱化为不起眼的基础设施，它被藏在服务使用门之后，无人关心。然而，就在真正的走廊走向最终灭亡的过程中，20 世纪 60 年代末却成了走廊隐喻极力扩展的时代，它们出现在所有城市空间和交通系统中。1969 年时，城市走廊被定义为"城市空间的线性系统……由高度发达的交通线路'束集'连接在一起"。[2] 这或许是这种比喻的最初用法之一。越来越多的人到城市的集中区生活，即城市规划者所说的走廊。设防走廊的地缘政治隐喻起源更早：225 千米长的但泽走廊（Danzig Corridor）的建造是为了在第一次世界大战后保护战略性荷兰飞地。在停战之后的讨论中，这条走廊首次由劳埃德·乔治（Lloyd George）命名。[3] 此后，战时保护平民的人道主义走廊、作为濒危迁徙物种安全通道的生态走廊和工人将钱电汇回国的无形金融走廊（汇款走廊）大量出现。建筑历史可能随着词语意义的扩展而逐渐消失，但走廊建筑环境带来的更普遍的沉浸感、通道感则会将这些含义与

---

[1] 玛格丽特·科伊特（Margaret L. Coit），《巴鲁克先生》（Mr Baruch），纽约，1957 年，第 585 页。

[2] 惠贝尔（C.F.J. Whebell），《走廊：城市系统理论》（Corridors: A Theory of Urban Systems），《美国地理学家协会年报》（Annals of the Association of American Geographers），第 59/1 卷，1969 年，第 1、4 页。

[3] 20 世纪 20 年代对波兰走廊的政治影响的焦虑讨论有很多。例子可参见罗伯特·唐纳德爵士（Sir Robert Donald），《波兰走廊与后果》（The Polish Corridor and the Consequences），伦敦，1929 年。

其起源紧密相连。

　　或许，这看上去好像是一个令人烦闷的古怪故事，但我希望，通道中的门可以不断向现代性本身某些重要的体验而开放：私人生活各种概念的重新适应；公共领域的命运；日常生活的商品化；集体生活的可能性；建筑空间改变或规范性格的可能性；官僚主义及我们通过体制构成的生活；对社会混乱、不安或恐惧等现代感觉的情感调性；我们现在对死后一切的看法等。"历史，"如艾略特（T. S. Eliot）在《小老头》（*Gerontion*）中所称，"有许多捉弄人的通道，精心设计的走廊、出口。"（译文摘自《荒原》，裘小龙译，上海译文出版社，2012 年。——译者注）如果你将耳朵贴在门上，那么就能听到门外走廊空洞中的窃窃私语声，有人在讲述现代世界中情感变化的重要故事。

致　谢

感谢本·海耶斯（Ben Hayes）协调了如此有挑战性的项目。感谢迈克尔·利曼（Michael Leaman）对本书提供毫不犹豫的帮助。感谢苏珊娜·杰斯（Susannah Jayes）解决了本书图片及图片使用许可的问题。

非常感谢斯黛西·阿伯特（Stacey Abbott）、艾米莉·奥尔德（Emily Alder）、西蒙·巴拉克拉夫（Simon Barraclough）、马克·布莱克洛克（Mark Blacklock）、马克·博尔德（Carolyn Burdett）、安迪·巴特勒（Andy Butler）、艾米·巴特（Amy Batt）、朱莉·克罗夫茨（Julie Crofts）、大卫·埃德加（David Edgar）、凯瑟琳·爱德华兹（Catharine Edwards）、杰斯·弗妮（Jes Fernie）、帕维尔·弗里克（Pawel Frelik）、克里斯·格林哈尔格（Chris Greenhalgh）、西蒙·古瑞尔（Simon Guerrier）、理查德·汉布林（Richard Hamblyn）、史蒂芬·休斯（Stephen Hughes）、蒂莫西·贾维斯（Timothy Jarvis）、迈克·杰伊（Mike Jay）、托比·利特（Toby Litt）、罗斯·麦克法兰（Ross MacFarlane）、詹姆斯·马琴（James Machen）、格林·摩根（Glyn Morgan）、卡罗尔·莫利（Carol Morley）、维多利亚·尼尔森（Victoria Nelson）、迈克尔·牛顿（Michael Newton）、马克·皮尔金顿（Mark Pilkington）、亚当·罗伯茨（Adam Roberts）、劳拉·索尔兹伯里（Laura Salisbury）、安

迪·索耶（Andy Sawyer）、艾伦·斯图尔特（Alan Stewart）、劳拉·托马斯（Laura Thomas）、谢里尔·文特（Sherryl Vint）、乔纳森·怀德（Jonathan Wild）、威尔·威尔斯（Will Wiles）、里斯·威廉姆斯（Rhys Williams）、乔·温宁（Jo Winning）为本书提供的建议及提示。我还要感谢彭顿维尔监狱一个不知名的囚犯，他看到我在下面的走廊里漫步，还不时做笔记，便对着窗户大喊："喂！你看什么呢？"实践证明，这是个好问题。

早期研究在纽约哥伦比亚大学优秀的埃夫伯里图书馆（Avebury Library）进行。非常感谢马特·哈特（Matt Hart）和莎拉·科尔（Sarah Cole）在 2016 年允许我进入。特别感谢惠康基金会（Wellcome Trust）及罗斯·麦克法兰（Ross MacFarlane）邀请我参加 2017 年罗伊·波特演讲（Roy Porter Lecture），迫使我完成本书。

完成本书的过程中，有两件事让我确信自己做的事很有意义。项目确定之初，威尔·威尔斯（Will Wiles）的《路途客栈》出版了。在项目即将结束时，克里斯·格林哈尔格毫不犹豫地把他的诗《无名走廊工程》寄给了我，无意间勾勒出本书的脉络。经他的许可，这首诗作为本书题词之一出现。

一如往昔，本书也献给朱莉。现在，朱莉已不必再向困惑的人们解释为何自己的假期主要都用在探寻著名走廊上了。永恒的爱。

图片致谢

作者及各出版方向以下资料来源方表示感谢。

Alamy: 第 35 页 (ArtCollection 2), 第 78 页 (itar-tas News Agency), 第 95 页 (Anthony Palmer), 第 205 页 (Historic Images), 第 235 页 (Art Collection); © Crown copyright Historic England Archive: 第 214 页 ; Eastern State Penitentiary Image Library: 第 184 页、第 190 页 ; Getty Images: 第 146 页 (fpg); The Harley Gallery, Welbeck: 第 252 页 ;Library of Congress, Washington, dc: 第 64 页 ; Roger Luckhurst: 第 4 页、第 25 页、第 30 页、第 89 页 (© flc/ adagp, Paris and dacs, London 2018)、第 226 页、第 229 页 ; Mary Evans Picture Library: 第 100 页 (© Roger Mayne Archive); Josh Partee: 第 210 页 ; Shutterstock: 第 264 页 (sirtravelalot); © 2018 The Solomon R. Guggenheim Foundation/Art Resource, ny/Scala Florence: 第 286 页 (Solomon R. Guggenheim, New York Panza Collection, Gift, 1992 (92.4171) Photo Erika Barahona Ede © srgf, New York Bruce Nauman/Artists Rights Society (ars), New York and DACS, London 2018); © Tate, London, 2018: 第 84 页 (©dacs 2018); Topfoto: 第 114 页 ; Victoria and Albert Museum, London: 第 122 页 ; Wellcome Collection: 第 190 页、第 201 页、第 203 页、第 204 页、第 213 页。

图书在版编目（CIP）数据

走廊简史：从古埃及圣殿到《闪灵》/（英）罗杰
·卢克赫斯特著；韩阳译著. -- 北京：东方出版社，
2021.1
书名原文：Corridors:Passages of Modernity
ISBN 978-7-5207-1542-3

Ⅰ．①走… Ⅱ．①罗… ②韩… Ⅲ．①廊—建筑史—
研究—世界 Ⅳ．① TU-098.9

中国版本图书馆 CIP 数据核字（2020）第 087835 号

Corridors: Passages of Modernity by Roger Luckhurst was first published
by Reaktion Books, London, 2019. Copyright © Roger Luckhurst 2019.
Rights arranged through CA-Link International, Inc.
版权合同登记号 图字：01-2020-1747 号

走廊简史：从古埃及圣殿到《闪灵》
（ZOULANG JIANSHI：CONG GUAIJI SHENGDIAN DAO SHANLING）

作　　者：[英] 罗杰·卢克赫斯特（Roger Luckhurst）
译　　者：韩　阳
策　　划：王家欢
责任编辑：姚　恋　王家欢
封面设计：郭天孜
出　　版：东方出版社
发　　行：人民东方出版传媒有限公司
地　　址：北京市朝阳区西坝河北里 51 号
邮　　编：100028
印　　刷：北京联兴盛业印刷股份有限公司
版　　次：2021 年 1 月第 1 版
印　　次：2021 年 1 月第 1 次印刷
开　　本：640 毫米 ×950 毫米　1/16
印　　张：21.25
字　　数：300 千字
书　　号：978-7-5207-1542-3
定　　价：79.80 元
发行电话：（010）85924663　85924644　85924725